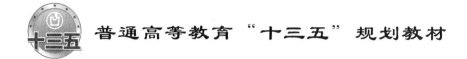

普通高等教育"十三五"规划教材

工程 CAD 实用教程

主　编　谢生荣　吴仁伦　张守宝
副主编　刘洪涛　王俊峰　杨胜利
　　　　王　毅　周春山

北　京

冶金工业出版社

2021

内 容 提 要

本书循序渐进、由浅入深地介绍了 AutoCAD 2016 中文版的基本功能及使用方法。全书共分为 11 章,第 1、2 章主要介绍 AutoCAD 2016 绘图软件的工作界面以及基本操作,第 3、4 章主要介绍二维图形的绘制、编辑、修改及在工程制图中的应用,第 5、6 章主要介绍精确绘图的操作、图层的使用及图形特性的设置等,第 7 章介绍文字与表格的创建和编辑,第 8 章介绍图块与外部参照的创建及块属性的设置与使用,第 9 章介绍标注样式设置和标注的使用,第 10 章介绍三维图形的绘制基础,第 11 章介绍图形的打印和输出方法。

本书内容全面、结构合理,可作为高等院校相关专业的教材,也可供从事工程设计领域的技术人员和研究人员参考。

图书在版编目(CIP)数据

工程 CAD 实用教程／谢生荣,吴仁伦,张守宝主编 . —北京:冶金工业出版社,2018.5 (2021.1 重印)
普通高等教育"十三五"规划教材
ISBN 978-7-5024-7752-3

Ⅰ. ①工… Ⅱ. ①谢… ②吴… ③张… Ⅲ. ①工程制图—AutoCAD 软件—高等学校—教材 Ⅳ. ①TB237

中国版本图书馆 CIP 数据核字(2018)第 076490 号

出 版 人 苏长永
地 址 北京市东城区嵩祝院北巷 39 号 邮编 100009 电话 (010)64027926
网 址 www. cnmip. com. cn 电子信箱 yjcbs@ cnmip. com. cn
责任编辑 杨 敏 张耀辉 美术编辑 吕欣童 版式设计 禹 蕊
责任校对 李 娜 责任印制 李玉山
ISBN 978-7-5024-7752-3
冶金工业出版社出版发行;各地新华书店经销;三河市双峰印刷装订有限公司印刷
2018 年 5 月第 1 版,2021 年 1 月第 3 次印刷
787mm×1092mm 1/16;24.5 印张;592 千字;376 页
55.00 元
冶金工业出版社 投稿电话 (010)64027932 投稿信箱 tougao@cnmip. com. cn
冶金工业出版社营销中心 电话 (010)64044283 传真 (010)64027893
冶金工业出版社天猫旗舰店 yjgycbs. tmall. com
(本书如有印装质量问题,本社营销中心负责退换)

前　　言

　　AutoCAD 是 Autodesk 公司推出的计算机辅助绘图软件，目前已经在工程设计领域得到了广泛的应用。随着软件版本的不断更新，其操作方式和功能也在不断地完善和发展，本书主要介绍了 AutoCAD 2016 的基本操作和使用及在矿业工程、工业工程等专业领域的应用。

　　本书内容丰富全面、结构层次分明、操作说明详细、语言通俗易懂。本书在编写过程中着重阐述 AutoCAD 绘图的基本理论和基础操作，重点突出二维图形的绘制方法和操作技巧，同时兼顾三维图形绘制的叙述。编者是在高校从事工程 CAD 教学工作的教师，具有丰富的 CAD 教学实践经验，编写过程中将自身的经验和体会融入书中，将基础教学与实际应用相结合，以期为初学者提供很好的引导作用。

　　全书分为 11 章。第 1 章为 AutoCAD 概述，详细介绍了 AutoCAD 2016 的启动界面和工作界面；第 2 章为 AutoCAD 2016 基本操作，介绍了 AutoCAD 2016 的命令调用坐标系与坐标的表示、绘图环境的设置、图形文件管理和图形显示控制；第 3 章为二维图形的绘制，介绍了创建单线、多线、几何图形、点、图案填充、面域和区域覆盖的方法；第 4 章为二维图形的编辑与修改，介绍了二维图形的选择、调整、复制、编辑、圆角、倒角、光顺曲线和夹点编辑命令；第 5 章为精确绘图，介绍了草图设置对话框、捕捉与栅格、正交模式与极轴追踪、对象捕捉与对象捕捉追踪、动态输入和查看图形信息命令；第 6 章为图层与图形特性，介绍了图层的概念、使用和管理；第 7 章为文字与表格，介绍了文字与表格的设置与创建；第 8 章为图块与外部参照，介绍了图块的概念、管理与编辑，块属性的管理与编辑；第 9 章为标注样式与标注，介绍了尺寸标注样式的创建与编辑；第 10 章为三维视图基础知识，介绍了三维视图的创建和编辑；第 11 章为图形打印和输出，介绍了图形的打印方式和输出方式。

　　本书通过大量的图片和命令操作相结合，使得叙述过程形象生动，易懂易学，示例选用与矿业工程领域相关的图形，使该专业领域的初学者在学习绘图的过程中加深了与工程实际的联系。本书对基础内容及重要操作有详细的叙述，在介绍新知识点时既注重与学过的知识的联系，又不对已学知识过多重复叙述。初学者通过对本书的学习，可以达到了解 AutoCAD 2016 的功能操作、提升计算机绘图应用能力、提高绘图效率的目的。

　　本书的具体编写分工为：第 1、3、4 章由中国矿业大学（北京）资源与安全工程学院谢生荣编写，第 2、5 章由中国矿业大学（北京）资源与安全工程学院吴仁伦编写，第 6 章由太原理工大学矿业工程学院王俊峰和中国矿业大学（北京）谢生荣编写，第 7 章由中国矿业大学（北京）资源与安全工程学院刘洪涛编写，第 8 章由太原理工大学矿业工程学院王毅和中国矿业大学（北京）谢生荣编写，第 9 章由中国矿业大学（北京）资源与安全工程学院杨胜利和吴仁伦编写，第 10 章由中国矿业大学（北京）资源与安全工程学院张守宝编写，第 11 章由太原理工大学矿业工程学院周春山编写。参与本书编写和整理工作的还有杨波、陈见行、腾藤、潘浩、王志坤、袁友桃、程琼和曾俊超等。全书由谢生荣、吴仁伦、张守宝统稿。

　　本书得到了中国矿业大学（北京）本科教育教学改革与研究项目——教材建设项目（J170119、J160118）、课程建设与教学改革项目（J170118、J160113、J160105）和中央高校基本科研业务费专项资金资助项目（2010QZ06）的资助。在编写本书过程中，编者参考了有关 AutoCAD 书籍，从中学习并受到启发，在此一并表示衷心的感谢。

　　由于编者水平有限且时间仓促，书中不足之处，恳请广大读者批评指正。

编　者
2017 年 12 月

目　　录

1 AutoCAD 概述

AutoCAD（Auto Computer Aided Design）是由美国 Autodesk 公司推出的一款计算机辅助设计软件，于 1982 年 12 月首次推出，具有易掌握、使用方便、用户界面友好、体系结构开放等优点。经过逐步地完善和更新，Autodesk 公司推出了系列软件中的 AutoCAD 2016 等新版本，全书将以 AutoCAD 2016 版本为例，介绍这个版本的功能以及在工程制图中的应用。

1.1 启 动 界 面

启动 AutoCAD 2016 简体中文版软件后，默认界面如图 1-1 所示。

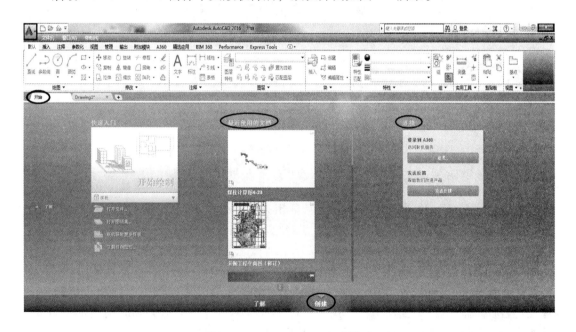

图 1-1 　AutoCAD 2016 启动界面

该启动界面包含一个〖开始〗选项卡，选项卡下边有〖了解〗和〖创建〗两个选项。其中，"创建"选项中主要提供"快速入门""最近使用的文档""连接"等方面的内容。

在"快速入门"选项组中，可以进行〖开始绘制〗（即新建空白文档）、〖打开文件〗、〖打开图纸集〗、〖联机获取更多模板〗和〖了解样例图形〗等命令操作；使用"最近使用的文档"，可以快速打开最近使用过的图形文档，提高工作效率；在"连接"选项组中，可以通过 A360 联机存储、共享、查看和协同设计文件，也可以发送反馈帮助改进产品。

　　另外，鼠标点击〖了解〗选项，AutoCAD 2016 简体中文版软件会从〖创建〗选项界面（图 1-1）进入〖了解〗选项的界面，如图 1-2 所示。〖了解〗选项中主要提供"新特性""快速入门视频""学习提示""功能视频""联机资源"等方面的内容。

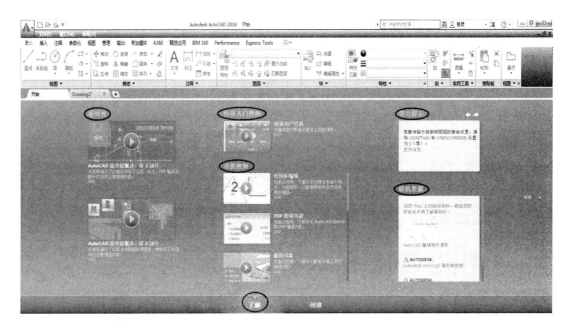

图 1-2　〖了解〗选项界面

1.2　工作空间与工作界面

　　AutoCAD 2016 工作界面和工作空间息息相关，每一种工作空间对应一种工作界面。工作空间是指经过分组和组织的菜单栏、工具栏、选项板、面板等的特定集合，使用户可以面向不同任务工作。工作界面是相对工作空间概念，使用工作空间时，AutoCAD 2016 工作界面只会显示与任务相关的工具和界面内容。

　　默认情况下，AutoCAD 2016 为用户提供了 3 种预定义工作空间，分别是"草图与注释"、"三维基础"和"三维建模"，用户可以根据实际设计任务需要随时切换工作空间。下面分别对 3 种工作空间的特点、应用范围及其切换方式进行简单的介绍。

　　（1）草图与注释空间。"草图与注释"工作空间是 AutoCAD 2016 默认的工作空间，其工作界面如图 1-3 所示。该空间用功能区替代了工具栏和菜单栏，当需要调用某个命令时，需要先切换至功能区下的相应面板，然后再选取相应的命令。

　　"草图与注释"的功能区，包含的是最常用的二维图形的绘制、编辑和标注命令。因此，非常适合在绘制和编辑二维图形时使用。其界面主要由"应用程序"按钮、功能区选项板、快速访问工具栏、绘图区、命令行窗口和状态栏等元素组成。

　　（2）三维基础空间。"三维基础"空间与"草图与注释"工作空间类似，主要以单击功能区面板按钮的方法调用命令，如图 1-4 所示。"三维基础"侧重于基本三维模型的

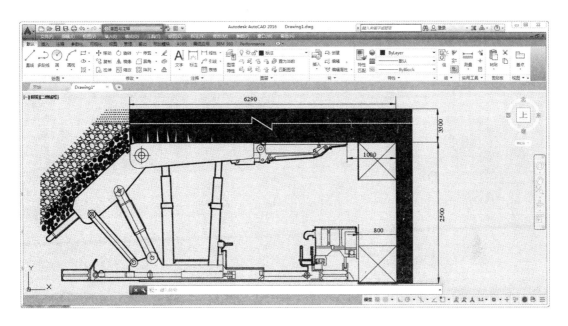

图 1-3 草图与注释空间

建立，功能区的命令选项与"草图与注释"空间不同，其功能区包含各种常用三维建模、布尔运算以及三维编辑工具按钮，可方便地创建简单的三维模型。

图 1-4 三维基础空间

（3）三维建模空间。"三维建模"工作空间主要用于复杂三维模型的创建、编辑，其功能区包含〖建模〗、〖实体〗、〖曲面〗、〖网格〗和〖渲染〗等选项卡，如图1-5所示。

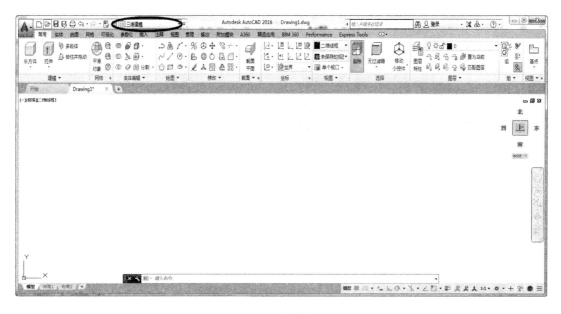

图 1-5　三维建模空间

（4）切换工作空间。用户可以根据绘图的需要，在三种工作空间模式随时进行切换，具体方法有以下几种：

1）单击〖快速访问〗工具栏中的工作空间下拉列表按钮，在弹出的下拉列表中选择所需的工作空间，如图 1-6 所示。

2）单击状态栏中"切换工作空间"按钮，在弹出的子菜单中选择相应的命令，如图 1-7 所示。

图 1-6　快速访问工具栏切换工作空间　　　　　　　　图 1-7　状态栏切换工作空间

3）在菜单栏中选择〖工具〗→〖工作空间〗命令，在弹出的子菜单中选择相应的命令，如图 1-8 所示。

图 1-8　菜单栏切换工作空间

1.3 AutoCAD 2016 工作界面介绍

"草图与注释"工作空间是 AutoCAD 2016 默认的工作空间，其工作界面最具代表性。因此，我们以草图与注释空间为例介绍工作界面，如图 1-9 所示（为方便注释介绍，本书选择"明"配色方案、白色背景配色，相关设置方法参考 1.3.2 节）。

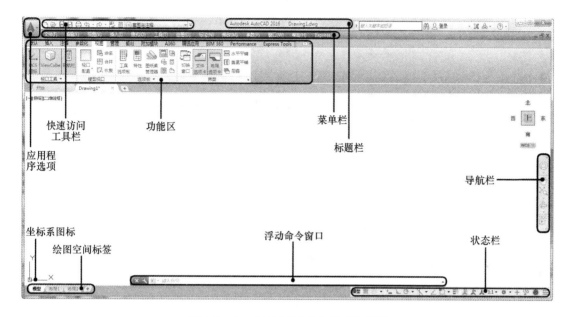

图 1-9　AutoCAD 2016 中文版工作界面

一个完整的"草图与注释"空间工作界面包括标题栏、绘图区、十字光标、坐标系图标、命令行浮动窗口、绘图空间标签、状态栏、功能区和快速访问工具栏等。

1.3.1　标题栏

在 AutoCAD 2016 中文版绘图窗口的最上端是标题栏。在标题栏中，显示了系统当前正在运行的应用程序（AutoCAD 2016）和用户正在使用的图形文件。

在用户第一次启动 AutoCAD 2016 时，在绘图窗口的标题栏中，将显示 AutoCAD 2016 在进入工作空间时创建并打开的图形文件 Drawing1. dwg。

1.3.2　绘图区

绘图区是指在标题栏下方的大片空白区域，绘图区是用户使用 AutoCAD 绘制图形的区域，用户完成一幅设计图形的主要工作都是在绘图区中完成的。

在绘图区中，有一个作用类似 Windows 系统光标的十字线，其交点反映了光标在当前坐标系中的位置。在 AutoCAD 中，将该十字线称为光标，AutoCAD 通过光标显示当前点的位置。十字线方向与当前用户坐标系的 X 轴、Y 轴方向平行，十字线的长度系统预设为屏幕大小的 5%。

（1）用户可以根据绘图的实际需要设置光标的长度大小。在绘图区单击鼠标右键，在弹出的快捷菜单中选择〖选项〗命令，打开"选项"对话框。在对话框中选择〖显示〗选项卡，在"十字光标大小"选项组中的编辑框中直接输入数值，或者拖动编辑框后的滑块，即可以对十字光标的大小进行调整，如图1-10所示。

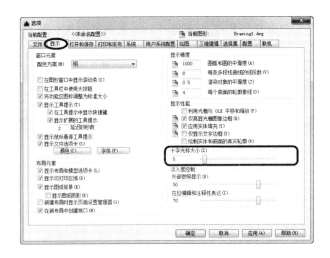

图1-10 "选项"对话框中〖显示〗选项卡

（2）修改绘图窗口的颜色和窗口配色方案。在默认情况下，AutoCAD的绘图窗口是使用"暗"配色方案、黑色背景、白色线条，用户可以根据自己的使用习惯来修改绘图窗口的颜色。

修改绘图窗口颜色和窗口配色方案的步骤为：

1）修改窗口配色方案。在绘图区单击鼠标右键，在弹出的快捷菜单中选择〖选项〗命令，打开"选项"对话框。在对话框中选择〖显示〗选项卡，单击"窗口元素"选项组中"配色方案"下拉按钮，打开下拉列表选择〖明〗配色方案。

2）修改绘图窗口颜色。在绘图区单击鼠标右键，在弹出的快捷菜单中选择〖选项〗命令，打开〖选项〗对话框。在对话框中选择〖显示〗选项卡，单击"窗口元素"选项组中〖颜色〗按钮，打开如图1-11所示的"图形窗口颜色"对话框。在该对话框中，单击"颜色"下拉按钮打开下拉列表选择需要的颜色，然后单击〖应用并关闭〗按钮完成设置。

1.3.3 功能区

在默认情况下，功能区包括〖默认〗、〖插入〗、〖注释〗、〖参数化〗、〖视图〗、〖管理〗、〖输出〗、〖附加模块〗、〖A360〗、〖BIM360〗等选项卡，如图1-12所示。每个选项卡包含集成了若干相关操作工具的选项板，方便了用户的使用，用户可以单击功能区选项卡一栏后面的 BIM 360 Performance   来控制功能区的展开与收起。

（1）调出与关闭选项卡。将光标放在选项卡上任意位置，单击鼠标右键，打开如图1-13所示的快捷菜单。单击某一个未在功能区显示的选项卡名（即选项卡名前面无√），系统自动在功能区打开选项卡；反之，关闭选项卡。

图 1-11   "图形窗口颜色"对话框

图 1-12   默认情况下的功能区

（2）选项卡中选项面板的"固定"与"浮动"。单击空白位置按住鼠标左键不放，拖动鼠标到绘图区，面板就可以在绘图区浮动。将光标放到浮动面板的右上角位置处，显示〖将面板返回到功能区〗，单击此处，使它变为"固定"面板。也可以把"固定"面板拖出，使它成为"浮动"面板。

1.3.4   坐标系图标

在绘图区的左下角，有一个直线指向图标，称之为坐标系图标，表示用户绘图时正在使用的坐标形式，如图 1-14所示。坐标系图标的作用是为点的坐标确定一个参考系。

根据工作需要，用户可以选择将其关闭，方法是单击〖视图〗选项卡〖视口工具〗选项面板中的〖UCS 图标〗按钮，将其变为灰色状态显示，如图 1-14 所示。

图 1-13   快捷菜单

图 1-14   〖视图〗选项卡

1.3.5　菜单栏

在 AutoCAD 2016 中，系统默认菜单栏不显示，用户可以设置显示菜单栏，方法如下：在"快速访问工具栏"中单击"自定义快速访问工具栏"  按钮，打开下拉菜单，选择〖显示菜单栏〗命令即可。

菜单栏将显示在标题栏下方，由〖文件〗、〖编辑〗、〖视图〗、〖插入〗、〖格式〗、〖工具〗、〖绘图〗、〖标注〗、〖修改〗、〖参数〗、〖窗口〗和〖帮助〗12 个菜单构成，几乎包含了 AutoCAD 中全部的功能和命令，如图 1-15 所示。

图 1-15　设置显示菜单栏

1.3.6　命令行

命令行是输入命令名和显示命令提示的区域。默认的命令行布置在绘图区下方的浮动窗口，单击命令行"自定义"按钮，可以打开命令行设置快捷菜单，如图 1-16 所示。单击命令行右端的，会弹出使用的命令历史记录，如图 1-17 所示。

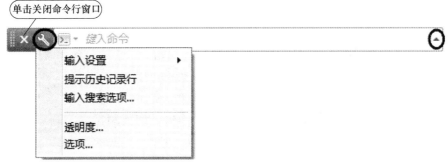

图 1-16　命令行浮动窗口

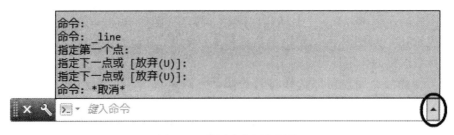

图 1-17　使用命令历史记录

说明：用户如果想关闭命令行窗口，那么可以点击命令行窗口的，或者在命令行中输入"Commandlinehide"，也可以使用快捷键〖Ctrl + 9〗。如果想打开命令行窗口，可在菜单栏的〖工具〗菜单中点击〖命令行〗。

1.3.7　状态栏

状态栏用来显示 AutoCAD 当前的状态，状态栏中依次包含"模型（图纸）""栅格"

"捕捉""正交""极轴追踪""等轴测草图""对象捕捉追踪""对象捕捉""显示/隐藏线宽"
"注释""切换工作空间""注释监视器""隔离对象""硬件加速""全屏显示""自定义"等按
钮，如图 1-18 所示。

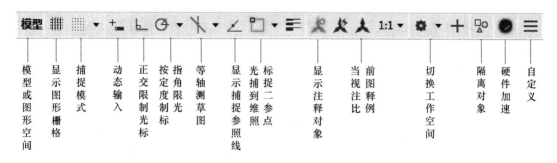

图 1-18　状态栏

状态栏中各按钮的具体含义介绍如下：

（1）捕捉。该捕捉不同于对象捕捉，仅用于捕获栅格点，通过打开和关闭栅格显示，
打开栅格时会捕捉栅格点。

（2）栅格。栅格是点的矩阵，延伸到指定为图形界限的整个区域。使用栅格类似于
在图形下放置一张坐标纸。

利用栅格可以对齐对象并直观显示对象之间的距离，如果放大或缩小图形，可能需要
调整栅格间距，以便其更适合新的比例。通过快捷键〖F7〗也可以打开或关闭栅格。

（3）正交。将输入限制为水平或垂直方向，正交中的水平和垂直与当前的坐标轴
平行。

（4）按指定角度限制光标（极轴追踪）。使用极轴追踪，光标将按指定角度进行
移动。

创建或修改对象时，可以使用"正交"模式将光标限制在相对于用户坐标系的水平
或垂直方向上。

（5）等轴测草图。通过设定"等轴测捕捉/栅格"，可以很容易的沿三个等轴测平面
之一对齐对象。

尽管等轴测图形看似三维图形，但它实际上是二维表示。因此，不能期望提取三维距
离和面积、从不同视点显示对象或自动消除隐藏线。

（6）显示捕捉参照线（对象捕捉追踪）。使用对象捕捉追踪，可以沿着基于对象捕捉
点的对齐路径进行追踪。已获取的点将获得一个小加号（＋），一次最多可以获取 7 个追
踪点。获取点之后，当在绘图路径上移动光标时，将显示相对获取点的水平、垂直或极轴
对齐路径。

例如，可以基于对象端点、中点或者对象的交点，沿着某个路径选择一点。

（7）将光标捕捉到二维参照点（对象捕捉）。使用执行对象捕捉设置（也称为对象捕
捉），可以在对象上的精确位置指定捕捉点。

选择多个选项后，将应用选定的捕捉模式，以返回距离靶框中心最近的点。按
〖Tab〗键以在这些选项之间循环。

（8）显示注释对象。当图标亮显示表示显示所有比例的注释性对象，当图标变暗时表示仅显示当前比例的注释性对象。

（9）在注释比例发生变化时，将比例添加到注释性对象。注释比例更改时，自动将比例添加到注释对象。

（10）当前视图的注释比例。单击注释比例右下角三角符号弹出注释比例列表，可以根据需要选择适当的注释比例。

（11）切换工作空间。主要进行三个工作空间的转换以及对工作空间的设置。

（12）硬件加速。设定图形卡的驱动程序以及设置硬件加速的选项。

（13）隔离对象。当选择隔离对象时，在当前视图中显示选定对象，所有其他对象都暂时隐藏；当选择隐藏对象时，在当前视图中暂时隐藏选定对象，所有其他对象都可见。

（14）全屏显示。该选项可以清除 Windows 窗口中的标题栏、功能区和选项板等界面元素，使 AutoCAD 的绘图窗口全屏显示。

（15）自定义。状态栏可以提供重要信息，而无需中断工作流。使用 MODEMACRO 系统变量可将应用程序所能识别的大多数数据显示在状态栏中。使用该系统变量的计算、判断和编辑功能可以完全按照用户的要求构造状态栏。

1.3.8　快速访问工具栏和交互信息栏

1.3.8.1　快速访问工具栏

该工具栏包括"新建""打开""保存""另存为""打印""放弃""重做""工作空间"等几个最常用的工具。

用户也可以单击文本工具栏后面的下拉按钮 ▼，设置显示需要使用的工具，隐藏的工具主要包括"特性匹配""特性""批处理打印""打印预览""图纸集管理器""渲染""菜单栏的显示或隐藏"等。

1.3.8.2　交互信息工具栏

该工具栏包括"搜索""Autodesk360""Autodesk Exchange 应用程序""保持连接""帮助"等几个常用的数据交互访问工具。用户在使用时遇到疑问时，可以点击帮助按钮 ⑦，里面有学习资源、命令解释以及常见问题的解答等内容。

$$\boxed{\text{综 合 练 习}}$$

（1）AutoCAD 2016 提供了几种工作空间，如何切换？

（2）AutoCAD 2016 的二维草图与注释工作空间包括几部分，其主要功能是什么？

（3）在 AutoCAD 2016 中如何隐藏和显示菜单栏，如何显示和隐藏"绘图""修改"工具条？

（4）AutoCAD 2016 的状态栏包含几个按钮，有什么功能？

AutoCAD 2016 基本操作

2.1 命令的调用

在 AutoCAD 中，命令是绘制与编辑图形的核心。想要完成图形的绘制和编辑，用户需要使用必要的指令或参数来完成命令的调用。

2.1.1 命令调用方式

在 AutoCAD 中，菜单命令、工具按钮、命令行中输入的命令和系统变量大都是相互对应的。用户可以选择菜单命令，或选择某个工具按钮，或在命令行中输入相应的命令和系统变量来执行相应的命令。下面具体介绍命令调用的方式。

2.1.1.1 在命令行窗口中调用命令

命令行窗口位于绘图区的下方，是输入命令和显示命令提示的区域，如图 2-1 所示。在命令行中输入相应的命令指令，确认后就可以调用相应的命令。在输入命令时，不分字母大小写。

图 2-1　命令行窗口

例如，用户使用命令行窗口调用多段线命令时，可以在命令行窗口输入"PLINE"，然后按〖Enter〗键就能完成命令的调用，如图 2-2(a) 所示。命令行中会显示命令选项以及每一条指令的所选项，用户可以根据提示信息按步骤完成操作，如图 2-2(b)所示。

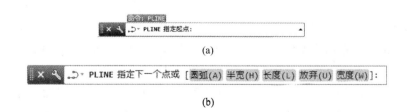

(a)

(b)

图 2-2　调用多线段命令及选项

当结束多段线命令的使用后，命令行保存了执行命令时的每一条指令。用户可以点击命令行右端的▲符号，查看命令历史记录。

在命令行中会出现"［ ］""（ ）""＜ ＞"等符号。这些符号表示不同的含义：

（1）"［ ］"符号中是系统提供的选项；

（2）"（ ）"符号中是该选项的快捷键，用户可根据自己的需要进行选择；

（3）"＜ ＞"符号中是系统提供的缺省值，缺省值是上一次使用该命令时的输入值，缺省值如果满足要求，用户可按回车键选用。

在命令行中点击 按钮，系统将弹出一个快捷菜单，如图 2-3 所示。用户可以通过它来选择最近使用过的命令。

在命令行中点击 按钮，系统弹出一个快捷菜单，如图 2-4 所示。这是命令行的自定义选项，用户可以进行"输入设置""制定提示历史记录行数""输入搜索选项""设置命令行的透明度"等操作。

图 2-3   最近使用过的命令

图 2-4   命令行快捷菜单

在 AutoCAD 中，部分绘图和编辑命令的调用需要通过命令行窗口来完成。在命令行窗口输入命令时，用户需要用键盘来输入文本对象、数值参数、点的坐标和参数选择。另外，在合适的情况下，用户也可以通过复制、粘贴的方式来输入命令。

2.1.1.2   在功能区选项卡中调用命令

功能区由若干个选项卡组成，每个选项卡包含若干个面板，每个面板又包含若干个归组的命令按钮，如图 2-5 所示。

图 2-5   功能区选项卡

在功能区选项卡中调用命令时，主要使用鼠标来进行操作，当光标移动到功能区时，它会变成一个箭头。在命令按钮上点击鼠标时，会执行相应的命令或操作。

例如，用户如果想创建一个椭圆，就可以将光标移动到功能区〖默认〗选项卡中的"椭圆"按钮上单击鼠标完成命令调用，如图 2-6(a) 所示。也可以点击按钮右边的 符号，此时会弹出下拉菜单，有三种创建椭圆选项可供用户进行选择，如图 2-6(b) 所示。

然后，将光标移动到绘图区，根据系统提示可以完成椭圆的创建，如图 2-7 所示。

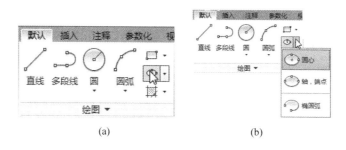

图 2-6 椭圆命令调用

图 2-7 椭圆的创建

在 AutoCAD 中，鼠标键按照下述规则定义：

（1）拾取键。通常指鼠标左键，用于指定屏幕上的点，也可以用来选择 Windows 对象、AutoCAD 对象、工具栏按钮和菜单命令等。

（2）回车键。通常是指鼠标右键，相当于〖Enter〗键，用于结束当前使用的命令，此时系统将根据当前绘图状态弹出不同的快捷菜单。

（3）弹出菜单。当在绘图区使用〖Shift〗键和鼠标右键的组合时，系统将弹出一个快捷菜单，用于设置捕捉点的方法。

2.1.1.3　在菜单栏中调用命令

在系统初始默认状态下，菜单栏不再显示。用户可以在快速访问工具栏中点击 按钮，在下拉菜单中选择〖显示菜单栏〗选项就可以显示菜单栏。

菜单栏在标题栏的下方，包括〖文件〗、〖编辑〗、〖视图〗、〖插入〗、〖格式〗、〖工具〗、〖绘图〗、〖标注〗、〖修改〗、〖参数〗、〖窗口〗和〖帮助〗选项，如图 2-8 所示。在绘图设计时用户可以从菜单栏的相关菜单选项中选择所需要的菜单命令。

文件(F)　编辑(E)　视图(V)　插入(I)　格式(O)　工具(T)　绘图(D)　标注(N)　修改(M)　参数(P)　窗口(W)　帮助(H)

图 2-8 菜单栏

在菜单栏中调用命令的方式与在功能区选项卡中调用命令的方式类似。点击菜单选项，然后在下拉菜单中选择所需要的命令，在命令按钮或工具控件上点击鼠标，执行相应的命令或操作。

2.1.1.4　使用透明命令

在 AutoCAD 中，透明命令不仅可以直接在命令行中使用，而且还可以在其他命令的执行过程中插入并执行，待该命令执行完毕后，系统继续执行原命令。

常使用的透明命令一般为修改图形设置的命令、绘图辅助工具命令等，例如"Snap" "Grid""Zoom"等命令。在使用透明命令时，需要在输入命令之前输入单引号（'）。例如，在执行创建椭圆命令时使用缩放（Zoom）透明命令时，命令执行过程如下：

命令：_ ellipse

指定椭圆的轴端点或［圆弧（A）/中心点（C）］:_c　　　　//用指定的中心点创建椭圆

指定椭圆的中心点：　　　　　　　　　　　　　　　　　//在绘图区指定中心点

指定轴的端点：　　　　　　　　　　　　　　　　　　　//在绘图区指定端点

指定另一条半轴长度或［旋转（R）］:' zoom　　　　　 //执行缩放视图透明命令

＞＞指定窗口的角点，输入比例因子(nX 或 nXP)，或者

［全部（A）/中心（C）/动态（D）/范围（E）/上一个（P）/比例（S）/

窗口（W）/对象（O）］＜实时＞:1.1　　　　　　　　　 //输入比例因子1.1

正在恢复执行 ELLIPSE 命令。

指定另一条半轴长度或［旋转（R）］:　　　　　　　　 //指定另一条半轴长度,完成画椭圆命令

注意：在本书中，所有涉及用户交互操作的过程，在菜单或命令操作后由用户响应的操作及说明置于"//"后，在下文示例操作中不再作说明。

2.1.2　命令的撤销、重复与重做

在 AutoCAD 2016 中，用户可以随时取消和终止正在执行的命令、按顺序放弃最近一个命令、撤销前面执行的一条或多条命令、重复调用上一个命令等。此外，撤销前面执行的命令后，还可以通过重做来恢复前面执行的命令。

2.1.2.1　撤销命令

A　执行方式

快速访问工具栏："放弃"按钮🔙，如图 2-9 所示。

菜单栏：〖编辑〗菜单→〖放弃〗选项。

命令行：输入"UNDO"命令→按〖Enter〗或〖Space〗键。

快速访问工具栏　　　放弃按钮

图 2-9　撤销命令

B　操作格式

调用撤销命令，命令行历史记录如下：

命令：_ . undo 当前设置：自动 = 开，控制 = 全部，合并 = 是，图层 = 是

输入要放弃的操作数目或［自动（A）/控制（C）/开始（BE）/

结束（E）/标记（M）/后退（B）］＜1＞:1 ELLIPSE GROUP　　　　//放弃操作的数目为1,撤销椭圆命令

说明：这里主要介绍命令调用以及调用命令后产生的命令流，关于撤销命令各选项作用的说明在后面的章节有详细介绍。

2.1.2.2　重复命令

在命令窗口中按〖Enter〗或〖Space〗键，可以重复调用上一个被调用的命令。

2.1.2.3　重做命令

A　执行方式

快速访问工具栏："重做"按钮，如图 2-10 所示。

菜单栏：〖编辑〗菜单→〖重做〗选项。

命令行：输入"MREDO"命令→按〖Enter〗或〖Space〗键。

图 2-10　重做命令

B　操作格式

调用重做命令，命令行历史记录如下：

命令：MREDO

输入动作数目或

[全部(A)/上一个(L)]：　　　　　　　　//输入动作数目或选择"全部""上一个"选项

说明：在调用重做命令时，须在撤销前面执行的命令后，否则无法执行重做命令。在命令行中输入"MREDO"命令，系统将提示无操作可重做。

2.2　坐标系与坐标的表示方法

2.2.1　坐标系的选择

在 AutoCAD 中绘图时，需要以坐标系为参照对某个对象定位，以便精确拾取点的位置。AutoCAD 采用两种坐标系：世界坐标系（WCS）与用户坐标系（UCS）。用户打开 AutoCAD 2016 时默认的坐标系是世界坐标系，也可以采用用户坐标系。

（1）世界坐标系。世界坐标系是固定的坐标系，也是坐标系中的基准，绘制图形时一般都是在世界坐标系下进行的。它的图标如图 2-11 所示。它包括 X 轴、Y 轴和 Z 轴。坐标轴的交汇处显示"口"形标记，但坐标原点并不在坐标系的交汇点，而位于图形窗口的左下角，所有的位移都是相对于该原点计算的，并且沿 X 轴正向及 Y 轴正向的位移方向被规定为正方向，Z 轴由屏幕向外为其正方向。

（2）用户坐标系。用户坐标系是一种相对坐标系。与世界坐标系不同，用户坐标系可以选取任意一点为坐标系原点，也可以选择任意方向为坐标轴正方向。用户可以根据需要建立和调用用户坐标系。它的图标如图 2-12（a）所示。用户坐标系的坐标原点和 X、Y、Z 轴方向都可以移动及旋转，甚至可以依赖于图形中某个特定的对象。尽管用户坐标系中 3 个轴之间仍然互相垂直，但是在方向及位置上却有更大的灵活性，如图 2-12（b）所示。

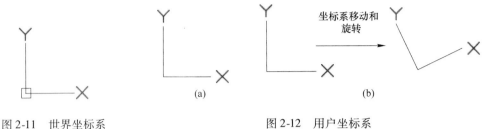

图 2-11   世界坐标系   图 2-12   用户坐标系

2.2.2 坐标的表示方法

在 AutoCAD 中，点的坐标可以用直角坐标、极坐标、球面坐标和柱面坐标表示，其中直角坐标和极坐标最为常用。每一种坐标又分别具有两种坐标输入方式：绝对坐标和相对坐标。

下面将介绍一下直角坐标和极坐标的坐标表示方法。

2.2.2.1 直角坐标表示

直角坐标是用点的 X、Y 值表示的坐标。在命令行中输入点的坐标提示下，输入两个数值，则表示输入了一个 X、Y 值确定的点。

例如，输入 "25，30" 两个数值后，会在绘图区确定一个坐标为（25，30）的 A 点，如图 2-13 所示，此为绝对坐标输入方式，表示该点的坐标是相对于当前坐标原点的坐标值。如果继续输入 "@26，31"，则为相对坐标输入方式，会在绘图区确定一个 B 点，表示该点的坐标是相对于 A 点的坐标，如图 2-13 所示。那么 B 点的绝对坐标为（51，61）。

2.2.2.2 极坐标表示

对于二维平面上的点位置，可以用极坐标来表示，即用长度和角度表示坐标。在绝对坐标输入方式下，可表示为："长度 < 角度"，例如 "20 < 16"，其中长度表示该点到坐标原点的距离，角度表示该点与原点的连线和 X 轴正向的夹角，如图 2-14 所示。

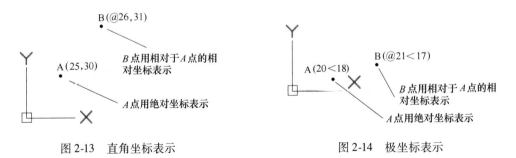

图 2-13   直角坐标表示   图 2-14   极坐标表示

在相对坐标输入方式下，可表示为："@长度 < 角度"，例如 "@21 < 17"，其中长度表示该点到前一点的距离，角度为该点与前一点的连线和 X 轴正向的夹角，如图 2-14 所示。

2.3 绘图环境的设置

用户在使用 AutoCAD 2016 绘图时，需要在绘制图形前先对系统参数、图形单位和绘图界限进行必要的设置，以便提高绘图效率和准确性。

2.3.1 设置参数选项

在 AutoCAD 2016 中，用户可以根据自己的需要来更改系统绘图环境设置。用户可以在菜单栏中选择〖工具〗菜单，在下拉菜单中选择〖选项〗命令，或者单击"应用程序"按钮 并从打开的应用程序菜单中点击〖选项〗按钮，也可以在绘图区右击鼠标弹出快捷菜单并从中选择〖选项〗，这时会弹出"选项"对话框，如图 2-15 所示，从中可以对绘图环境的参数选项进行设置。

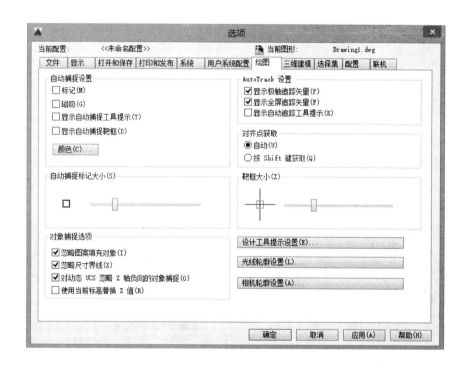

图 2-15 "选项"对话框

"选项"对话框中包含〖文件〗、〖显示〗、〖打开和保存〗、〖打印和发布〗、〖系统〗、〖用户系统设置〗、〖绘图〗、〖三维建模〗、〖选择集〗、〖配置〗、〖联机〗11 个选项卡。部分选项卡的功能简单介绍如下：

（1）〖文件〗选项卡用于 AutoCAD 搜索支持文件、驱动程序文件、菜单文件和其他文件时的路径以及用户定义的一些设置。它的界面如图 2-16 所示。

（2）〖显示〗选项卡用于设置窗口元素、布局元素、显示精度、显示性能、十字光标大小和淡入度控制等显示属性。它的界面如图 2-17 所示。

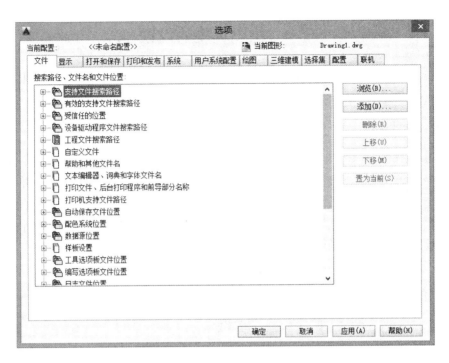

图 2-16　〖文件〗选项卡

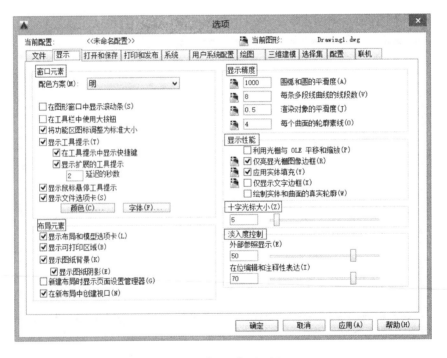

图 2-17　〖显示〗选项卡

（3）〖打开和保存〗选项卡用于设置是否自动保存文件、自动保存文件的时间间隔、是否维护日志以及是否加载外部参照。它的界面如图 2-18 所示。

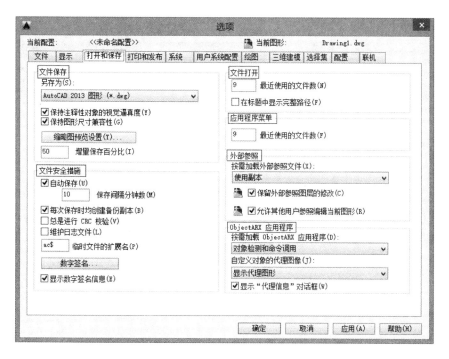

图 2-18　〖打开和保存〗选项卡

（4）〖打印和发布〗选项卡用于设置 AutoCAD 的输出设备。它的界面如图 2-19 所示。

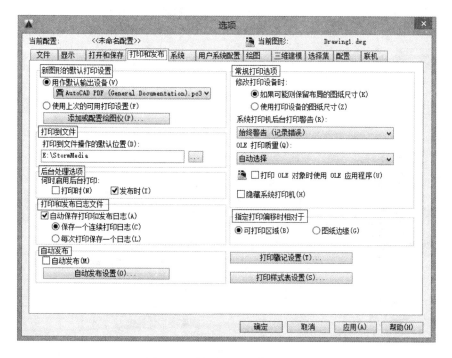

图 2-19　〖打印和发布〗选项卡

（5）〖绘图〗选项卡用于设置自动捕捉、自动追踪、自动捕捉标记框颜色和大小、靶框大小。它的界面如图 2-20 所示。

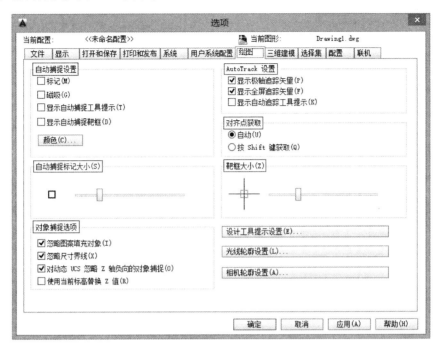

图 2-20　〖绘图〗选项卡

（6）〖选择集〗选项卡用于设置拾取框大小、选择集模式和夹点尺寸等。它的界面如图 2-21 所示。

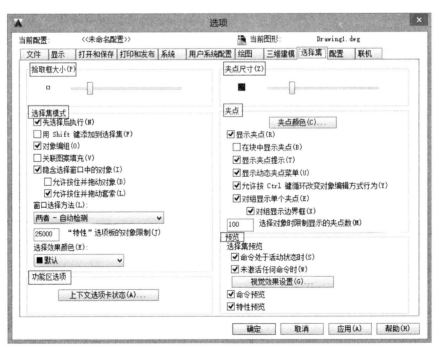

图 2-21　〖选择集〗选项卡

2.3.2 设置图形单位

在 AutoCAD 2016 中，用户可以在"图形单位"对话框中设置绘图时使用的长度单位、角度单位以及单位的显示格式和精度等参数。

用户可以在命令行中输入"DDUNTTS"命令打开"图形单位"对话框，也可以在菜单栏中选择〖格式〗菜单里的〖单位〗选项来打开。系统弹出的"图形单位"对话框如图 2-22 所示。

在"图形单位"对话框中的各选项作用说明如下：

（1）"长度"和"角度"选项组用于设置测量的长度与角度当前单位及当前单位的精度。

（2）"插入时的缩放单位"下拉列表框用于控制使用工具选项板拖入当前图形的块的测量单位。

如果块或图形创建时使用的单位与该选项指定的单位不同，则在插入这些块或图形时，将对其按比例缩放。插入比例是源块或图形使用的单位之比。

如果插入块时不按指定单位缩放，选择"无单位"。

（3）"输出样例"用于显示当前单位和角度设置。

（4）"光源"下拉列表框用于控制当前图形中光度控制光源的强度测量单位。

（5）"方向"按钮：点击该按钮，系统弹出"方向控制"对话框，如图 2-23 所示。

图 2-22 "图形单位"对话框   图 2-23 "方向控制"对话框

用户可以在该对话框中进行方向控制设置。默认情况下，角度的起始方向是指向 X 轴正向（即东方向），正角度方向为逆时针方向。

2.3.3 设置绘图界限

在 AutoCAD 中，用户绘图的区域是无限大的，可以在绘图区域的任意位置绘制。但是，为了便于查看和打印，用户可以指定一个区域，在此区域内绘制图形，这个区域称为图形界限。

在命令行中输入"LIMITS"命令可以设置图形界限，或者在菜单栏中选择〖格式〗菜单里的〖图形界限〗选项也可以设置图形界限。

图形界限由一对二维点确定，在发出命令后命令行将提示输入左下角点和右上角点确定绘图区域大小，同时也是设置并控制栅格显示的界限。

用户还可以通过选择〖开（ON）〗选项可以打开图形界限检查，此时用户不能在图形界限之外选择点或结束一个对象，选择〖关（OFF）〗选项则禁止图形界限检查，可以在图形之外指定点。

2.4 图形文件管理

在学习 AutoCAD 软件时，用户需要掌握图形文件的管理，图形文件管理的基本操作包括创建新图形文件、打开图形文件、保存图形文件以及关闭图形文件。

2.4.1 创建图形文件

A 执行方式

快速访问工具栏：〖新建〗按钮。

应用程序按钮 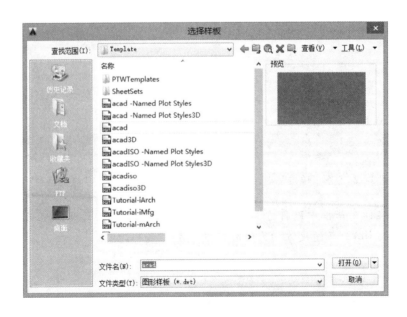：〖新建｜图形〗选项。

菜单栏：〖文件〗菜单→〖新建〗选项。

命令行：输入"NEW"命令→按〖Enter〗或〖Space〗键。

B 操作格式

调用新建命令后系统会打开"选择样板"对话框，如图 2-24 所示。

图 2-24 "选择样板"对话框

用户可在"选择样板"对话框中选择新建图形文件的样板,然后点击〖打开〗按钮就可以开始绘制一幅新图形。利用样板创建新图形,可以避免每次绘制新图形时要进行的有关绘图设置、绘制相同图形对象等重复操作,从而提高了绘图效率,保证了绘图的规范性。

C 选项说明

在"选择样板"对话框中,"文件类型"下拉列表框中有 3 中类型的图形样板,后缀名分别是".dwt""dwg"和".dws"。

其中,".dwt"文件是标准的样板文件,通常将一些规定的标准性的样板文件设置成".dwt"文件;".dwg"文件是普通的样板文件;".dws"文件是包含标准图层、标注样式、线型和文字样式的样板文件。

用户可以在"选择样板"对话框的文件类型中选择"图形.dwg",然后在打开方式中选择"无样本打开 - 公制",通过这种选择可以根据自己的需要对绘图环境进行设置,创建自己的模板,并可以将其保存为"∗.dwt"文件,在绘图时调用。

2.4.2 打开图形文件

A 执行方式

快速访问工具栏:〖打开〗按钮。

应用程序按钮▲:〖打开│图形〗选项。

菜单栏:〖文件〗菜单→〖打开〗选项。

命令行:输入"OPEN"命令→按〖Enter〗或〖Space〗键。

B 操作格式

调用打开命令后系统会打开"选择文件"对话框,如图 2-25 所示。从中选择要打开的图形文件,然后点击〖打开〗按钮即可打开该图形文件。

图 2-25 "选择文件"对话框

C   选项说明

选择需要打开的图形文件,在"预览"框中将显示出该图形的预览图像。默认情况下,打开的图形文件的格式为".dwg"类型。

在 AutoCAD 中,用户打开图形文件的方式有 4 种:"打开""以只读方式打开""局部打开""以只读方式局部打开"。

(1) 当以"打开""局部打开"方式打开图形时,可以对打开的图形进行编辑。

(2) 如果以"以只读方式打开""以只读方式局部打开"方式打开图形,则无法对打开的图形进行编辑。

(3) 如果用户选择"局部打开"打开图形,这时将打开"局部打开"对话框,如图 2-26 所示。

用户可以在"要加载几何图形的视图"选项组中选择要打开的视图,在"要加载几何图形的图层"选项组中选择要打开的图层,然后点击〖打开〗按钮,即可在选定视图中打开选中图层上的对象。

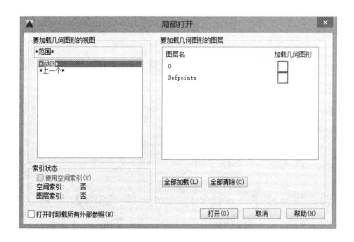

图 2-26   "局部打开"对话框

在打开 AutoCAD 图形时,有时需要同时打开多张图形进行对比操作。此时,可以在执行"打开"命令打开"选择文件"对话框时,按住〖Ctrl〗键来一次性选择要打开的多个图形,再点击〖打开〗按钮从而同时打开多个图形文件。使用〖Ctrl + Tab〗键可以在打开的图形之间切换。

当需要快速参照其他图形、在图形之间复制粘贴、使用定点设备或者右键将所选对象从一个图形拖动到另一个图形中时,用户可以使用〖窗口〗菜单控制多个图形的显示方式,如图 2-27 所示。例如,选择〖层叠〗命令,则多个图形的显示方式如图 2-28 所示。

2.4.3   保存图形文件

A   执行方式

快速访问工具栏:〖保存〗按钮。

应用程序按钮▲:〖保存〗选项。

菜单栏：〖文件〗菜单→〖保存〗选项。

命令行：输入"QSAVE"命令→按〖Enter〗或〖Space〗键。

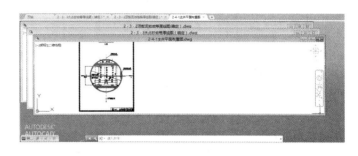

图 2-27 〖窗口〗菜单　　　　　　　图 2-28 "层叠"图形的显示方式

B 操作说明

用户如果是第一次执行保存操作，将弹出"图形另存为"对话框，如图 2-29 所示，从中指定要保存的位置、文件名和文件类型，然后点击〖保存〗按钮。

用户需要注意的是 AutoCAD 2016 图形保存的默认文件格式为"AutoCAD 2013 图形（∗.dwg）"，如图 2-29 所示。

图 2-29 "图形另存为"对话框

用户如果想以新文件名保存当前图形的副本，则可以使用〖另存为〗命令，将当前图形以新的名字保存。

2.4.4　关闭图形文件

用户完成图形绘制并保存后，可以关闭当前图形文件而不退出 AutoCAD 2016。

A　执行方式

应用程序按钮▲:〖关闭｜当前图形〗选项。

菜单栏:〖文件〗菜单→〖关闭〗选项。

命令行:输入"CLOSE"命令→按〖Enter〗或〖Space〗键。

当前图形窗口:"关闭"按钮⊗。

B　操作说明

如果当前图形修改后没有保存就启动关闭按钮，那么系统会弹出"AutoCAD"警告对话框询问是否将改动保存到该图形文件，如图 2-30 所示。

图 2-30　"AutoCAD"警告对话框

此时，点击〖是〗按钮，将保存当前图形文件并将其关闭；点击〖否〗按钮，将关闭当前图形文件但不保存修改；点击〖取消〗按钮，则取消关闭当前图形文件的操作，且不进行自动保存。

2.5　图形显示控制

2.5.1　视图的缩放

用户在使用 AutoCAD 绘图时，为了方便查看图形的整体或局部特征，往往需要对图形进行放大或者缩小。视图缩放命令可以改变视图的显示比例，以便用户在不同的比例下查看图形。

视图缩放只是放大或缩小屏幕上对象的视觉尺寸，而图形对象的实际尺寸仍然保持不变。

A　执行方式

功能区:〖视图〗选项卡→"视口工具"面板→选中"导航栏"按钮→显示导航栏，如图 2-31 所示。

菜单栏:〖视图〗菜单→〖缩放〗选项，如图 2-32 所示。

命令行:输入"ZOOM"命令→按〖Enter〗或〖Space〗键。

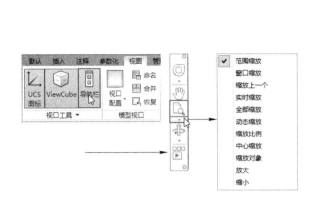 

图 2-31　显示导航栏　　　　　　　图 2-32　〖视图〗菜单缩放选项

B　选项说明

视图缩放工具包括〖范围缩放〗、〖窗口缩放〗等 11 种工具，这些缩放工具的功能和作用如下所述：

（1）〖范围缩放〗工具通过缩放以显示所有对象的最大范围，即将图形在视口内最大限度的显示出来，如图 2-33 所示。

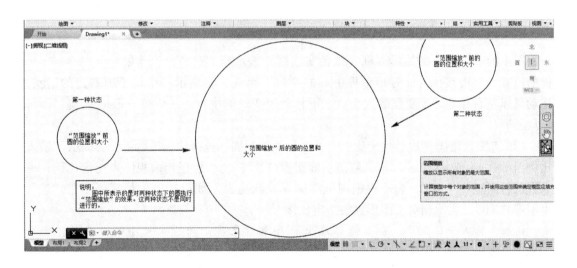

图 2-33　〖范围缩放〗操作效果

（2）〖窗口缩放〗工具通过缩放以显示由矩形窗口指定的区域。执行该操作后，需要使用鼠标指定要查看区域的两个对角已形成矩形窗口。指定区域的形状并不完全符合新视图，但新视图必须符合视口的形状。

（3）〖缩放上一个〗用于恢复显示上一个被缩放过的视图。

例如，对图形执行了"范围缩放"命令后，执行"缩放上一个"命令后，图形又恢复到执行"范围缩放"前的状态。

（4）〖实时缩放〗可以通过向上或向下移动定点设备进行动态缩放，以显示当前视口对象的外观尺寸。

选择该选项后，光标变为放大镜形状 🔍，按住光标向上移动将放大视图，向下移动将缩小视图。

（5）〖全部缩放〗工具用于缩放以显示所有可见对象，将显示用户定义的栅格界限或绘图区域的大小。图形将缩放到栅格界限或当前绘图范围两者较大的区域中。

（6）〖动态缩放〗使用矩形视框进行缩放。选择〖动态缩放〗命令，绘图区会出现矩形框，如图 2-34 所示，此时所绘制的所有图形都包含在蓝色虚线框中。

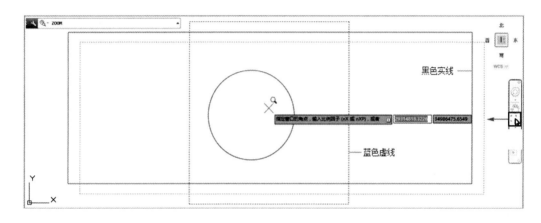

图 2-34　〖动态缩放〗矩形视框

图中的带"✕"的矩形方框（黑色实线框）表示新的窗口，移动鼠标可以确定矩形框的位置。单击鼠标，此时矩形框中心的"✕"消失，将显示一个位于框右边的箭头，拖动鼠标左右移动可改变框的大小，上下移动改变框的位置，最后按〖Enter〗键，即可缩放图形。

（7）〖缩放比例〗通过指定比例因子进行缩放视图。选择此选项后系统会提示"输入比例因子（nX 或 nXP）："。输入数值后面跟着"X"，表示根据当前视图来指定比例；输入数值后面跟着"XP"，表示根据图纸空间单位指定例；如果输入数值后既不带"X"，也不带"XP"，表示相对于图形界限指定比例。

例如，输入"0.5X"，表示使屏幕上的每个对象显示为原来大小的 0.5 倍；输入"2XP"，表示以图纸空间单位的 2 倍显示模型空间；不带"X"或"XP"的纯数值项较少使用。

（8）〖中心缩放〗用于缩放显示由中心点和缩放比例（或高度）所定义的窗口。选择此命令后，可在绘图区内指定一点作为中心点，然后输入缩放比例或高度就可进行缩放。

（9）〖缩放对象〗用于缩放以便尽可能大地显示一个或多个选定的对象并使其位于绘图区域的中心。可以在启动 ZOOM 命令之前或之后选择对象。

（10）〖放大〗表示使用比例因子 2 进行缩放，增大当前视图的比例。

（11）〖缩小〗表示使用比例因子 2 进行缩放，减小当前视图的比例。

2.5.2 视图的平移

视图的平移不改变显示窗口的大小、图形对象的相对位置和比例，只是重新定位图形的位置。

用户不仅可以左、右、上、下平移视图，也可以使用〖实时〗平移和〖点〗平移两种模式。

A 执行方式

功能区：〖视图〗选项卡→"视口工具"面板→选中"导航栏"按钮→显示导航栏，如图 2-35 所示。

菜单栏：〖视图〗菜单→〖平移〗选项，如图 2-36 所示。

命令行：输入"PAN"命令→按〖Enter〗或〖Space〗键。

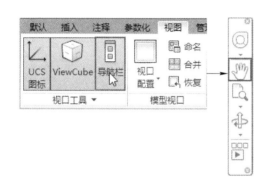

图 2-35 显示导航栏视图平移调用

图 2-36 〖视图〗菜单平移命令

B 操作说明

通过点击导航栏按钮或在视图菜单中选〖实时〗平移选项后，光标在绘图区内变为手的形状。按住鼠标上的拾取键，可锁定光标相对于视口坐标系的当前位置，视图将随光标向同一方向移动，当释放拾取键时，平移停止。当再次按下拾取键时，可以继续平移视图。按回车键或〖Esc〗键可退出实时平移。

〖点〗平移可通过指定基点和位移值来移动视图。在绘图区指定第一个基点，则视图将以这点为基准进行平移，再指定第二个基点后，视图将沿着两点连线的方向平移，平移的距离为两点之间的距离。

如果指定第一个基点后按回车键，那么系统会认为是相对于坐标原点进行平移，平移的方向是基点和坐标原点的连线方向，位移大小为基点到坐标原点的距离。

〖左/右/上/下〗平移表示将整个视图向左/右/上/下平移。

2.5.3 视图重画和重生成

2.5.3.1 视图重画

A 执行方式

菜单栏：〖视图〗菜单→〖重画〗命令，如图 2-37 所示。

命令行：输入"REDRAW"命令→按〖Enter〗或〖Space〗键。

B　操作说明

在图形编辑过程中，删除一个图形对象时，其他与之相交或重合的图形对象从表面上看也会受到影响，留下对象的拾取标记，或者在绘图过程中可能会出现光标痕迹，用〖重画〗命令可以清除这些临时标记。

2.5.3.2　视图重生成

A　执行方式

菜单栏：〖视图〗菜单→〖重生成〗命令，如图 2-38 所示。

命令行：输入"REGEN"命令→按〖Enter〗或〖Space〗键。

图 2-37　〖视图〗菜单〖重画〗命令　　　　图 2-38　〖视图〗菜单〖重生成〗命令

B　操作说明

为了提高显示速度，图形系统采用虚拟屏幕系统，保存了当前最大显示窗口的图形矢量信息。由于曲线和圆在显示时分别是用折线和正多边形矢量代替的，相对于屏幕较小的圆，多边形的边数也较少，因此放大之后就显示很不光滑。重生成命令按当前的显示窗口对图形重新进行裁剪、变换运算，并刷新帧缓冲器，使曲线变得光滑。

注意：重生成与重画在本质上是不同的，利用〖重生成〗命令可以重生成屏幕，此时系统从磁盘中调用当前图形的数据，比〖重画〗命令执行的速度慢，更新屏幕花费时间较长。

综 合 练 习

(1) 在 AutoCAD 2016 中，命令调用方式有几种，什么是透明命令？

(2) 在 AutoCAD 2016 中，世界坐标系与用户坐标系有什么区别，什么是相对坐标和绝对坐标？

(3) 用户如何设置坐标的显示，有哪几种方式？

(4) 在 AutoCAD 2016 中，如何创建、打开、保存和关闭图形文件？

(5) 在 AutoCAD 2016 中，视图的缩放有几种方式？

3 二维图形的绘制

在 AutoCAD 2016 中通过工具栏中的绘图命令，可以创建点、直线、多段线、圆弧、圆以及多边形等基本的二维图形，这些基本的二维图形之间相互组合可以形成复杂的二维图形。

用户使用 AutoCAD 2016 创建二维图形时，要重点学习和掌握基本二维图形的创建方法。在此基础上多加练习，就可以熟练创建出复杂的二维图形。

3.1 绘 制 单 线

3.1.1 绘制直线段

创建二维图形时，创建直线命令是使用最频繁的命令之一。

A 执行方式

功能区：〖默认〗选项卡→"绘图"面板→"直线"按钮，如图 3-1 所示。

菜单栏：〖绘图〗菜单→〖直线〗，如图 3-2 所示。

命令行：输入"LINE 或 L"→按〖Enter〗或〖Space〗键。

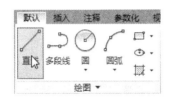

图 3-1 〖默认〗选项卡"直线"按钮　　图 3-2 〖绘图〗菜单〖直线〗命令

B 操作格式

命令：_ line 指定第一点：

指定下一点或［放弃(U)］：　　　　　　　//通过命令调用可以创建一系列连续的直线段，连续直线段中的每一段都可以单独进行编辑

指定下一点或［放弃(U)］：

指定下一点或［闭合(C)/放弃(U)］：　　　//按〖Enter〗键、鼠标右键、〖Space〗键或〖Esc〗键，均可终止命令

……

指定下一点或［闭合(C)/放弃(U)］：

C 选项说明

(1) 放弃(U)。退回到上一个点。

(2) 闭合(C)。在命令行键入"C"，连接起点和最后一个点，形成封闭图形。

D　功能示例

【例3-1】　绘制如图3-3所示的矿用调度绞车图形。

命令：_line　　　　　　　　　　　　　　　　//调用直线命令
指定第一个点：　　　　　　　　　　　　　　//在绘图区指定第一个点 A
指定下一点或［放弃(U)］:@0, -70　　　　　//使用相对坐标确定线段的长度 AB
指定下一点或［放弃(U)］:　　　　　　　　　//结束直线命令调用
命令：_line　　　　　　　　　　　　　　　　//再次调用直线命令
指定第一个点:@0,10　　　　　　　　　　　　//使用相对坐标相对于 B 点确定点 C
指定下一点或［放弃(U)］:@90,0　　　　　　 //使用相对坐标确定线段长度 CD
指定下一点或［放弃(U)］:
命令：_line
指定第一个点:@0, -10　　　　　　　　　　　//使用相对坐标相对于 D 点确定点 E
指定下一点或［放弃(U)］:@0,70　　　　　　 //使用相对坐标确定线段长度 EF
指定下一点或［放弃(U)］:
命令：_line
指定第一个点:@0, -10　　　　　　　　　　　//使用相对坐标相对于 F 点确定点 G
指定下一点或［放弃(U)］:@ -90,0　　　　　 //使用相对坐标确定线段长度 GH
指定下一点或［放弃(U)］:
命令：_line
指定第一个点:@0, -25　　　　　　　　　　　//使用相对坐标相对于 H 点确定点 I
指定下一点或［放弃(U)］:@ -10,0　　　　　 //使用相对坐标确定线段长度 IJ
指定下一点或［放弃(U)］:
命令：_line
指定第一个点:@100,0　　　　　　　　　　　//使用相对坐标相对于 J 点确定点 K
指定下一点或［放弃(U)］:@10,0　　　　　　 //使用相对坐标确定线段长度 KL
指定下一点或［放弃(U)］:

说明:绘制该图形的方式有多种,在这里主要是为了强调直线命令的应用。用户可以此为例,使用其他方法进行练习。

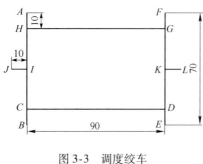

图3-3　调度绞车

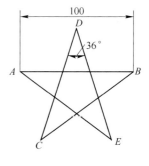

图3-4　五角星

【例3-2】　绘制五角星,如图3-4所示。

命令：_line
指定第一个点：　　　　　　　　　　　　　　//指定第一个点 A

指定下一点或［放弃(U)］:@100,0   //使用相对直角坐标,相对于 A 点确定点 B
指定下一点或［放弃(U)］:@100<216   //使用相对极坐标,相对于 B 点确定点 C
指定下一点或［闭合(C)/放弃(U)］:@100<72 //使用相对极坐标,相对于 C 点确定点 D
指定下一点或［闭合(C)/放弃(U)］:@100<288 //使用相对极坐标,相对于 D 点确定点 E
指定下一点或［闭合(C)/放弃(U)］:C   //选择闭合,完成图形绘制,如图3-4 所示

3.1.2 创建构造线

构造线是通过两个指定点并向两个方向无限延伸的直线，如图 3-5 所示，一般常用作创建其他图形对象的辅助线。

A 执行方式

功能区：〖默认〗选项卡→"绘图"面板→"构造线"按钮 ，如图 3-6 所示。

菜单栏：〖绘图〗菜单→〖构造线〗→指定点→指定通过点。

命令行：输入"XLINE 或 XL"→按〖Enter〗键→指定点→指定通过点。

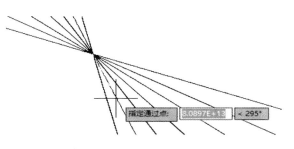

图 3-5　创建构造线

图 3-6　〖默认〗选项卡"构造线"按钮

B 操作格式

命令：XL↙

XLINE

指定点或［水平(H)/垂直(V)/角度(A)/二等分(B)/偏移(O)］:

指定通过点：   //指定构造线要通过的点

指定通过点：   //可继续指定通过点来创建通过同一指定点的其他构造线

……

指定通过点：   //按〖Esc〗或〖Enter〗键结束命令

C 选项说明

(1) 水平（H）。创建一条通过选定点的水平参照线，将创建平行于 X 轴的构造线

(2) 垂直（V）。创建一条通过选定点的垂直参照线，将创建平行于 Y 轴的构造线。

(3) 角度（A）。以指定的角度创建一条参照线，指定与选定参照线之间的夹角，此角度从参照线开始按逆时针方向测量。或者指定构造线的角度，再指定通过点，创建与 X 轴成指定角度的构造线，如图 3-7 所示。

(4) 二等分（B）。创建一条参照线，它经过选定的角顶点，并且将选定的两条线之间的夹角平分。此构造线位于由三个点确定的平面中，如图 3-8 所示。

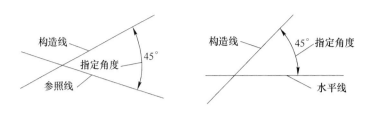

图 3-7　参照或指定角度绘制构造线

（5）偏移（O）。创建平行于另一个对象的构造线。指定构造线偏离选定对象的距离和位于选定对象的哪一侧，如图 3-9 所示。

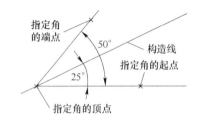

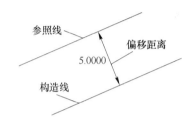

图 3-8　"二等分" 选项创建角平分线　　　图 3-9　"偏移" 选项创建构造线

3.1.3　创建射线

A　执行方式

功能区：〖默认〗选项卡→"绘图" 面板→"射线" 按钮⬈→指定起点→指定通过点，如图 3-10 所示。

菜单栏：〖绘图〗菜单→〖射线〗。

命令行：输入 "RAY"→按〖Enter〗键。

B　操作格式

命令：_ ray 指定起点：

指定通过点：　　　　　//指定射线要通过的点，可继续指定通过点来创建通过同一起点的
　　　　　　　　　　　其他射线，如图 3-11 所示

指定通过点：　　　　　//按〖Esc〗或〖Enter〗键结束命令

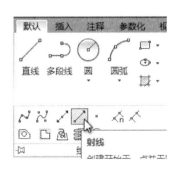

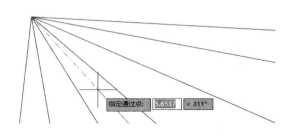

图 3-10　〖默认〗选项卡"射线"按钮　　　　　　图 3-11　创建的射线

3.1.4　绘制多段线

多段线是由若干直线段或圆弧段组成的一个整体，多段线中的直线段或圆弧段可以有不同的宽度。

3.1.4.1　绘制多段线

A　执行方式

功能区：〖默认〗选项卡→"绘图"面板→"多段线"按钮 ，如图3-12所示。

菜单栏：〖绘图〗菜单→〖多段线〗，如图3-13所示。

命令行：输入"PLINE 或 PL"→按〖Enter〗键。

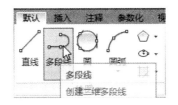

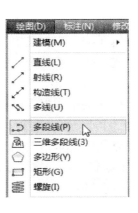

图3-12　〖默认〗选项卡"多段线"按钮　　　　图3-13　〖绘图〗菜单〖多段线〗命令

B　操作格式

命令：_ pline
指定起点：
当前线宽为0.0000　　　　　　　　　　　　　//数值显示当前默认线宽
指定下一个点或[圆弧(A)/半宽(H)/
长度(L)/放弃(U)/宽度(W)]：　　　　　　　//可继续指定多段线的下一点或选
　　　　　　　　　　　　　　　　　　　　　　择其他选项设置多段线

指定下一点或[圆弧(A)/闭合(C)/半宽(H)/
长度(L)/放弃(U)/宽度(W)]：A↙　　　　　//选圆弧选项,将多段线设置为圆弧
　　　　　　　　　　　　　　　　　　　　　　形式

指定圆弧的端点(按住 Ctrl 键以切换方向)或
[角度(A)/圆心(CE)/闭合(CL)/方向(D)/半宽(H)/
直线(L)/半径(R)/第二个点(S)/放弃(U)/宽度(W)]：　//指定圆弧的端点或选择其他选项
指定圆弧的端点(按住 Ctrl 键以切换方向)或
[角度(A)/圆心(CE)/闭合(CL)/方向(D)/半宽(H)/
直线(L)/半径(R)/第二个点(S)/放弃(U)/宽度(W)]：L↙　//选择直线选项,将多段线设置为直
　　　　　　　　　　　　　　　　　　　　　　线形式

指定下一点或[圆弧(A)/闭合(C)/
半宽(H)/长度(L)/放弃(U)/宽度(W)]：　　　//继续指定下一点或选择其他选项

按〖Enter〗或〖Esc〗键结束。

C　选项说明

（1）圆弧（A）。可从绘制直线方式切换到绘制圆弧方式。在执行多段线命令时，如果在指定起点后，在命令提示下输入"A"，可以切换到圆弧绘制方式，命令行会显示：

"指定圆弧的端点（按住Ctrl键以切换方向）或［角度（A）/圆心（CE）/闭合（CL）/方向（D）/半宽（H）/直线（L）/半径（R）/第二个点（S）/放弃（U）/宽度（W）］："

该命令提示中各选项的功能说明如下：

1）角度（A）。提示用户给定夹角（逆时针为正值）。

2）圆心（CE）。指定圆弧的圆心。

3）闭合（CL）。根据最后点和多段线的起点为圆弧的两个端点，绘制一个圆弧，以封闭多段线。闭合后将结束多段线绘制命令。

4）方向（D）。根据起始点处的切线方向来绘制圆弧。

5）半宽（H）。设置圆弧的起点的半宽度和终点的半宽度。

6）直线（L）。由绘制圆弧方式切换到绘制直线的方式。

7）半径（R）。根据半径来绘制圆弧。

8）第二个点（S）。可根据三点来绘制一个圆弧。

9）放弃（U）。取消上一次选项的操作。

（2）半宽（H）。设置多段线的半宽度，即线段中心到线段边界的宽度。

（3）长度（L）。指定绘制的直线段长度。此时，系统将以该长度沿着上一段直线的方向来绘制直线段。

如果前一段线对象是圆弧，则该直线的方向为上一圆弧端点的切线方向。

（4）放弃（U）。删除多段线上的上一段多线段。

（5）宽度（W）。用于设置多段线的宽度，其默认值为0，且多段线初始宽度和结束宽度可以不同。

（6）闭合（C）。用于封闭多段线并结束命令。此时，系统将以当前点为起点，以多段线的起点为终点，以当前宽度和绘图方式（直线或圆弧）绘制一段线段，再封闭该多段线，然后结束命令。

D　功能示例

【例3-3】　利用多段线命令绘制如图3-14所示的图形。

图3-14　多段线绘制的图形

命令：_pline　　　　　　　　　　　　　　　　//调用多段线命令

指定起点：＜正交开＞　　　　　　　　　　　　//正交打开

当前线宽为 10.0000

指定下一个点或[圆弧(A)/半宽(H)/长度(L)/

放弃(U)/宽度(W)]:A   //选择"圆弧"选项

指定圆弧的端点(按住 Ctrl 键以切换方向)或

[角度(A)/圆心(CE)/方向(D)/半宽(H)/直线(L)/

半径(R)/第二个点(S)/放弃(U)/宽度(W)]:W   //选择"宽度"选项,确定构造线的宽度

指定起点宽度 <10.0000>:0   //指定起点宽度为 0

指定端点宽度 <0.0000>:10   //指定端点宽度为 10

指定圆弧的端点(按住 Ctrl 键以切换方向)或

[角度(A)/圆心(CE)/方向(D)/半宽(H)/直线(L)/

半径(R)/第二个点(S)/放弃(U)/宽度(W)]:D   //选择"方向"选项

指定圆弧的起点切向: //指定圆弧的起点切向为垂直向上方向

指定圆弧的端点(按住 Ctrl 键以切换方向):5   //圆弧端点位置在起点左侧,距离 5

指定圆弧的端点(按住 Ctrl 键以切换方向)或

[角度(A)/圆心(CE)/闭合(CL)/方向(D)/半宽(H)/

直线(L)/半径(R)/第二个点(S)/放弃(U)/宽度(W)]:W   //选择"宽度",确定构造线的宽度

指定起点宽度 <10.0000>:0   //指定起点宽度为 0

指定端点宽度 <0.0000>:10   //指定端点宽度为 10

指定圆弧的端点(按住 Ctrl 键以切换方向)或

[角度(A)/圆心(CE)/闭合(CL)/方向(D)/半宽(H)/

直线(L)/半径(R)/第二个点(S)/放弃(U)/宽度(W)]:D   //选择"方向"选项

指定圆弧的起点切向: //指定圆弧的起点切向为垂直向下方向

指定圆弧的端点(按住 Ctrl 键以切换方向):5   //圆弧的端点位置在起点右侧,距离 5

3.1.4.2 编辑多段线

A 执行方式

功能区:〖默认〗选项卡→"修改"面板→"编辑多段线"按钮, 如图 3-15 所示。

菜单栏:〖修改〗菜单→〖对象〗→〖多段线〗选项。

命令行:输入"PEDIT 或 PE"命令→按〖Enter〗键。

图 3-15 "编辑多段线"选项

B 操作格式

激活编辑多段线命令,只选择一个多段线,命令行提示如下:

命令:_pedit

选择多段线或［多条(M)］：　　　　　　　　　//选择需要编辑的多段线

输入选项［闭合(C)/合并(J)/宽度(W)/

编辑顶点(E)/拟合(F)/样条曲线(S)/

非曲线化(D)/线型生成(L)/反转(R)/放弃(U)］：　//选择编辑选项

按〖Enter〗键或〖Esc〗键结束。

如果选择多个多段线，命令行提示如下：

命令：_pedit

选择多段线或［多条(M)］：M↙　　　　　　　//选择多条选项，对多条多段线进行编辑

选择对象：找到 1 个

选择对象：找到 1 个，总计 2 个　　　　　　　//显示选择 2 条多段线选项

选择对象：

输入选项［闭合(C)/打开(O)/合并(J)/

宽度(W)/拟合(F)/样条曲线(S)/非曲线化(D)/

线型生成(L)/反转(R)/放弃(U)］：　　　　　//选择编辑选项

按〖Enter〗或〖Esc〗键结束。

C　选项说明

用户在使用编辑多段线命令时，只选择一个对象和选择多个对象的命令提示行中的功能选项有差别。例如，"编辑顶点（E）"选项，其他选项功能相同，"打开（O）"选项是在执行"闭合（C）"选项后可以使用的选项。

选项功能介绍如下：

（1）闭合（C）。封闭所编辑的多段线，即自动以最后一段的绘图模式（直线或圆弧）连接多段线的起点和终点，如图 3-16 所示。

（2）打开（O）。打开闭合的多段线，即撤销对多段线执行的闭合选项。

（3）合并（J）。将与多段线连接的直线段、圆弧或多段线连接到指定的非闭合多段线上，使之成为一个对象，如图 3-17 所示。

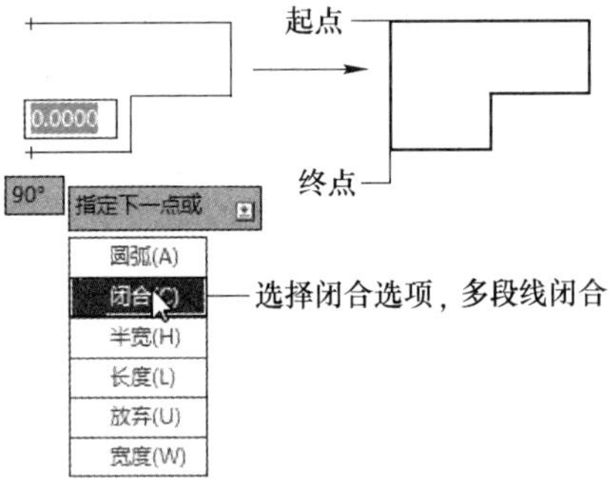

图 3-16　编辑多段线"闭合"功能选项

（4）宽度（W）。为多段线统一设置宽度。

（5）拟合（F）。将多段线转换为拟合曲线，如图 3-18 所示。

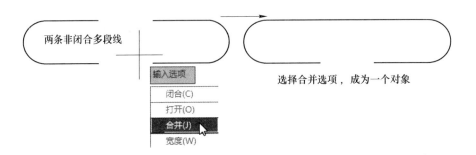

图 3-17　编辑多段线"合并"功能选项

（6）样条曲线（S）。将多段线转换为样条曲线，且拟合时以多段线的各顶点作为样条曲线的控制点，如图 3-19 所示。

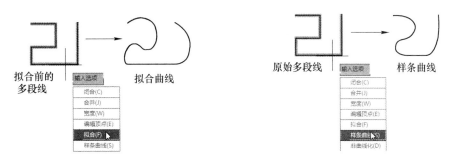

图 3-18　多段线转换为拟合曲线　　　　图 3-19　多段线转换为样条曲线

（7）非曲线化（D）。删除在执行"拟合"或"样条曲线"选项操作时插入的额外顶点，并拉直多段线中的所有线段，同时保留多段线顶点的所有切线信息。

（8）线型生成（L）。设置非连续线型多段线在各顶点处的绘制方式。

以"CENTER"线型为例说明"线型生成（L）"选项功能，如图 3-20 所示。

选择"关"时，将在每个顶点处以长划开始和结束生成线型；选择"开"时，将在每个顶点处允许以短划开始和结束生成线型。"线型生成"不能用于带变宽线段的多段线。

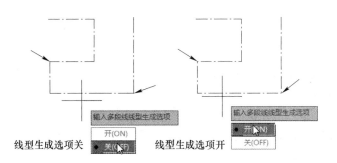

图 3-20　"线型生成"功能选项

（9）反转（R）。反转多段线顶点的顺序。使用此选项可以反转使用包括文字线型的对象的方向。

（10）放弃（U）。取消编辑命令的上一次操作。

（11）编辑顶点（E）。编辑多段线的顶点，该选项只对单个的多段线操作。选择该选项后，在多段线起点处出现一个斜的十字叉"╳"，如图 3-21 所示，它为当前顶点的标记，并在命令行出现后续操作提示：

"［下一个（N）/上一个（P）/打断（B）/插入（I）/移动（M）/重生成（R）/拉直（S）/切向（T）/宽度（W）/退出（X）］＜N＞："

该命令提示中主要选项的功能说明如下：

1）下一个（N）和上一个（P）。点击"下一个"选项时，斜十字叉"╳"将移动

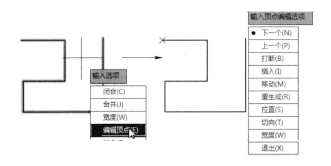

图 3-21　编辑多段线顶点

到下一个顶点；点击"上一个"选项时，斜十字叉"✕"将从下一个顶点返回到上一个顶点。

2）打断（B）。此选项用于打断两个顶点之间的线段。

3）插入（I）。此选项用于在两顶点之间插入线段。

4）移动（M）。此选项用于移动斜十字叉"✕"所在的顶点的位置。

5）拉直（S）。此选项用于将斜十字叉"✕"所在的顶点和另一个顶点之间的线段拉直为两顶点间的直线段。

例如，若两顶点之间为圆弧段或者是折线段，执行该选项后变为两顶点间的直线段。

6）宽度（W）。此选项用于指定所有线段的新宽度。

7）退出（X）。此选项用于退出"编辑顶点"选项。

3.1.5　创建样条曲线

样条曲线是经过或接近影响曲线形状的指定点的拟合曲线，它主要是用来创建曲率半径不规则变化的曲线。

用户既可以使用拟合点绘制样条曲线，也可以使用控制点绘制样条曲线，两种方式各有优点，用户可根据情况选择合适的方法。图 3-22、图 3-23 分别为两种方式创建的样条曲线。

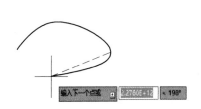

图 3-22　拟合点绘制样条曲线

图 3-23　控制点绘制样条曲线

3.1.5.1　创建样条曲线

A　执行方式

功能区：〖默认〗选项卡→"绘图"面板→"样条曲线拟合"按钮或"样条曲线控制点"按钮，如图 3-24 和图 3-25 所示。

菜单栏:〖绘图〗菜单→〖样条曲线〗,如图 3-26 所示。

命令行:输入"SPLINE 或 SPL"→按〖Enter〗键。

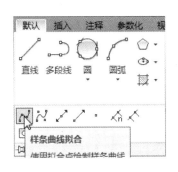

图 3-24 样条曲线拟合命令

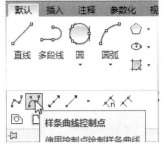

图 3-25 样条曲线控制点命令

图 3-26 绘图菜单样条曲线命令

B 操作格式

(1) 以"样条曲线拟合"命令创建样条曲线。

命令: SPL↙   //在命令行中输入样条曲线拟合命令

SPLINE

当前设置:方式=拟合 节点=弦

指定第一个点或[方式(M)/节点(K)/对象(O)]:   //指定样条曲线第一点或选择其他选项

输入下一个点或[起点切向(T)/公差(L)]:   //输入下一点或选择"起点切向"或"公差选项"选项

输入下一个点或[端点相切(T)/公差(L)/放弃(U)]:   //输入下一点或选择其他选项

输入下一个点或[端点相切(T)/公差(L)/放弃(U)/闭合(C)]:

……

输入下一个点或[端点相切(T)/公差(L)/放弃(U)/闭合(C)]:

按〖Enter〗或〖Esc〗键结束。

(2) 以"样条曲线控制点"命令创建样条曲线。

命令: _SPLINE

当前设置:方式=控制点 阶数=3   //显示当前默认设置

指定第一个点或[方式(M)/阶数(D)/对象(O)]:_M   //选择"方式"选项

输入样条曲线创建方式[拟合(F)/控制点(CV)]<控制点>:_CV

//选择"控制点"选项

当前设置:方式=控制点 阶数=3

指定第一个点或[方式(M)/阶数(D)/对象(O)]:

输入下一个点:

输入下一个点或[放弃(U)]:

输入下一个点或[闭合(C)/放弃(U)]:

按〖Enter〗或〖Esc〗键结束。

C　选项说明

（1）当以"样条曲线拟合"命令创建样条曲线时：

1）方式（M）。用于选择是使用"拟合点"或使用"控制点"来创建样条曲线。

2）节点（K）。该选项针对使用"拟合点"的样条曲线，用于指定节点参数化。

它是一种计算方法，用来确定样条曲线中连续拟合点之间的曲线如何过渡。

3）对象（O）。将二维或三维的二次或三次样条曲线拟合多段线转换成等效的样条曲线，如图3-27所示。

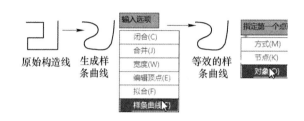

图3-27　构造线转换为等效样条曲线

4）起点切向（T）。指定在样条曲线起点的相切条件。

5）公差（L）。指定样条曲线可以偏离指定拟合点的距离。

公差值为0时则生成的样条曲线直接通过拟合点，公差值适用于所有拟合点（拟合点的起点和终点除外）。

6）端点相切（T）。指定在样条曲线终点的相切条件。

7）闭合（C）。通过定义与第一个点重合的最后一个点，闭合样条曲线。

默认情况下，闭合的样条曲线为周期性的，沿整个环保持曲率连续性。

8）放弃（U）。删除最后一个指定点。

（2）当以"样条曲线控制点"命令创建样条曲线时：

使用"控制点"绘制样条曲线的过程和使用"拟合点"绘制样条曲线的过程类似。其中"阶数=3"表示样条曲线是一系列3阶（也称为3次）多项式的过渡曲线段，这些曲线在技术上称为非均匀有理B样条（NURBS），简称为样条曲线。

3.1.5.2　编辑样条曲线

A　执行方式

功能区：〖默认〗选项卡→"修改"面板→"编辑样条曲线"按钮 ，如图3-28所示。

菜单栏：〖修改〗菜单→〖对象〗选项→〖样条曲线〗选项。

命令行：输入"SPLINEDIT或SPE"→按〖Enter〗键。

B　操作格式

命令：_splinedit　　　　　　　　　　　　//调用编辑样条曲线命令

选择样条曲线：　　　　　　　　　　　　//选择样条曲线对象

输入选项[闭合(C)/合并(J)/拟合数据(F)/

编辑顶点(E)/转换为多段线(P)/反转(R)/

放弃(U)/退出(X)]<退出>：　　　　　　//选择样条曲线编辑选项

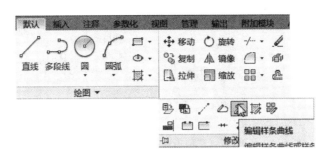

图3-28 〖默认〗选项卡中"编辑样条曲线"选项

C　选项说明

(1) "选择样条曲线"命令提示：选择要编辑的样条曲线。

如果选择的样条曲线是用"SPLINE"命令创建的，其近似点以夹点的颜色显示出来；

如果选择的样条曲线是用"PLINE"命令创建的，其控制点以夹点的颜色显示出来。

(2) 闭合 (C)。在"闭合"和"打开"之间切换，具体取决于选定样条曲线是否为闭合状态。

(3) 合并 (J)。选定的样条曲线、直线和圆弧在重合端点处合并到现有样条曲线。选择有效对象后，该对象将合并到当前样条曲线，合并点处将具有一个折点，如图3-29所示。

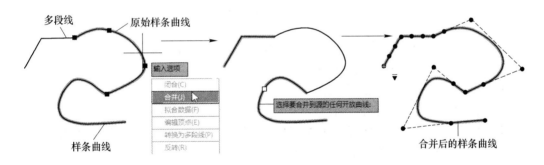

图3-29 所选对象合并到样条曲线

(4) 拟合数据 (F)。编辑样条曲线所通过的某些拟合点。

选择该项后，创建该样条曲线时指定的各点以小方格的形式显示出来，如图3-30所示，并会显示提示信息：

"［添加(A)/闭合(C)/删除(D)/扭折(K)/移动(M)/清理(P)/切线(T)/公差(L)/退出(X)] <退出>:"

各选项功能如下：

1) 添加 (A)。增加拟合点，此时将改变样条曲线的形状，且增加拟合点符合当前公差，如图3-31所示。

2) 删除 (D)。删除样条曲线拟合点集中的一些

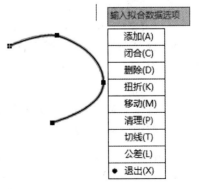

图3-30 "拟合数据"功能选项

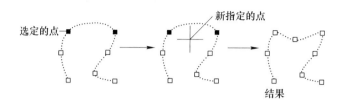

图 3-31　增加样条曲线拟合点

拟合点。

3）扭折（K）。在样条曲线上的指定位置添加节点和拟合点，这不会保持在该点的相切或曲率连续性。

4）移动（M）。该选项用于移动拟合点，如图 3-32 所示。

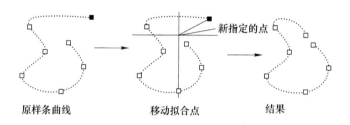

图 3-32　移动样条曲线拟合点

5）清理（P）。从图形数据库中清除样条曲线的拟合数据信息。

6）切线（T）。修改样条曲线在起点和端点的切线方向。

7）公差（L）。重新设置拟合公差的值。

8）退出（X）。退出当前的拟合数据操作，返回上一级提示。

（5）编辑顶点（E）。编辑样条曲线的顶点，选择该选项后，会显示样条曲线的顶点，如图 3-33 所示，并会显示提示信息：

"［添加（A）/删除（D）/提高阶数（E）/移动（M）/权值（W）/退出（X）］＜退出＞："

各选项的功能如下：

1）添加（A）。在位于两个现有的控制点之间的指定点处添加一个新控制点。

2）删除（D）。删除选定的控制点。

3）提高阶数（E）。增大样条曲线的多项式阶数（阶数加 1）。这将增加整个样条曲线的控制点的数量，最大值为 26。

4）移动（M）。重新定位选定的控制点。

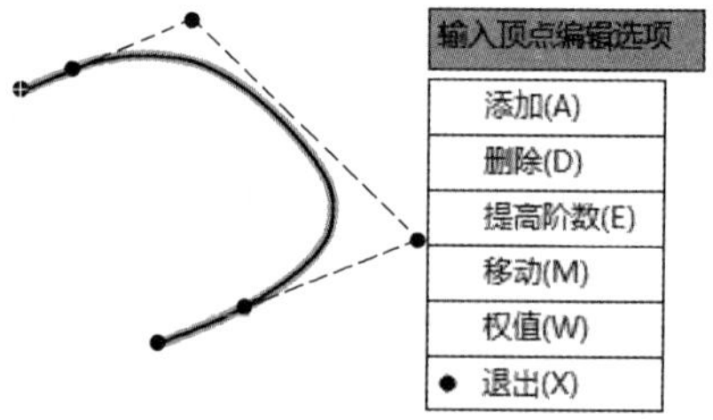

5）权值（W）。更改指定控制点的权值。根据指定控制点的新权值重新计算样条曲线。权值越大，样条曲线越接近控制点。

图 3-33　编辑样条曲线顶点

6）退出（X）。返回到前一个提示。

（6）转换为多段线（P）：将样条曲线转换为多段线，如图 3-34 所示。精度值决定结果多段线与原样条曲线拟合的精确程度。有效值介于 0 ~ 99 之间的任意整数。

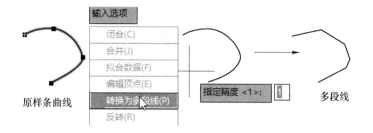

图 3-34 样条曲线转换为多段线

（7）反转（R）。反转样条曲线的方向。

（8）放弃（U）。取消上一编辑操作。

（8）退出（X）。退出当前的操作，返回到上一级提示项。

D 功能示例

在绘制采矿工程制图时，岩层的等高线、较大图形的省略示意以及回风图例符号等都会用到样条曲线，下面以绘制回风图例符号为例来进行样条曲线的绘制。

【例 3-4】 绘制矿图中的回风图例符号，如图 3-35 所示（图中所示尺寸是为了方便绘图所设，无实际意义）。

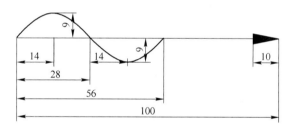

图 3-35 回风图例符号

命令：_pline	//调用多段线命令
指定起点：	//在绘图区域指定多段线起点
当前线宽为 0.0000	//指定多段线当前线宽
指定下一个点或［圆弧（A）/半宽（H）/	
长度（L）/放弃（U）/宽度（W）］:90	//指定下一点到起点的距离为 90
指定下一点或［圆弧（A）/闭合（C）/	
半宽（H）/长度（L）/放弃（U）/宽度（W）］:W	//选择"宽度（W）"选项
指定起点宽度 < 0.0000 > :5	//指定起点宽度为 5
指定端点宽度 < 5.0000 > :0	//指定端点宽度为 0
指定下一点或［圆弧（A）/闭合（C）/	
半宽（H）/长度（L）/放弃（U）/宽度（W）］:10	//指定起点与端点之间的距离为 10
指定下一点或［圆弧（A）/闭合（C）/	
半宽（H）/长度（L）/放弃（U）/宽度（W）］:	//按〖Enter〗键结束

说明： 这里用到了前面学过的多段线命令。在采矿制图时会常用到多段线命令，例如

绘制箭头图形时可用此命令。

命令：_measure	//调用定距等分命令
选择要定距等分的对象：	//选择等分对象
指定线段长度或[块(B)]:指定第二点:14	//指定等分线段的长度为14
命令：_erase 找到 3 个	//保留左边 4 个点,删除右边 3 个点

说明：为了绘图方便,上面命令调用了"定距等分"命令。该命令的使用在"3.4.4 创建定距等分点"章节中有详细说明,用户可以参考。另外,用户也可以通过直线命令来确定图中的尺寸。

命令：_line

指定第一个点：

指定下一点或[放弃(U)]:9   //在左边第 1 个点位置垂直向上作长度为 9 的直线

指定下一点或[放弃(U)]:

命令：_line

指定第一个点：

指定下一点或[放弃(U)]:9   //在左边第 3 个点位置垂直向下作长度为 9 的直线

指定下一点或[放弃(U)]:

命令：_SPLINE   //调用样条曲线拟合命令

当前设置:方式＝拟合   节点＝弦

指定第一个点或[方式(M)/节点(K)/对象(O)]:_M

输入样条曲线创建方式[拟合(F)/控制点(CV)]＜拟合＞:_FIT

当前设置:方式＝拟合   节点＝弦

指定第一个点或[方式(M)/节点(K)/对象(O)]:   //以左边端点为第 1 个点

输入下一个点或[起点切向(T)/公差(L)]:   //指定下一个点

输入下一个点或[端点相切(T)/公差(L)/放弃(U)]:

输入下一个点或[端点相切(T)/公差(L)/放弃(U)/闭合(C)]:

输入下一个点或[端点相切(T)/公差(L)/放弃(U)/闭合(C)]:

输入下一个点或[端点相切(T)/公差(L)/放弃(U)/闭合(C)]:

最后删除点和多余的直线,就完成了回风图例符号的绘制,如图3-35所示。

说明：绘制该图形的方式有多种,在这里主要是为了强调样条曲线的应用,使用的绘图方式主要以前面的知识为基础。用户可以此为例,练习使用其他方法绘制。

3.1.6　修订云线

修订云线是由连续圆弧组成的多段线,用于提醒用户在检查阶段注意图形的某个部分。在用红线圈阅或检查图形时,使用修订云线功能亮显标记,提高工作效率。

创建修订云线命令有三种样式:矩形、多边形和徒手画。使用〖徒手画〗命令,可以通过移动鼠标从第一个起点开始创建修订云线;使用〖矩形〗命令,可以创建整体形状呈矩形的修订云线;使用〖多边形〗命令,可以创建整体形状不规则的多边形的修订云线。

在实际设计中,可以将圆、椭圆、多段线或样条曲线转换为修订云线。在创建修订云线时，可根据命令提示对修订云线进行设置，指定新的弧长最大值和最小值，更改圆弧的大小，编辑单个弦长和弧长。

A　执行方式

功能区：〖默认〗选项卡→"绘图"面板→"修订云线"按钮▢，如图3-36所示。

菜单栏：〖绘图〗菜单→〖修订云线〗。

命令行：输入"REVCLOUD"→按〖Enter〗键。

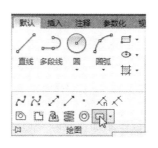

图3-36　默认选项卡修订云线命令

B　操作格式

命令：_revcloud

最小弧长：0.5　最大弧长：0.5　样式：普通　类型：矩形

指定第一个角点或[弧长(A)/对象(O)/矩形(R)/

多边形(P)/徒手画(F)/样式(S)/修改(M)]<对象>:_R　　　　　//选择矩形选项

指定第一个角点或[弧长(A)/对象(O)/矩形(R)/

多边形(P)/徒手画(F)/样式(S)/修改(M)]<对象>:　　　　　//输入第一个角点坐标

指定对角点：　　　　　　　　　　　　　　　　　　　　//输入对角点坐标

按〖Enter〗键结束命令。

C　选项说明

（1）弧长（A）。设置云线最小和最大圆弧长度。

最小和最大圆弧长度的默认值为0.5。所设置的最大弧长不能超过最小弧长的3倍。

（2）对象（O）。指定要转换为云线的对象。

（3）矩形（R）。使用指定的点作为对角点创建矩形修订云线，如图3-37所示。

（4）多边形（P）。创建非矩形修订云线（有作为修订云线的顶点的3个点或更多点定义），如图3-38所示。

（5）徒手画（F）。通过移动鼠标从第一个起点开始创建修订云线，通过鼠标来控制边界和形状，如图3-39所示。

图3-37　矩形修订云线　　　图3-38　多边形修订云线图　　　图3-39　徒手画修订云线

（6）样式（S）。指定修订云线的样式。选择该选项后，命令行会出现提示信息：

"选择圆弧样式[普通（N）/手绘（C）]＜普通＞："

可以指定修订云线的圆弧样式为"普通"或"手绘"。"普通"选项用于使用默认样式绘制修订云线；"手绘"选项用于像使用画笔绘图一样创建修订云线，如图3-40所示。

图3-40　修订云线圆弧样式

（7）修改（M）。从现有修订云线添加或删除侧边。选择该选项后，命令行会提示：

选择要修改的多段线：

指定下一个点或[第一个点（F）]：

拾取要删除的边：

反转方向[是（Y）/否（N）]＜否＞：

根据提示可以对所选修订云线对象进行修改，如图3-41所示。

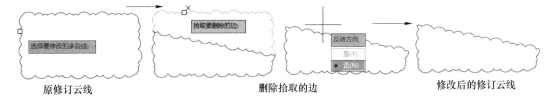

图3-41　修订云线的修改

3.2　绘　制　多　线

3.2.1　创建多线样式

A　执行方式

菜单栏：〖格式〗菜单→〖多线样式〗，如图3-42所示。

命令行：输入"MLSTYLE"→按〖Enter〗键。

B　选项说明

执行命令调用后，会打开"多线样式"对话框，如图3-43所示，用户可以根据需要创建合适的多线样式。

在"多线样式"对话框中，右侧自上而下有7个功能选项。这7个功能选项能满足用户对多线样式的不同设置，从而顺利的完成创建任务。

在最初始的状态，只有四个按钮亮显：〖新建〗、〖修改〗、〖加载〗和〖保存〗。

图 3-42 〖多线样式〗命令 　　　图 3-43 "多线样式"对话框

（1）单击〖新建〗按钮，打开"创建新的多线样式"对话框，创建新的多线样式，如图 3-44 所示。

（2）单击〖修改〗按钮，打开"修改多线样式"对话框，修改创建的多线样式。

（3）单击〖重命名〗按钮，修改当前多线样式的名称。

（4）单击〖删除〗按钮，删除样式列表中的多线样式。

（5）单击〖说明〗按钮，说明当前所定义的多线样式的特征等描述。

（6）单击〖加载〗按钮，打开"加载多线样式"对话框，如图 3-45 所示。用户可以从中选取多线样式将其加载到当前图形中。

图 3-44 "创建新的多线样式"对话框 　　　图 3-45 "加载多线样式"对话框

（7）单击〖保存〗按钮，打开"保存多线样式"对话框，将当前的多线样式保存为一个多线文件（＊.mln）。

在"创建新的多线样式"对话框中，命名好新样式名后，单击〖继续〗按钮，将打开"新建多线样式"对话框，可以创建新多线样式的封口、填充、图元等内容，如图 3-46 所示。

图 3-46   "新建多线样式"对话框

（8）"说明"文本框。用于输入多线样式的说明信息。在多线样式列表中选中多线时，说明信息将显示在"说明"区域中。

（9）"封口"选项组。用于控制多线起点和端点处封口的样式。可以为多线的每个端点选择一条直线或弧线，并输入角度。

直线穿过整个多线的端点；外弧线连接最外层元素的端点；内弧线连接成对元素，如果有奇数个元素，则中心线不相连，如图 3-47 所示。

图 3-47   多线起点和端点封口样式

（10）"填充"选项组用于设置是否填充多线的背景。

（11）如果选中"新建多线样式"对话框中的"显示连接"复选框，可以在多线的指定点显示连接线，否则不显示，如图 3-48 所示。

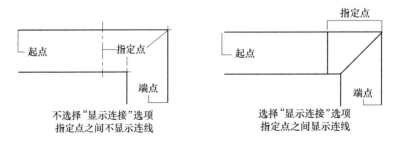

图 3-48   "显示连接"选项功能

（12）图元框中5个选项：添加、删除、偏移、颜色、线型用来对多线进行调整和更改。其选项功能介绍如下：

1）添加。为多线添加元素。

2）删除。为多线删除元素。

3）偏移。可以设置选中的元素的位置偏移值。

4）颜色。可以为选中的元素选择颜色。点击"颜色"下拉列表，可以根据需要选择颜色。如图3-49所示。

图3-49　设置多线对象的颜色

5）线型。可以为选中的元素设置线型。点击线型选项，系统会弹出"选择线型"对话框，如图3-50所示，用户可以选择已加载的线型。

如果已加载的线型中没有所需线型，用户可以点击〖加载〗按钮，系统弹出"加载或重载线型"对话框，如图3-51所示，用户可以在"可用线型"框中选择所需线型。

图3-50　"选择线型"对话框

图3-51　"加载或重载线型"对话框

用户设置完毕后，系统会返回到"多线样式"对话框，在样式列表中会显示刚设置的多线样式名，选择该样式，点击〖置为当前〗按钮，则将刚设置的多线样式置为当前样式，预览框中会显示当前多线样式。

3.2.2　创建多线

创建多线样式后，根据所创建的多线样式就可以创建所需要的多线。

A　执行方式

菜单栏：〖绘图〗菜单→〖多线〗，如图 3-52 所示。

命令行：输入"MLINE 或 ML"→按〖Enter〗键。

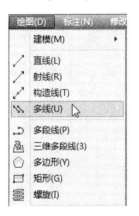

图 3-52　绘图菜单多线命令

B　操作格式

命令：ML✓　　　　　　　　　　　　　　　//调用创建多线命令

MLINE

当前设置：对正 = 上，比例 = 1.00，样式 = STANDARD　　　//显示当前默认设置

指定起点或[对正(J)/比例(S)/样式(ST)]:　　　//指定起点或选择其他选项

指定下一点：

指定下一点或[放弃(U)]:

指定下一点或[闭合(C)/放弃(U)]:

按〖Enter〗或〖Esc〗键结束。

C　选项说明

（1）对正（J）。该项用于给定绘制多线的基准。共有 3 种对正类型："上""无"和"下"，其中，"上"表示以多线上侧的线为基准，依次类推，如图 3-53 所示。

对正方式类型为"上"　　　对正方式类型为"无"　　　对正方式类型为"下"

图 3-53　绘制多线的对正方式

（2）比例（S）。选择该项，要求用户设置平行线的间距。输入值为零时平行线重合，输入值为负值时，多线的排列倒置。

（3）样式（ST）。该选项用于设置当前使用的多线样式。

D　功 能 示 例

【例3-5】　创建效果如图3-54所示的多线。

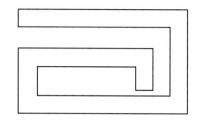

图3-54　创建的多线

调用创建多线命令

当前设置：对正＝上，比例＝20.00，样式＝STANDARD

指定起点或［对正(J)/比例(S)/样式(ST)］：　　　//输入起点坐标或选择其他选项

指定下一点：　　　　　　　　　　　　　　　　//输入下一点坐标

指定下一点或［放弃(U)］：　　　　　　　　　//输入下一点坐标或选择放弃

指定下一点或［闭合(C)/放弃(U)］：　　　　　//输入下一点坐标或选其他选项

按〖Enter〗或〖Esc〗键结束。

3.2.3　编辑多线

A　执 行 方 式

菜单栏：〖修改〗菜单→〖对象〗→〖多线〗，如图3-55所示。

命令行：输入"MLEDIT"→按〖Enter〗键。

B　操 作 格 式

执行命令后，会弹出"多线编辑工具"对话框，如图3-56所示，可选择多线编辑方式。

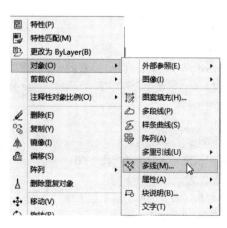

图3-55　编辑多线命令

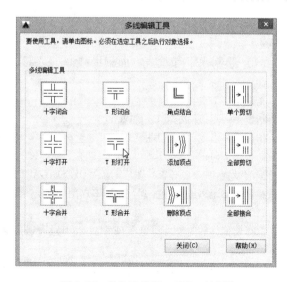

图3-56　"多线编辑工具"对话框

C　选项说明

AutoCAD 2016 为用户提供了 12 种多线编辑工具，它们可分为 4 类："十字型""T 字型""角点与顶点""剪切与接合"。

（1）十字型工具。3 个十字型工具用于消除各种交线。当用户选择十字型的某工具后，还需要选取两条多线，系统总是切断所选的第一条多线，并根据所选工具切断第二条多线。

（2）T 字型工具。用于消除交线。

（3）角点结合工具。用于消除交线，还可消除多线一侧的延伸线，从而形成直角。

（4）添加顶点工具和删除顶点工具。添加顶点工具可以为多线增加若干顶点；使用删除顶点工具则可以包含 3 个或更多顶点的多线上删除顶点。

（5）剪切工具。该选项可以切断多线。如使用全部剪切工具，多线编辑效果。

（6）全部接合工具。可以重新显示所选两点间的任何切断部分。

D　功能示例

【例 3-6】　绘制如图 3-57 所示的墙体结构。

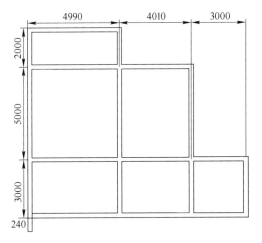

图 3-57　墙体结构

（1）绘制水平和垂直方向辅助线。

命令：_line
指定第一个点：
指定下一点或［放弃（U）］：12000　　　　　　　　//按图示尺寸绘制长度为 12000 的水平辅助线
指定下一点或［放弃（U）］：　　　　　　　　　　//按〖Enter〗键结束命令
命令：_offset　　　　　　　　　　　　　　　　　//使用偏移命令
当前设置：删除源 = 否　图层 = 源　OFFSETGAPTYPE = 0
指定偏移距离或［通过（T）/删除（E）/图层（L）］<5000.0000>：　2000
　　　　　　　　　　　　　　　　　　　　　　　//按图示尺寸指定偏移距离 2000
选择要偏移的对象,或［退出（E）/放弃（U）］<退出>：
　　　　　　　　　　　　　　　　　　　//指定偏移对象为所绘制的水平线
指定要偏移的那一侧上的点,或［退出（E）/多个（M）/放弃（U）］<退出>：
　　　　　　　　　　　　　　　　　　　　　//按〖Enter〗键结束命令

继续使用偏移命令，将剩余水平辅助线绘制出来，然后再用同样的方法绘制垂直辅助线，结果如图3-58所示。

图3-58　水平和垂直辅助线

（2）使用多线命令绘制多线。

首先设置多线样式：在命令行中输入"MLSTYLE"，系统打开"多线样式"对话框。

在对话框中点击〖新建〗按钮，系统打开"创建新的多线样式"对话框，在文本框中输入"墙体"，点击〖继续〗按钮，系统打开"新建多线样式"对话框。

在"新建多线样式：墙体"对话框中完成设置后，点击〖确定〗按钮，系统返回"多线样式"对话框，将"墙体"样式置为当前然后点击〖确定〗按钮完成多线样式的设置。

绘制多线：在命令行中输入"MLINE"命令，以所绘制的辅助线为参照绘制墙体。命令行提示与操作如下：

命令：_ mline

当前设置：对正＝上，比例＝2.00，样式＝墙体

指定起点或［对正(J)/比例(S)/样式(ST)］：　J　　　　　　　　//设置对正方式

输入对正类型［上(T)/无(Z)/下(B)］＜上＞：　Z　　　　　　//输入对正类型为"无"

当前设置：对正＝无,比例＝2.00,样式＝墙体

指定起点或［对正(J)/比例(S)/样式(ST)］：　S　　　　　　　//设置多线比例

输入多线比例＜2.00＞：　1　　　　　　　　　　　　　　　//输入多线比例为1

当前设置：对正＝无,比例＝1.00,样式＝墙体

指定起点或［对正(J)/比例(S)/样式(ST)］：　　　　　　　　//在所绘制的辅助线交点上指定一点

指定下一点：　　　　　　　　　　　　　　　　　　　　　//指定多线的下一点

指定下一点或［放弃(U)］：

按〖Enter〗键结束命令，绘制结果如图3-59所示。

重新执行多段线命令，直至根据所有辅助线绘制出多线，如图3-60所示。

（3）使用编辑多线命令完成墙体绘制。

在命令行中输入"MLEDIT"命令，系统打开"编辑多线工具"对话框。

在"编辑多线工具"对话框中选择"角点结合"选项，根据例题要求对绘制的多线修直角，如图3-61所示。

在"编辑多线工具"对话框中选择"T形打开"选项，根据例题要求对绘制的多线修T形，如图3-62所示。

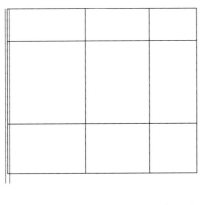

图 3-59   根据辅助线绘制第一条多线

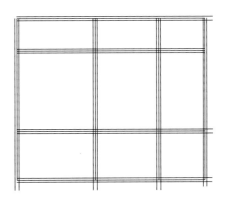

图 3-60   全部多线绘制结果

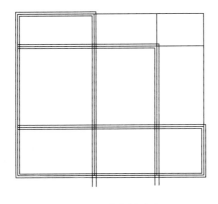

图 3-61   多线修直角

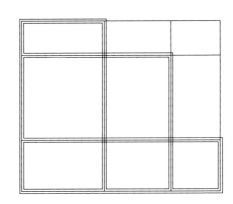

图 3-62   多线修 T 形

在"编辑多线工具"对话框中选择"十字合并"选项，根据例题要求对绘制的多线进行十字合并，如图 3-63 所示。

最后，选中绘制的所有辅助直线，按〖Delete〗键删除即可得到所绘制的图形，图 3-64 所示。

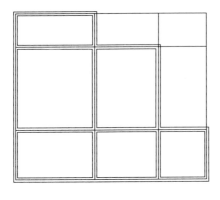

图 3-63   多线十字合并

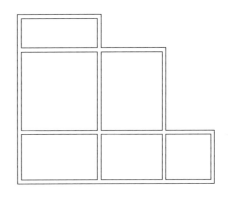

图 3-64   完成绘制的墙体

3.3 绘制几何图形

3.3.1 创建矩形

A 执行方式

功能区：〖默认〗选项卡→"绘图"面板→"矩形"按钮□，如图3-65所示。

菜单栏：〖绘图〗菜单→〖矩形〗。

命令行：输入"RECTANG 或 REC"→按〖Enter〗键。

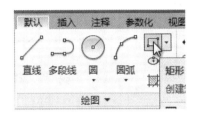

图3-65 默认选项卡矩形命令

B 操作格式

命令: REC↙

RECTANG

指定第一个角点或[倒角(C)/标高(E)/圆角(F)/厚度(T)/宽度(W)]:

指定另一个角点或[面积(A)/尺寸(D)/旋转(R)]:

C 选项说明

（1）第一个角点。通过指定矩形的第一个角点。

（2）倒角（C）。该选项用于指定矩形的倒角距离，绘制带倒角的矩形。每一个角点的逆时针和顺时针方向的倒角可以相同也可以不同，其中第一个倒角距离是指角点逆时针方向倒角距离，第二个倒角距离是指角点顺时针方向倒角距离。

当矩形的边长大于倒角距离的2倍时，使用倒角功能创建矩形的效果，如图3-66所示。如果矩形的边长小于设定倒角距离的2倍时，则无法完成倒角功能；如果矩形（正方形）边长等于设定倒角距离的2倍时，则创建倒角矩形的效果，如图3-67所示。

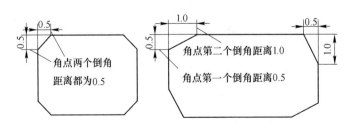

图3-66 矩形倒角功能图

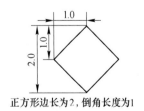

图3-67 正方形边长为
倒角距离2倍

（3）标高（E）。用于指定矩形所在的平面高度，默认情况下矩形在 XY 平面内，该选项一般用于绘制三维图形。

（4）圆角（F）。设定矩形四角为圆角及其大小。

当矩形的边长大于设定圆角的半径的 2 倍时，创建圆角矩形的效果如图 3-68 所示；当矩形（正方形）的边长等于设定圆角的半径的 2 倍时，创建圆角矩形的效果如图 3-69 所示；当矩形的边长小于设定圆角的半径的 2 倍时，无法完成圆角功能。

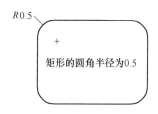

图 3-68　矩形圆角选项功能

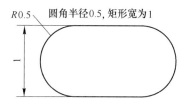

图 3-69　矩形边长为圆角半径 2 倍

（5）厚度（T）。用于绘制具有厚度的矩形，即 Z 轴方向的高度，该选项一般用于绘制三维图形。

（6）宽度（W）。设置线条的宽度。

（7）面积（A）。指定面积和长度或宽度创建矩形。

（8）尺寸（D）。使用长和宽创建矩形。第二个指定点将矩形定位在与第一角点相关的四个位置之一。

（9）旋转（R）。旋转所绘制矩形的角度。

提示：矩形边长小于倒角长度时，为矩形，没有变化。

3.3.2　绘制正多边形

A　执行方式

功能区：〖默认〗选项卡→"绘图"面板→"多边形"按钮⬠→输入侧面数，如图 3-70 所示。

菜单栏：〖绘图〗菜单→〖多边形〗→输入侧面数。

命令行：输入"POLYGON 或 POL"→按〖Enter〗键→输入侧面数。

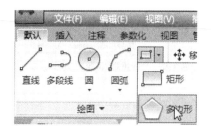

图 3-70　默认选项卡多边形命令

B 操作格式

命令: POL ↙

POLYGON 输入侧面数 <4 >:

指定正多边形的中心点或[边(E)]:

输入选项[内接于圆(I)/外切于圆(C)] <I >:

指定圆的半径:

C 选项说明

(1) 边 (E)。通过指定多边形边的方式来绘制正多边形，它由边数和边长确定。

如果选择"边"选项，则只要指定多边形的一条边，系统就会按逆时针方向创建正多边形，如图 3-71 所示。

(2) 内接于圆 (I)。所绘制的正多边形内接于圆，如图 3-72 所示。

(3) 外切于圆 (C)。所绘制的正多边形外切于圆，如图 3-73 所示。

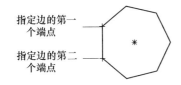

图 3-71 "边"选项绘制多边形   图 3-72 正五边形内接于圆   图 3-73 正五边形外切于圆

D 功能示例

【例 3-7】 绘制如图 3-74 所示的一系列正多边形。

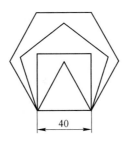

图 3-74 正多边形组合图形

调用正多边形绘制命令:

命令: _polygon

输入侧面数 <6 >:   //确定正多边形边数为 6

指定正多边形的中心点或[边(E)]:E   //指定正多边形的一条边

指定边的第一个端点: //确定正多边形边的第一个端点

指定边的第二个端点:@40,0   //确定正多边形边的第二个端点

调用正多边形绘制命令:

命令: _polygon

输入侧面数 <6 >:5   //确定正多边形边数为 5

指定正多边形的中心点或[边(E)]:E   //指定正多边形的一条边

指定边的第一个端点：   //确定正多边形边的第一个端点
指定边的第二个端点：   //确定正多边形边的第二个端点
调用正多边形绘制命令：
命令：_polygon
输入侧面数<5>:4   //确定正多边形边数为 4
指定正多边形的中心点或[边(E)]:E   //指定正多边形的一条边
指定边的第一个端点：   //确定正多边形的第一个端点
指定边的第二个端点：   //确定正多边形的第二个端点
调用正多边形绘制命令：
命令：_polygon
输入侧面数<4>:3   //确定正多边形边数为 3
指定正多边形的中心点或[边(E)]:E   //指定正多边形的一条边
指定边的第一个端点：   //确定正多边形的第一个端点
指定边的第二个端点：   //确定正多边形边的第二个端点

3.3.3 绘制圆

A   执行方式

功能区：〖默认〗选项卡→"绘图"面板→"圆"按钮⊘，如图 3-75 所示。
菜单栏：〖绘图〗菜单→〖圆〗，如图 3-76 所示。
命令行：输入"CIRCLE 或 C"→按〖Enter〗键。

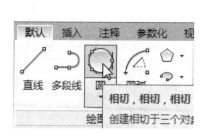

图 3-75   默认选项卡圆命令

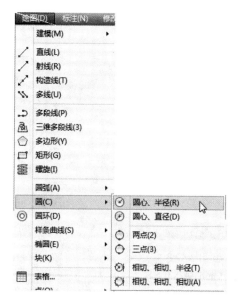

图 3-76   绘图菜单圆命令

B   操作格式
命令：C↙
CIRCLE
指定圆的圆心或[三点(3P)/两点(2P)/切点、切点、半径(T)]:

指定圆的半径或［直径(D)］：

C 选项说明

(1) 三点 (3P)。用指定圆周上三点的方法画圆。

(2) 两点 (2P)。指定直径的两端点画圆。

(3) 切点、切点、半径 (T)。按先指定两个相切对象，后给出半径的方法画圆。

(4) 相切、相切、半径 (T)。该选项基于指定半径和两个相切对象绘制圆。选择此方式时，系统提示：

命令：_ circle

指定圆的圆心或 ［三点 (3P)/两点 (2P)/切点、切点、半径 (T)］：_ ttr

指定对象与圆的第一个切点：

指定对象与圆的第二个切点：

指定圆的半径 <2.1966>：   指定第二点：

创建圆如图 3-77 所示。

(5) 相切、相切、相切 (A)。绘制圆的一种方式，创建相切于 3 个对象的圆，如图 3-78 所示。选择此方式时，系统提示：

命令：_ circle

指定圆的圆心或 ［三点 (3P)/两点 (2P)/切点、切点、半径 (T)］：_3p

指定圆上的第一个点：_ tan 到   //指定与对象相切的第一个点

指定圆上的第二个点：_ tan 到

指定圆上的第三个点：_ tan 到

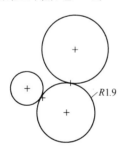

图 3-77 "相切、相切、半径"画圆

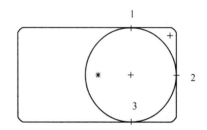

图 3-78 "相切、相切、相切"画圆

D 功能示例

【例 3-8】 绘制卡轨车，如图 3-79 所示。

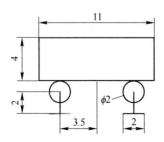

图 3-79 卡轨车尺寸图

首先调用矩形命令:

命令:_rectang

指定第一个角点或[倒角(C)/标高(E)/圆角(F)/厚度(T)/宽度(W)]: //指定第一点

指定另一个角点或[面积(A)/尺寸(D)/旋转(R)]:D   //选择尺寸选项

指定矩形的长度<10.0000>:11   //指定矩形的长度为11

指定矩形的宽度<10.0000>:4   //指定矩形的宽度为4

指定另一个角点或[面积(A)/尺寸(D)/旋转(R)]:   //指定另一个角点,完成矩形

调用直线命令绘制辅助线:

命令:_line

指定第一个点: //指定矩形的左下顶点为第一个点

指定下一点或[放弃(U)]:@2,-1   //使用相对直角坐标确定下一点绘制直线

指定下一点或[放弃(U)]:   //按〖Enter〗键结束命令

命令:_line   //继续调用直线命令

指定第一个点: //指定矩形的右下顶点为第一个点

指定下一点或[放弃(U)]:@-2,-1   //使用相对直角坐标确定下一点绘制直线

指定下一点或[放弃(U)]:   //按〖Enter〗键结束命令

调用圆命令绘制圆:

命令:_circle   //调用圆命令

指定圆的圆心或[三点(3P)/两点(2P)/切点、切点、半径(T)]:   //指定圆心

指定圆的半径或[直径(D)]<1.0000>:1   //指定圆的半径为1

命令:_circle   //继续调用圆命令

指定圆的圆心或[三点(3P)/两点(2P)/切点、切点、半径(T)]:   //指定圆心

指定圆的半径或[直径(D)]<1.0000>:1   //指定圆的半径为1

调用直线命令继续图形的绘制:

命令:_line

指定第一个点: //在上述所绘图形中左侧圆的圆心上指定第一点

指定下一点或[放弃(U)]:@0,-2   //使用相对直角坐标指定下一点

指定下一点或[放弃(U)]:@-1,0   //使用相对直角坐标继续指定下一点

指定下一点或[闭合(C)/放弃(U)]:   //按〖Enter〗键结束命令

命令:_line   //继续使用直线命令

指定第一个点: //在上述所绘图形中左侧圆圆心下方直线端点指定第一点

指定下一点或[放弃(U)]:@1,0   //使用相对直角坐标指定下一点

指定下一点或[放弃(U)]:   //按〖Enter〗键结束命令

继续在所绘图形中右侧圆部分执行上述直线命令的调用,就可以完成图形的绘制,最后选中辅助线,然后删除就可以完成卡轨车的绘制,如图3-79所示。

3.3.4 绘制圆弧

A 执行方式

功能区：〖默认〗选项卡→"绘图"面板→"圆弧"按钮 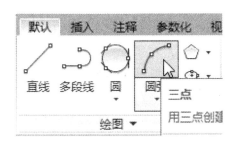，如图 3-80 所示。

菜单栏：〖绘图〗菜单→〖圆弧〗，如图 3-81 所示。

命令行：输入"ARC 或 A"→按〖Enter〗键。

图 3-80 默认选项卡圆弧命令　　　　图 3-81 绘图菜单圆弧命令

B 选项说明

（1）三点（P）。通过指定 3 个有效点绘制圆弧。使用该选项时，系统提示：

命令：_arc

指定圆弧的起点或[圆心(C)]：

指定圆弧的第二个点或[圆心(C)/端点(E)]：

指定圆弧的端点：

1）圆心（C）。该选项通过指定圆弧的圆心、起点和端点三个点绘制圆弧。系统提示：

指定圆弧的圆心：

指定圆弧的起点：

指定圆弧的端点（按住〖Ctrl〗键以切换方向）或 [角度（A）/弦长（L）]：

2）端点（E）。指定圆弧的端点。

3）角度（A）。指定圆弧的角度。

4）弦长（L）。指定圆弧的弦长。

（2）起点、圆心、端点（S）。通过指定圆弧的起点、圆心以及用于确定端点的第三点绘制圆弧，起点和圆心之间的距离确定半径，端点由从圆心引出的通过第三点的直线决定。

（3）起点、圆心、角度（T）。通过使用起点、圆心和夹角绘制圆弧。

其中，起点和圆心之间的距离确定半径，圆弧的另一端通过指定将圆弧的圆心用作顶点的夹角来确定。

（4）起点、圆心、长度（A）。通过使用起点、圆心和弦长绘制圆弧。

其中，起点和圆心之间的距离确定半径，圆弧的另一端通过指定圆弧的起点与端点之间的弦长来确定，而圆弧的弦长实际上决定包含角度。

（5）起点、端点、角度（N）。通过使用起点、端点和夹角绘制圆弧。

（6）起点、端点、方向（D）。通过使用起点、端点和起点切向绘制圆弧。

其中，可以通过在所需切线上指定一个点或输入角度指定切向。

（7）起点、端点、半径（R）。通过使用起点、端点和半径绘制圆弧。圆弧凸度的方向由指定其端点的顺序确定，可以通过输入半径或在所需半径距离上指定一个点来指定半径。

（8）圆心、起点、端点（C）。通过指定圆弧圆心、起点和端点来绘制圆弧。

（9）圆心、起点、角度（E）。通过指定圆弧圆心、起点和包含角度来绘制圆弧。

（10）圆心、起点、长度（L）。通过指定圆弧圆心、起点和弦长来绘制圆弧。

（11）连续（O）。可以创建圆弧使其相切于上一次绘制的直线或圆弧。

C　功能示例

【例3-9】　使用圆弧命令绘制设备图元圆圈，如图3-82所示。

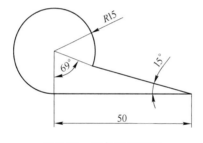 

图3-82　设备图元圆圈　　　　　　　　　图3-83　圆弧

命令：_arc　　　　　　　　　　　　　　//调用圆弧命令,选"圆心、起点、角度"选项
指定圆弧的起点或［圆心（C）］：_c　　　//指定圆心
指定圆弧的圆心：　　　　　　　　　　　//在绘图区任选一点作为圆弧的圆心
指定圆弧的起点：@15 < -21　　　　　　//采用相对极坐标指定圆弧的起点位置
指定圆弧的端点(按住 Ctrl 键以切换方向)或
［角度（A）/弦长（L）］：_a　　　　　　//指定圆弧的角度
指定夹角(按住 Ctrl 键以切换方向)：291　//确定圆弧的角度为291,逆时针为正值,圆弧如图
　　　　　　　　　　　　　　　　　　　　3-83 所示
命令：_line　　　　　　　　　　　　　//调用直线命令
指定第一个点：　　　　　　　　　　　//以圆弧的端点为直线的起点
指定下一点或［放弃（U）］：@50,0　　 //用相对坐标确定直线段下一点的位置
指定下一点或［放弃（U）］：　　　　　//
指定下一点或［闭合（C）/放弃（U）］：　//将直线继续连接在圆弧的起点,如图 3-82 所示

3.3.5　创建椭圆

A　执行方式

功能区:〖默认〗选项卡→"绘图"面板→"椭圆"按钮，如图3-84所示。

菜单栏:〖绘图〗菜单→〖椭圆〗,如图 3-85 所示。

命令行:输入"ELLIPSE 或 EL"→按〖Enter〗键。

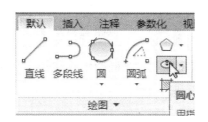

图 3-84 默认选项卡椭圆命令

图 3-85 绘图菜单椭圆命令

B 操作格式

创建椭圆有两种方式:

一种是用指定中心点、第一个轴的端点和第二个轴的长度来创建;另一种是椭圆上的前两个点确定第一条轴的位置和长度,第三点确定椭圆中心与第二条轴的端点之间的距离。

创建椭圆的步骤如下:

(1)使用中心点创建椭圆。

调用创建椭圆命令

指定椭圆的轴端点或[圆弧(A)/中心点(C)]:C✓ //选中心点选项

指定椭圆的中心点: //输入中心点的坐标

指定轴的端点: //输入轴的端点坐标

指定另一条半轴长度或[旋转(R)]: //输入另一条半轴长度或选择"旋转"项

按〖Enter〗键结束

(2)使用轴、端点创建椭圆。

调用创建椭圆命令

指定椭圆的轴端点或[圆弧(A)/中心点(C)]: //输入轴端点坐标或在绘图区指定一点

指定轴的另一个端点: //在绘图区指定一点或输入另一端点的坐标

指定另一条半轴长度或[旋转(R)]: //输入另一条半轴的长度

按〖Enter〗键结束

C 选项说明

(1)椭圆的轴端点。根据两个端点定义椭圆的第一条轴。

第一条轴的角度确定了整个椭圆的角度。第一条轴既可定义椭圆的长轴也可定义短轴。

(2)圆弧(A)。创建一段椭圆弧。第一条轴的角度确定了椭圆弧的角度。第一条轴可以根据其大小定义长轴或短轴。

椭圆弧上的前两个点确定第一条轴的位置和长度。第三个点确定椭圆弧的圆心与第二条轴的端点之间的距离。第四个点和第五个点确定起点和端点角度，如图 3-86 所示。

（3）中心点（C）。用指定的中心点来创建椭圆。使用中心点、第一个轴的端点和第二个轴的长度来创建椭圆。可以通过单击所需距离处的某个位置或输入长度值来指定距离，如图 3-87 所示。

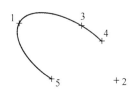

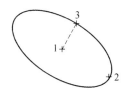

图 3-86   椭圆弧绘制图   图 3-87   中心点创建椭圆

（4）旋转（R）。通过绕第一条轴旋转圆来创建椭圆。绕椭圆中心移动十字光标并单击。在 0～90 范围内输入值越大，椭圆的离心率就越大。

输入 0 将定义圆；输入 90 将无法创建椭圆。

3.3.6   创建椭圆弧

椭圆弧是椭圆的一部分，创建椭圆弧就是在椭圆的基础上指定起点角度和端点角度，使用创建椭圆弧命令时，可根据提示来创建所需的椭圆弧。

A   执行方式

功能区：【默认】选项卡→"绘图"面板→"椭圆"下拉菜单→"椭圆弧"按钮，如图 3-88 所示。

菜单栏：【绘图】菜单→【椭圆】→【圆弧】，如图 3-89 所示。

命令行：输入"ELLIPSE 或 EL"→按【Enter】键。

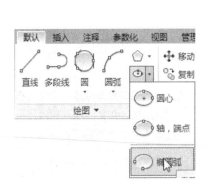

图 3-88   默认选项卡椭圆弧命令   图 3-89   绘图菜单椭圆弧命令

B   操作格式

指定椭圆的轴端点或 ［圆弧（A）/中心点（C）］：A✓   //选圆弧选项
指定椭圆弧的轴端点或 ［中心点（C）］：   //输入轴端点坐标或在绘图区指定一点

指定轴的另一个端点： //输入另一个端点坐标

指定另一条半轴长度或［旋转（R）］： //输入另一条半轴长度

指定起点角度或［参数（P）］： //输入起点角度

指定端点角度或［参数（P）/夹角（I）］： //输入端点角度

按〖Enter〗键结束

C 选项说明

（1）参数。指定椭圆弧端点的另一种方式，该方式同样是指定椭圆弧端点的角度，但可以通过以下矢量参数方程式创建椭圆弧：

p(angle) = c + a * cos(angle) + b * sin(angle)

其中 c 是椭圆的圆心，a 和 b 分别是椭圆的长轴和短轴的负长度。

（2）角度。指定椭圆弧端点的方式，光标与椭圆中心点连线的夹角为椭圆端点的角度。

（3）夹角。定义从起始角度开始的包含角度。

3.3.7 创建圆环

A 执行方式

功能区：〖默认〗选项卡→"绘图"面板→"圆环"按钮◎→输入内环直径→输入外环直径→指定圆环中心点，如图 3-90 所示。

菜单栏：〖绘图〗菜单→〖圆环〗→输入内环直径→输入外环直径→指定圆环中心点，如图 3-91 所示。

命令行：输入"DONUT 或 DO"→按〖Enter〗键→输入内环直径→输入外环直径→指定圆环中心点。

图 3-90 默认选项卡圆环命令

图 3-91 绘图菜单圆环命令

B 操作格式

命令：DO ↙

DONUT

指定圆环的内径： //输入圆环的内径长度值

指定圆环的外径：   //输入圆环的外径长度值
指定圆环的中心点或＜退出＞：   //输入中心点坐标或在绘图区指定点
按〖Enter〗或〖Esc〗键结束。
圆环的创建效果如图 3-92 所示。

图 3-92　创建的圆环

3.4　创　建　点

3.4.1　创建单点或多点

A　执行方式
功能区：〖默认〗选项卡→"绘图"面板→"多点"按钮，如图 3-93 所示。
菜单栏：〖绘图〗菜单→〖点〗选项→〖单点〗或〖多点〗，如图 3-94 所示。
命令行：输入"POINT 或 PO"→按〖Enter〗键。

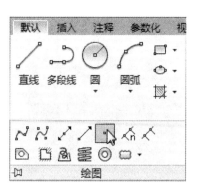

图 3-93　默认选项卡点命令

图 3-94　绘图菜单点命令

B　操作格式
命令：PO↙

POINT

当前点模式：　PDMODE = 0　PDSIZE = 0.0000

指定点：

C　选项说明

（1）通过菜单方法操作时，〖单点〗选项表示只输入一个点；〖多点〗选项表示可以连续输入多个点。

（2）可以打开状态栏中的〖对象捕捉〗设置点捕捉模式，以方便拾取点。

提示：直接使用绘图命令创建点时，会出现创建的点很小，不易观察。这是因为用户在创建点之前，没有对点的大小和样式进行设置。

3.4.2 点的样式设置

在命令行中输入"DDPTYPE 或 PTYPE"，然后按〖Enter〗键，界面会弹出〖点样式〗对话框，如图3-95 所示，从中可以选择点的大小和样式。

3.4.3 创建定数等分点

定数等分点是在选定图形对象上以设定的点个数来创建点。

A　执行方式

功能区：〖默认〗选项卡→"绘图"面板→"定数等分"按钮，如图3-96 所示。

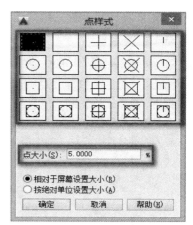

图 3-95　图点样式设置

菜单栏：〖绘图〗菜单→〖点〗选项→〖定数等分〗选项，如图3-97 所示。

命令行：输入"DIVIDE 或 DIV"→按〖Enter〗键。

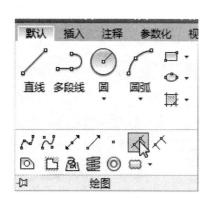

图 3-96　〖默认〗选项卡"定数等分"按钮

图 3-97　〖绘图〗菜单〖定数等分〗命令

B 操作格式

命令：DIV ↙   //调用定数等分命令

DIVIDE

选择要定数等分的对象：

输入线段数目或［块（B）］：

C 选项说明

（1）输入线段的数目取 2～32767 之间的整数。

（2）在等分点处，按当前点样式设置画出等分点。

（3）块（B）。沿选定对象等间距放置指定的块。块将插入到最初创建选定对象的平面中，如果块具有可变属性，插入的块中将不包含这些属性。

D 功能示例

在一条长度为 50 的直线上创建定数等分点时，输入线段数目为 8，创建的点如图 3-98 所示。创建定数等分点的步骤如下：

调用定数等分点命令

选择要定数等分的对象：   //鼠标放在目标对象，单击左键

输入线段数目或［块（B）］：8 ↙   //等分结束，如图 3-98 所示

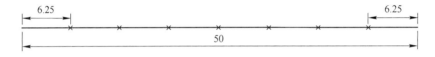

图 3-98　创建定数等分点

在半径为 100 的半圆弧上创建定数等分点，输入线段数目为 8，创建的点如图 3-99 所示，创建定数等分点的步骤如下：

命令：_ divide

选择要定数等分的对象：

输入线段数目或［块（B）］：8

图 3-99　创建的定数等分点

3.4.4　创建定距等分点

定距等分点是在选定图形对象上以设定的距离创建点。

A 执行方式

功能区：〖默认〗选项卡→"绘图"面板→"定距等分"按钮，如图 3-100 所示。

菜单栏：〖绘图〗菜单→〖点〗选项→〖定距等分〗，如图 3-101 所示。

命令行：输入"MEASURE 或 ME"→按〖Enter〗键→选择对象→指定线段长度。

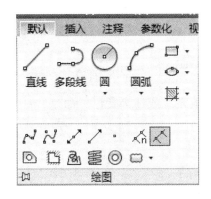

图 3-100 〖默认〗选项卡"定距等分"按钮

图 3-101 〖绘图〗菜单〖定距等分〗命令

B 操作格式

命令：MEASURE　　　　　　　　　　　//调用定距等分命令

选择要定距等分的对象：

指定线段长度或［块（B)]：

C 选项说明

(1) 设置的起点一般是指定线的绘制起点。

(2) 在等分点处，按当前点样式设置画出等分点。

(3) 最后一个测量段的长度不一定等于指定分段长度。

D 功能示例

采用定距等分创建点时，对于不闭合的图形，是从靠近于选择对象的端点处开始放置点，出现无法等分的那一段会放置在最后，如图 3-102 所示（指定线段长度 6）；对于闭合的多段线，起点是多段线的起点，如图 3-103 所示，指定线段长度 42；对于圆，起点是以圆心为起点、当前捕捉角度为方向（默认为三点钟方向）的捕捉路径与圆的交点，如图 3-104 所示，指定线段长度 32。

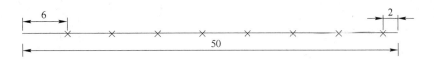

图 3-102 不闭合图形创建定距等分点

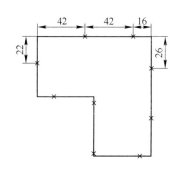

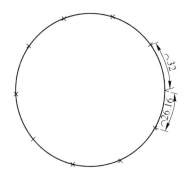

图 3-103   闭合的多段线创建定距等分点   图 3-104   圆上创建定距等分点

3.5   图案填充

用户要填充现有对象或封闭区域，可调用〖图案填充〗或〖渐变色〗命令。

3.5.1   图案填充创建

A   执行方式

功能区：〖默认〗选项卡→"绘图"面板→"图案填充"按钮囗。

菜单栏：〖绘图〗菜单→〖图案填充〗。

命令行：输入"BHATCH"→按〖Enter〗键。

B   操作格式

拾取内部点或

[选择对象(S)/放弃(U)/设置(T)]：   //选"设置"可进行填充元素的设定

拾取内部点或

[选择对象(S)/放弃(U)/设置(T)]：   //选取内部点

拾取内部点或[选择对象(S)/放弃(U)/设置(T)]：正在选择所有对象…

正在选择所有可见对象…

正在分析所选数据…

正在分析内部孤岛…

拾取内部点或[选择对象(S)/放弃(U)/设置(T)]：   //对象已填充

按〖Enter〗键结束命令。

C   选项说明

调用〖图案填充〗命令，会在功能区中打开"图案填充创建"选项卡，如图 3-105 所示，用户在选项卡中调可根据需要进行设置。

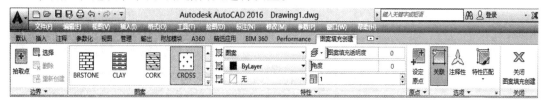

图 3-105   "图案填充创建"选项卡

从"图案填充创建"选项卡中，用户可以设置图案填充类型、图案、角度、比例等内容。

（1）"边界"面板主要用来设置边界。面板中的主要功能介绍如下：

1）〖拾取点〗。用拾取点的方式来确定填充区域的边界。用户可在需要填充的区域内任意选择一点，系统会自动计算出包围该点的封闭填充边界，同时亮显该边界，如图 3-106 所示。

在封闭区域内拾取点

图 3-106　拾取点确定填充边界

如果在拾取点后系统不能形成封闭的填充边界，则会显示错误提示信息，如图 3-107 所示。

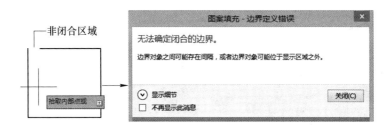

图 3-107　非闭合区域边界定义错误

在拾取内部点时，命令行中会提示："［选择对象（S）/放弃（U）/设置（T）］:"，用户可以根据需要进行选择。

① 选择对象（S）。根据构成封闭区域的选定对象确定边界，如图 3-108 所示。

图 3-108　用"选择对象"选项确定边界

② 放弃（U）。选项用于删除用户使用当前活动的 HATCH 命令插入的最后一个填充图案。

③ 设置（T）。选择此选项后，系统会弹出"图案填充和渐变色"对话框，如图 3-109 所示。此对话框内的功能选项和功能区"图案填充创建"选项卡功能选项进行图案填充操作实际上是一样的。

2）〖选择〗选项：用户可根据构成封闭区域的选定对象确定边界。

3）〖删除〗选项：删除在当前活动的 HATCH 命令执行期间添加的填充图案。

4）〖重新创建〗选项：围绕选定的图案填充或填充对象创建多段线或面域，并使其与图案填充对象相关联。

5）〖显示边界对象〗选项：选择构成选定关联图案填充对象的边界的对象，使用显

图 3-109 "图案填充和渐变色"对话框

示的夹点可修改图案填充边界。仅在编辑图案填充时，此选项才可用。

当用户选择非关联图案填充时，将自动显示图案填充边界夹点。选择关联图案填充时，会显示单个图案填充夹点，除非用户选择"显示边界对象"选项。只能通过夹点编辑关联边界对象来编辑关联图案填充。

6)〖保留边界对象〗选项：指定如何处理图案填充边界对象。选项包括：

不保留边界：不创建独立的图案填充边界对象。此选项仅在图案填充创建期间可用。

保留边界 – 多段线：创建封闭图案填充对象的多段线。此选项仅在图案填充创建期间可用。

保留边界 – 面域：创建封闭图案填充对象的面域对象。此选项仅在图案填充创建期间可用。

（2）"图案"面板。主要用来显示所有预定义和自定义图案的预览图形，用户根据实际需要来选择图案样式，进行图案填充。

（3）"特性"面板。用来设置图案填充的类型、颜色、背景色、透明度、填充角度、比例等性质。面板中主要选项功能介绍如下：

1）图案填充类型。指定是使用纯色、渐变色、图案还是用户定义的填充。

2）图案填充颜色。替换实体填充和填充图案的当前颜色。

3）背景色。指定填充图案背景的颜色。

4）图案填充透明度。设定新图案填充或填充的透明度，替换当前对象的透明度。

5）图案填充角度。指定图案填充或填充的角度。

6）填充图案比例。放大或缩小预定义或自定义填充图案，当"类型"设定为"图案"时可用。

（4）"原点"面板。用来设定图案填充原点的位置。某些图案填充（例如砖块图案）需要与图案填充边界上的一点对齐。

默认情况下，所有图案填充原点都对应于当前的 UCS 原点。面板中主要选项功能介绍如下：

1）设定原点。直接指定新的图案填充原点。

2）左下。将图案填充原点设定在图案填充边界矩形范围的左下角。

3）中心。将图案填充原点设定在图案填充边界矩形范围的中心。

（5）"选项"面板。控制几个常用的图案填充或填充选项。面板中主要选项功能介绍如下：

1）〖关联〗键指定图案填充或填充为关联图案填充。

2）〖注释性〗键指定图案填充为注释性。此过程会自动完成缩放注释过程，从而使注释过程能够以正确的大小在图纸上打印或显现。

3）〖特性匹配〗下拉菜单：

①〖使用当前原点〗使用选定图案填充对象设定图案填充的特性。

②〖使用图案填充的原点〗使用选定图案填充对象设定图案填充的特性。

4）〖允许的间隙〗指定要在几何对象之间桥接的最大间隙。默认值为 0 时表示指定对象必须封闭区域而没有间隙，移动滑块或按图形单位输入一个值（0 到 5000），以设定将对象用作图案填充边界时可以忽略的最大间隙。

任何小于等于指定值的间隙都将被忽略，并将边界视为封闭。

5）〖创建独立的图案填充〗：控制当指定多条闭合边界时，创建单个图案填充对象还是多个图案填充对象。

6）〖孤岛检测〗包括普通、外部和忽略孤岛检测三种：

①普通孤岛检测。从外部边界向内填充。如果遇到内部孤岛，填充将关闭，直到遇到孤岛中的另一个孤岛。

②外部孤岛检测。从外部边界向内填充。此选项仅填充指定的区域，不会影响内部孤岛。

③忽略孤岛检测。忽略所有内部的对象，填充图案时将通过这些对象。

7）图案填充设置按钮。点击此按钮，系统打开图案填充和渐变色对话框，如图 3-110 所示。

在图案填充和渐变色对话框中，用户可以设置图案填充的类型、图案、角度、比例等内容，其各选项作用说明如下：

（1）类型和图案。指定图案填充的类型、图案、颜色和背景色。

1）类型下拉列表。指定是创建预定义的填充图案、用户定义的填充图案，还是自定义的填充图案。

①预定义。预定义的图案可以直接使用，存储在随程序提供的以下文件中：

AutoCAD：acad. pat 或 acadiso. pat

AutoCAD LT：acadlt. pat 或 acadltiso. pat

②用户定义。用户定义的图案基于图形中的当前线型。

③自定义。自定义图案是在任何自定义 PAT 文件中定义的图案，这些文件已添加到

图 3-110   "图案填充和渐变色"对话框

搜索路径中。

2）图案下拉列表。显示选择的 ANSI、ISO 和其他行业标准填充图案。选择"实体"可创建实体填充。只有将"类型"设定为"预定义"，"图案"选项才可用。点击图标，系统打开填充图案选项板对话框，该对话框有 4 个选项卡，分别对应 4 种类型的图案类型，如图 3-111 所示。

3）颜色。使用图案填充和实体填充的指定颜色替代当前颜色。

4）样例。显示选定图案的预览图案。

5）自定义图案。当填充的图案采用"自定义"类型时该选项才可以选用。

（2）角度和比例。指定选定填充图案的角度和比例。

1）角度：指定填充图案的角度（相对当前 UCS 坐标系的 X 轴），初始定义时旋转角度为零。

2）比例：放大或缩小预定义或自定义图案。只有将"类型"设定为"预定义"或"自定义"，此选项才可用，图案初始定义的比例为 1。

3）相对图纸空间：用于确定比例因子是否为相对于图纸空间的比例。

4）间距。指定用户定义图案中的直线间距。只有将"类型"设定为"用户定义"，此选项才可用。

5）ISO 笔宽。基于选定笔宽缩放 ISO 预定义图案。只有将"类型"设定为"预定义"，并将"图案"设定为一种可用的 ISO 图案，此选项才可用。

（3）图案填充原点。控制填充图案生成的起始位置。某些图案填充（例如砖块图案）需要与图案填充边界上的一点对齐。默认情况下，所有图案填充原点都对应于当前的 UCS 原点。

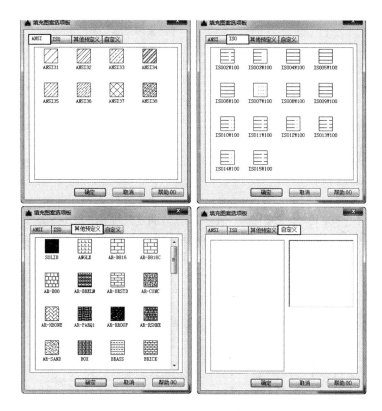

图 3-111　图案下拉列表

D　功能示例

【例 3-10】　图形填充，如图 3-112 所示。

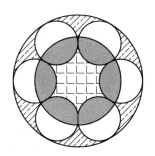

图 3-112　图形填充

命令：_ circle　　　　　　　　　　　　　　　　//调用圆命令
指定圆的圆心或［三点(3P)/两点(2P)/
切点、切点、半径(T)］：　　　　　　　　　　//在绘图区指定圆的圆心
指定圆的半径或［直径(D)］<30.0000>:45　//指定圆的半径为45
命令：_circle　　　　　　　　　　　　　　　　//调用圆命令
指定圆的圆心或［三点(3P)/两点(2P)/
切点、切点、半径(T)］：　　　　　　　　　　//指定圆心,圆心位置坐标与上一个圆相同

指定圆的半径或［直径(D)］<45.0000>:30　　　//圆的半径为30

命令:_divide　　　　　　　　　　　　　　　//使用点的定数等分命令

选择要定数等分的对象:　　　　　　　　　　//选取圆作为定数等分对象

输入线段数目或［块(B)］:6　　　　　　　　　//输入线段数目为6

命令:_divide　　　　　　　　　　　　　　　//继续使用定数等分命令

选择要定数等分的对象:　　　　　　　　　　//选取另一个圆作为定数等分对象

输入线段数目或［块(B)］:6　　　　　　　　　//输入线段数目为6,绘制图形如图3-113所示

命令:_circle　　　　　　　　　　　　　　　//使用圆命令

指定圆的圆心或［三点(3P)/两点(2P)/

切点、切点、半径(T)］:　　　　　　　　　　//指定圆的圆心,以半径为30的圆周上的等分
　　　　　　　　　　　　　　　　　　　　　　点为圆心

指定圆的半径或［直径(D)］<30.0000>:15　　//指定圆的半径为15

重复使用圆命令,画出6个半径为15的圆,画出图形如图3-114所示。

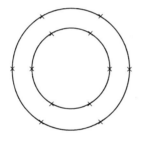　　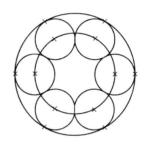

图3-113　圆的定距等分　　　　　　　图3-114　绘制6个半径为15的圆

命令:_hatch　　　　　　　　　　　　　　　//选择图案填充命令

拾取内部点或［选择对象(S)/

放弃(U)/设置(T)］:_T　　　　　　　　　　//选择"SOLID"图案,颜色为黑色,比例1,角度0

拾取内部点或［选择对象(S)/

放弃(U)/设置(T)］:正在选择所有对象…　　//使用"添加:拾取点"选项确定填充区域

正在选择所有可见对象…

正在分析所选数据…

正在分析内部孤岛…

拾取内部点或［选择对象(S)/

放弃(U)/设置(T)］:　　　　　　　　　　　//继续拾取被填充区域的内部点,连续使用6
　　　　　　　　　　　　　　　　　　　　　次,如图3-115所示

命令:_hatch

拾取内部点或［选择对象(S)/

放弃(U)/设置(T)］:_T　　　　　　　　　　//选择"ANGLE"图案,颜色为黑色,比例1,角
　　　　　　　　　　　　　　　　　　　　　度0

拾取内部点或［选择对象(S)/

放弃(U)/设置(T)］:正在选择所有对象…　　//使用"添加:拾取点"选项确定填充区域

正在选择所有可见对象…

正在分析所选数据…

正在分析内部孤岛…

拾取内部点或[选择对象(S)/放弃(U)/设置(T)]: //填充结果如图3-116所示

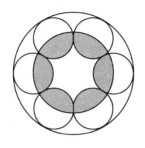

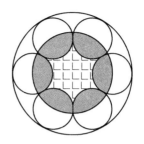

图3-115 图形第一次填充　　　　图3-116 图形第二次填充

命令: _hatch //选择图案填充命令

拾取内部点或[选择对象(S)/
放弃(U)/设置(T)]: _T

//选择"ANSI33"图案,颜色为黑色,比例1,角度0

拾取内部点或[选择对象(S)/
放弃(U)/设置(T)]: 正在选择所有对象…

//使用"添加:拾取点"选项确定填充区域

正在选择所有可见对象…
正在分析所选数据…
正在分析内部孤岛…
拾取内部点或[选择对象(S)/
放弃(U)/设置(T)]:

//继续拾取被填充区域的内部点,连续使用6次,如图3-112所示

3.5.2 渐变色填充创建

A　操作格式

功能区:〖默认〗选项卡→"绘图"面板→"渐变色"按钮。

菜单栏:〖绘图〗菜单→〖渐变色〗。

命令行:输入"GRADIENT 或 GD"→按〖Enter〗键。

B　选项说明

执行上述命令后系统打开"图案填充创建"选项卡,如图3-117所示,各面板中的按钮含义与图案填充的类似。

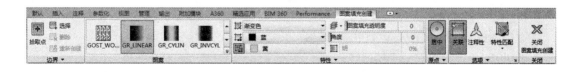

图3-117 "图案填充创建"选项卡

说明:渐变色填充操作步骤和图案填充类似,用户可以类比操作。

3.5.3　创建无边界图案填充

在 CAD 中创建填充的最常用方法是选择一个封闭的图形或在一个封闭的图形区域中拾取一个点，实际上 AutoCAD 2016 还有在没有边界的情况下创建填充。

AutoCAD 2016 中一些有对话框的命令还可以通过在命令行设置参数并执行，方便一些二次开发程序调用命令和设置选项。用命令行方式执行命令时，有时也会有一些不一样的选项，填充就是这样。

A　执行方式

要让命令执行时不弹出对话框，通常的做法是在命令名前加上一个 "－" 号。

例如，填充命令，我们可以输入 "-HATCH" 命令，然后根据命令行提示来设置参数。

B　操作格式

输入 "-HATCH" 命令时，命令行提示：

指定内部点或［特性(P)/选择对象(S)/绘图边界(W)/删除边界(B)/高级(A)/绘图次序(DR)/原点(O)/注释性(AN)/图案填充颜色(CO)/图层(LA)/透明度(T)］：

C　选项说明

默认方式是 "指定内部点"，也可以选择其他命令，利用 "绘图边界（W）"，也就是输入 W 选项后就可以指定边界点来定义填充边界。

在填充后，系统将提示是否保留边界，若不保留，将创建无边界的图案填充。

3.6　创 建 面 域

3.6.1　面域

面域是用闭合的形状或环创建的二维区域，它是一个面对象，内部可以包含孔。从表面上看，面域和一般的封闭线框没有区别，实际上面域除了包括边界外，还包括边界内的平面。

闭合多段线、闭合的多条直线和闭合的多条曲线都是有效的选择对象。选择对象后，系统自动将所选择的对象转换成面域。创建面域是进行 AutoCAD 三维制图的基础。

A　执行方式

功能区：〖默认〗选项卡→"绘图"面板→"面域"按钮▣，如图 3-118 所示。

菜单栏：〖绘图〗菜单→〖面域〗，如图 3-119 所示。

命令行：输入 "REGION 或 REG"→按〖Enter〗键。

B　操作格式

命令：REG↙　　　　　//调用面域命令

REGION

选择对象：找到 1 个　　//选择要创建为面域的对象

选择对象：

已提取 1 个环。

已创建 1 个面域。

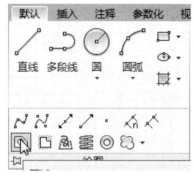

图 3-118　〖默认〗选项卡"面域"按钮　　　图 3-119　〖绘图〗菜单〖面域〗命令

C　选项说明

创建面域可以通过多个环或者端点相连环的开曲线来实现。需要注意的是，不能通过开放对象内部相交构成的闭合区域构造面域。例如，相交圆弧或自相交曲线，如图 3-120 所示。

可创建面域对象　　　　无法创建面域对象

图 3-120　面域对象创建

3.6.2　边界

A　执行方式

功能区：〖默认〗选项卡→"绘图"面板→"边界"按钮 □。

菜单栏：〖绘图〗菜单→〖边界〗。

命令行：输入"BOUNDARY 或 BO"→按〖Enter〗键。

B　选项说明

执行〖边界〗命令，会弹出"边界创建"对话框，如图 3-121 所示，利用该对话框，可基于封闭指定点的对象定义对象类型、边界集和孤岛检测，创建面域或多段线。

"边界创建"对话框中的按钮、复选框、下拉列表框的功能能满足用户的各种需要，其主要选项功能介绍如下：

（1）"拾取点"选项。拾取内部点，系统会根据围绕指定点构成封闭区域的现有对象

图 3-121　"边界创建"对话框

来确定边界。

（2）"孤岛检测"复选框。控制边界命令是否检测内部闭合点，该边界称为孤岛。

（3）"对象类型"下拉列表框。控制新边界对象的类型。

（4）"边界集"下拉列表框。选择〖当前视口〗或〖现有集合〗选项，定义通过指定点定义边界时〖边界〗命令要分析的对象集；选择〖新建〗选项，提示用户选择用来定义边界集的对象。

3.6.3　创建面域

CAD 的面域命令，就是把一个图形里面所有封闭的线条连成一个整体成为一个域。如图 3-122、图 3-123 创建面域前选中 1 条线时只选到一条线，而创建面域后，再选中这条线时，所有这个封闭的图形线条都会被选中。

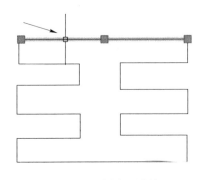

图 3-122　创建面域前

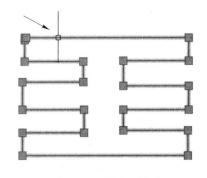

图 3-123　创建面域后

创建面域的步骤如下：

调用创建面域命令

选择对象：　　　　　　　　　　　　//在绘图区选择对象，选择的对象
　　　　　　　　　　　　　　　　　 必须构成闭合区域，例如闭合多段线

按〖Enter〗键结束　　　　　　　　 //系统会提示已提取几个环以及创建几个面域

3.6.4 面域的布尔运算

布尔运算是一种数学逻辑运算。在 AutoCAD 中，布尔运算的对象只包括共面面域和实体，布尔运算有并集、交集和差集三种。

A 执行方式

菜单栏：〖修改〗菜单→〖实体编辑〗→〖并集〗或〖差集〗或〖交集〗。

命令行：输入"UNION 或 UNI"（并集命令）或"SUBTRACT 或 SU"（差集命令）或"INTERSECT 或 IN"（交集命令）→按〖Enter〗键。

B 选项说明

（1）并集运算。选择此选项后，系统会对所选面域对象做并集运算，得到的复合面域包括子集中所有面域所封闭的面积，如图 3-124 所示。

（2）交集运算。选择此选项后，系统会对所选面域对象做交集运算，如图 3-125 所示。

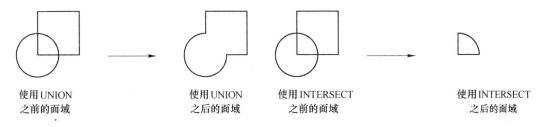

使用 UNION 之前的面域　　使用 UNION 之后的面域　　使用 INTERSECT 之前的面域　　使用 INTERSECT 之后的面域

图 3-124　面域并集运算　　　　　　　　　图 3-125　面域交集运算

（3）差集运算。选择此选项后，系统会对所选面域对象做差集运算，从第一个选择集中的对象减去第二个选择集中的对象，并创建一个新的面域，如图 3-126 所示。

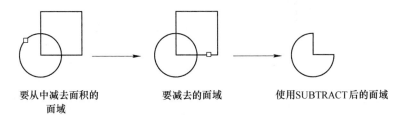

要从中减去面积的面域　　　　要减去的面域　　　　使用 SUBTRACT 后的面域

图 3-126　面域差集运算

3.7 区域覆盖

创建区域覆盖对象是创建一块多边形区域，使用当前背景色屏蔽下层的对象。此区域覆盖区域有边框进行绑定，用户可以打开或关闭该边框。也可以选择在屏幕上显示边框并在打印时隐藏它。

A　执行方式

功能区：〖默认〗选项卡→"绘图"面板→"区域覆盖"按钮🔲。

菜单栏：〖绘图〗菜单→〖区域覆盖〗。

命令行：输入"WIPEOUT"→按〖Enter〗键。

B　操作格式

命令：WIPEOUT　　　　　　　　　　　　　　//调用区域覆盖命令

指定第一点或[边框(F)/多段线(P)]<多段线>：　　//指定第一点或选择其他选项

指定下一点：

指定下一点或[放弃(U)]：

指定下一点或[闭合(C)/放弃(U)]：

指定下一点或[闭合(C)/放弃(U)]：

指定下一点或[闭合(C)/放弃(U)]：

C　选项说明

(1) 第一点。根据一系列点确定区域覆盖对象的多边形边界。

(2) 边框（F）。确定是否显示所有区域覆盖对象的边。

1) 开（ON）。显示和打印边框。

2) 关（OFF)。不显示或不打印边框。

3) 显示但不打印。显示但不打印边框。

(3) 多段线（P）。根据选定的多段线确定区域覆盖对象的多边形边界。

D　功能示例

【例3-11】　对图3-127使用区域覆盖命令，创建如图3-128所示的图形。

图3-127　区域覆盖前　　　　　　　　图3-128　区域覆盖后

首先绘制如图3-127所示的图形，这类图形的画法前面章节已经介绍过了，这里不再赘述。

命令：_ wipeout　　　　　　　　　　　　　//使用"区域覆盖"命令

指定第一点或[边框(F)/

多段线(P)]<多段线>：　　　　　　　　　　//选择"多段线"选项，

　　　　　　　　　　　　　　　　　　　　　将图形的几何中心作为第一点

指定下一点：　　　　　　　　　　　　　　//继续指定下一点

指定下一点或[放弃(U)]：

指定下一点或[闭合(C)/放弃(U)]：

指定下一点或[闭合(C)/放弃(U)]：C　　　　//选"闭合"选项,得到图形如图3-128所示

综 合 练 习

（1）如何使用多段线命令绘制箭头？

（2）创建定数等分点和定距等分点有什么区别？

（3）什么是图案填充，如何设置图案填充图案和填充比例？

（4）绘制如图 3-129 ~ 图 3-131 所示的图形。

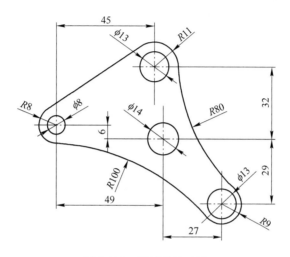

图 3-129　机械零件（1）

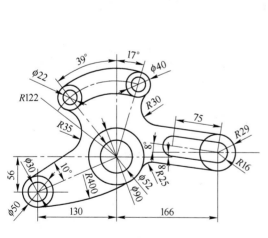

图 3-130　机械零件（2）

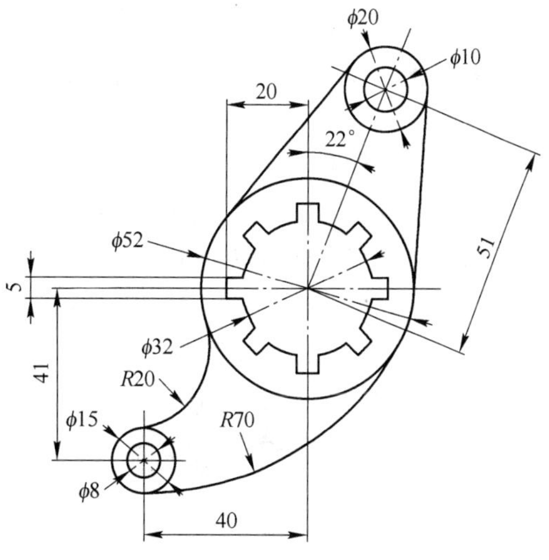

图 3-131　机械零件（3）

4 二维图形编辑与修改

在运用 AutoCAD 过程中，如果单纯地使用一些绘图命令工具只能绘制出一些基本的图形对象，无法绘制复杂图形来满足采矿工程制图的需求。因此，要绘制相对较为复杂且同时满足专业要求的图形就必须借助于图形的修改命令。

在 AutoCAD 2016 中基本的二维图形修改命令有删除、移动、复制、拉伸与拉长、旋转、镜像、缩放、修剪与延伸、圆角、倒角、光顺曲线、打断与合并、阵列（矩形阵列、路径阵列、环形阵列）、分解以及偏移。

4.1 对象的选择

选择对象是进行编辑的前提。在 AutoCAD 中提供了多种选择对象的方法，如通过单击对象单个选择、利用矩形窗口或交叉窗口选择、栏选方法和快速选择法等。

4.1.1 单击选择对象

通过单击单个对象来选择对象，是最常用的一种选择对象的方法，如果需要选择多个对象，只需使用鼠标逐个单击这些对象，则可完成选择。可以在执行命令之前选择对象，也可以在选择某命令再选择对象。

如果在执行某命令之前选择对象，那么所选择的对象将以特定加亮线或虚线显示，并显示其夹点，如图 4-1 所示。

如果先选择某命令且系统提示"选择对象"，置于图形窗口中的鼠标指针会显示为一个小方框，该小方框被称为拾取框，使用拾取框区单击所需的对象，所选的对象以特定加亮线或虚线显示，而没有显示夹点，如图 4-2 所示。

图 4-1　先选择对象再选择命令

图 4-2　先选择命令再选择对象

4.1.2 窗口或交叉窗口选择

窗口选择是确定图形对象范围的一种典型选择方法，它是指从左到右拖曳光标指定一个以实线显示的矩形选择框，以选择完全封闭在该矩形选择框中的所有对象，而位于窗口外以及与窗口边界相交的对象则不会选中，如图 4-3 所示。

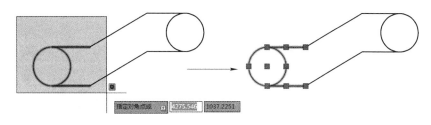

图4-3 窗口选择示例

交叉选择也称交叉窗口选择，它与窗口选择的选择方式类似，所不同的是使用鼠标移动光标选定矩形对角点的方向不同，即交叉选择从右向左拖曳光标指定一个以特定虚线显示矩形选择框，与该矩形选择框相交或被完全包含的对象都将被选中，如图4-4所示。

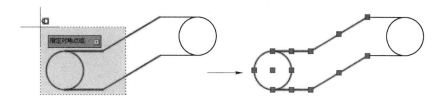

图4-4 交叉选择示例

如果选择不规则形状区域则分两种情形，一种是使用窗口多边形进行选择（窗口选择），另一种则是使用交叉多边形进行选择。

（1）使用窗口多边形选择。在绘图区域单击鼠标左键，然后，在命令行提示下输入"WP"并按确定键，启用窗口多边形选择模式，接着指定几个点，这些点定义完全包围要选择的对象的区域，按确定键闭合多边形选择区域并完成选择，如图4-5所示，完全位于窗口多边形里的对象被选中。

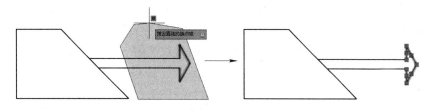

图4-5 窗口多边形选择示例

（2）使用交叉多边形选择。在绘图区域单击鼠标左键，然后，在命令行提示下输入"CP"并按确定键，启用交叉多边形选择模式，接着指定几个点，这些点定义包围或交叉要选择的对，按确定键闭合多边形选择区域并完成选择，如图4-6所示，与交叉多边形相交或被交叉多边形完全包围的对象都被选中。

4.1.3 栏选

栏选是指使用选择栏选择对象，所谓的选择栏其实是定义的一段或多段直线，它穿过的所有对象均被选中。使用选择栏选择对象的步骤是在绘图区域单击鼠标左键，在命令行

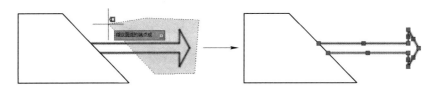

图 4-6　交叉多边形选择示例

中输入"F"并按确定键以启用栏选模式，接着指定若干点创建经过要选择对象的选择栏，按确定键完成选择，如图 4-7 所示。

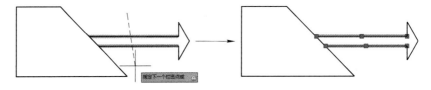

图 4-7　栏选示例

4.1.4　快速选择法

在 AutoCAD 中选择具有某些共同特性的对象时，可以使用"快速选择"功能，此时可以根据对象的颜色、图层、线型、线宽及图案填充等特性和类型来创建选择集。但是要选择的对象数量较多且分布在复杂的图形中，会导致很大的工作量，利用"QSELECT"命令可以解决这个问题。下面介绍快速选择法的一般步骤：

（1）在〖默认〗选项卡中"实用工具"面板中单击快速选择按钮 。

（2）系统弹出"快速选择"对话框，如图 4-8 所示。

（3）利用"快速选择"对话框设置各选项组：

1）"应用到"。将过滤条件应用到整个图形或当前选择集。当没有选定对象时，系统默认应用到所有图元；当选定对象时，系统提示应用到当前选定对象。

2）"对象类型"。指定要包含在过滤条件中的对象类型。如果过滤条件正应用于整个图形，则"对象类型"列表包含全部的对象类型，包括自定义，如图 4-9 所示。否则，该列表只包含选定对象的对象类型。

3）"特性"。可以选择颜色、图层、线型、线型比例、打印方式、线宽、透明度以及超链接。

4）"运算符"。控制过滤的范围，根据选定的特性，选项可包括"等于"、"不等于"、"小于"和"通配符匹配"。使用"全部选择"选项将忽略所有特性过滤器。

5）"值"。指定过滤器的特性值，可以选择不同的颜色。

6）"如何应用"。指定是将符合给定过滤条件的对象包括在新选择集内还是排除在新选择集之外。

7）"附加到当前选择集"。则用来指定是由"QSELECT"命令创建的选择集替换还是附加到当前选择集。

（4）单击〖确定〗按钮，从而根据设定的过滤条件创建选择集。

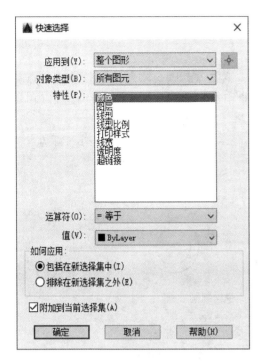

图 4-8 "快速选择"对话框　　　　　图 4-9 "对象类型"选项下拉菜单

4.2 对象的调整

4.2.1 移动

在绘制图形过程中，有时需要改变图形的位置，使现有图形到达指定的位置，那么就需要对此图形进行移动。

A 执行方式

功能区：〖默认〗选项卡→"修改"面板→"移动"按钮 ✛。

菜单栏：〖修改〗菜单→〖移动〗命令。

命令行：输入"MOVE 或 M"→按〖Enter〗键。

说明：上面三种命令都是用两点移动对象，此外还有使用位移移动对象。在"默认"选项卡的"修改"面板上单击"移动"按钮 ✛，再选择要移动的对象并按确定键，以笛卡尔坐标值、极坐标值、柱坐标值或球坐标值的形式输入位移，在输入第二个点提示下直接按确定键，则坐标值将用作相对位移，而不是基点位移，选定对象将移到由输入的相对坐标值确定的新位置。

B 操作格式

命令：move

选择对象：　　　　　　　　　　　//选择要移动的对象

选择对象：　　　　　　　　　　　//按〖Enter〗键，或继续选择对象

指定基点或[位移(D)]<位移>：   //指定基点
指定第二个点或<使用第一个点作为位移>：   //指定第二个点

C   选项说明

（1）指定基点。指定一点为基点，继续指定第二点，则会将所选对象从第一点移向第二点。也可以在此输入第二点相对于第一点的相对坐标（@X，Y），这样就以相对坐标的方式把对象移到了第二点。

【例4-1】 使用"指定基点"命令将两个半径不同、圆心位置不同的两个圆构成同心圆，如4-10图所示。

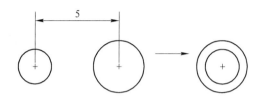

图4-10   "指定基点"命令绘制同心圆

命令：_ move   //使用"移动"命令
选择对象：找到1个   //选择半径较小的圆作为移动对象
选择对象：
指定基点或[位移(D)]<位移>：   //指定所选对象的圆心作为移动基点
指定第二个点或<使用第一个
点作为位移>：   //指定半径较大的圆的圆心作为所选对象的基点所
                                     要移动到的位置

说明：在使用"指定基点"选项移动对象时，需要打开"对象捕捉"模式进行设置以提高精度。否则，在指定基点时可能会出现无法找到所需的点的准确位置，这时可以根据点的坐标来确定准确位置。

（2）位移（D）。输入位移增量。输入"D"并按确定键，再输入相对于基准点的位移量（@X，Y）。如图4-11所示，在命令行提示：

指定位移<400.0000，-300.0000，0.0000>：@400，-300   //向右400,向下300移动对象

图4-11   使用位移来移动图形对象

4.2.2   旋转

在绘图过程中，有时会遇到需要将图形的方向进行改变，这时则需要通过〖旋转〗命令进行，将选定对象绕基点旋转指定角度。

A　执行方式

功能区:〖默认〗选项卡→"修改"面板→"旋转"按钮⟳。

菜单栏:〖修改〗菜单→〖旋转〗命令。

命令行:输入"ROTATE 或 RO"→按〖Enter〗键。

B　操作格式

命令:rotate	//调用旋转命令
UCS 当前的正角方向:ANGDIR = 逆时针 ANGBASE = 0	
选择对象:指定对角点:	//选择要旋转的对象
选择对象:	//按〖Enter〗键,或继续选择对象
指定基点:	//确定旋转中心
指定旋转角度,或[复制(C)/参照(R)]<0>:	//选择选项

C　选项说明

(1) 旋转角度。输入角度值,所选对象将绕指定的中心点转动该角度值。角度为正时做逆时针旋转,角度为负时做顺时针旋转。

同时,也可以用拖动的方式来确定角度值。在上述提示下拖动鼠标,从中心点到光标位置会引出一条橡皮筋线,该线方向与水平向右方向之间的夹角即为要旋转的角度,同时所选对象会按此角度动态地转动,确定位置后,单击鼠标左键,即可将对象旋转。

(2) 复制(C)。创建要旋转的选定对象的副本,原来的对象继续保留。

(3) 参照(R)。表示将所选目标以参考方式旋转。

D　功能示例

【例4-2】　通过绘制太极图来说明"参照"和"复制"选项。

命令:rotate	
UCS 当前的正角方向:ANGDIR = 逆时针 ANGBASE = 0	
选择对象:指定对角点:找到4个	//选择要旋转的对象,如图4-12所示
选择对象:	//按〖Enter〗键
指定基点:	//选择大半圆的圆心为基点
指定旋转角度或	
[复制(C)/参照(R)]<90>:R	//选择"参照"选项
指定参照角<0>:0	//指定参照角为0,按〖Enter〗键
指定新角度或[点(P)]<90>:90	//指定新角度为90,结果如图4-13所示
命令:rotate	
UCS 当前的正角方向:ANGDIR = 逆时针 ANGBASE = 0	
选择对象:指定对角点:找到4个	//选择要旋转的对象,对图4-13进行旋转
选择对象:	//按〖Enter〗键
指定基点:	//选择大半圆的圆心为基点
指定旋转角度或[复制(C)参照(R)]<90>:C	//选择"复制"选项
旋转一组选定对象。	
指定旋转角度或[复制(C)参照(R)]<90>:180	//输入旋转角度,按〖Enter〗键,结果如图4-14所示

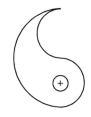
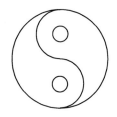

图 4-12　选择的旋转对象　　　　　图 4-13　旋转参照后的对象　　　　　图 4-14　旋转复制结果

4.2.3　缩放

在绘图过程中，有时会遇到需要改变图形的大小，此时就可应用〖缩放〗命令，按一定比例对图形进行缩放。

A　执行方式

功能区：〖默认〗选项卡→"修改"面板→"缩放"按钮 。

菜单栏：〖修改〗菜单→〖缩放〗命令。

命令行：输入"SCALE 或 SC"→按〖Enter〗键。

B　操作格式

命令: scale

选择对象:　　　　　　　　　　　　　//选择要缩放的对象

选择对象:　　　　　　　　　　　　　//按〖Enter〗键

指定基点:　　　　　　　　　　　　　//指定基点

指定比例因子或[复制(C)/参照(R)]:　//指定比例因子并按〖Enter〗键

C　选项说明

（1）比例因子。输入一个比例因子，即执行默认选项。AutoCAD 将把所选的对象按该比例因子相对于基点进行缩放。

如果比例因子大于 1，则放大该选定的对象，如果比例因子介于 0 和 1 之间，则缩小选定的对象。

（2）复制（C）。创建要缩放的选定对象的副本，保留原来的对象。

（3）参照（R）。按参照长度和指定的新长度缩放所选对象。

D　功能示例

（1）使用"复制"和"比例因子"缩放对象。

【例 4-3】　绘制如图 4-16 所示施工半圆拱形巷道断面图。

命令: scale

选择对象:指定对角点:找到 4 个　　　　　　//选择对象,如图 4-15 所示

选择对象:　　　　　　　　　　　　　　　　//按〖Enter〗键

指定基点:　　　　　　　　　　　　　　　　//指定半圆圆心为基点

指定比例因子或[复制(C)/参照(R)]:C　　　//输入"C",按〖Enter〗键

缩放一组选定对象。

指定比例因子或[复制(C)/参照(R)]:0.8　　//输入比例因子"0.8"并按确定键,结果如图 4-16 所示

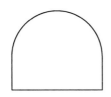

图 4-15　缩放前的原图　　　图 4-16　缩放后的图形

（2）使用"参照"缩放对象。

【例 4-4】　将绘制的绳牵引单轨吊绞车缩放至合适尺寸，如图 4-17 所示。

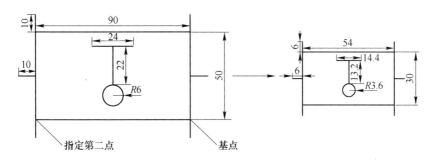

图 4-17　绳牵引单轨吊绞车

命令：_scale	//按图示尺寸绘制图形后调用缩放命令
选择对象:指定对角点:找到 18 个	//将缩放对象全部选中
选择对象:	//确认所选缩放对象
指定基点:	//指定缩放基点,基点位置如图 4-17 所示
指定比例因子或［复制（C）/参照（R）］:R	//选择"参照"选项（区分参照与比例因子,二选一即可,参照可不用输入长度）
指定参照长度 < 90.0000 >:指定第二点:	//通过指定第二点确定参照长度,第二点位置如图4-17 所示
指定新的长度或［点（P）］< 54.0000 >:54	//指定新的长度为54,完成"参照"缩放命令,缩放后的图形尺寸如图 4-17 所示

说明："指定的新长度值"与"指定参照长度的值"的比值相当于比例因子。

4.2.4　对齐

"对齐"命令一般用于在二维与三维空间中将对象与其他对象对齐。可以指定一对、两对或三对源点和定义点以移动、旋转或倾斜选定的对象，从而将他们与其他对象上的点对齐。

A　执行方式

功能区：〖默认〗选项卡→"修改"面板→"对齐"按钮 。

菜单栏：〖修改〗菜单→〖三位操作〗选项→〖对齐〗命令。

命令行：输入"ALIGN 或 AL"→按〖Enter〗键。

B 操作格式

命令：align

选择对象：   //选择要对齐的对象

选择对象：   //按〖Enter〗键

指定第一个源点：   //指定需要对齐对象的第一个点

指定第一个目标点：   //指定要与之对齐对象的第一个点

指定第二个源点：   //指定需要对齐对象的第二个点

指定第二个目标点：   //指定要与之对齐对象的第二个点

指定第三个源点或<继续>：   //按〖Enter〗键

是否基于对齐点缩放对象？〔是(Y)/否(N)〕<否>：

C 选项说明

（1）是（Y）。选择基于对齐点缩放对象。

（2）否（N）。选择基于对起点不缩放对象。

D 功能示例

【例4-5】 利用对齐命令把倾斜的井田开拓平面图（图4-18）调整为水平的图形。

命令：align

选择对象：指定对角点：找到7个   //选择要对齐的对象，如图4-19所示

选择对象：   //按〖Enter〗键

指定第一个源点：   //指定点1

指定第一个目标点：   //指定点1′

指定第二个源点：   //指定点2

指定第二个目标点：   //指定点2′，如图4-20所示

指定第三个源点或<继续>：   //按〖Enter〗键

是否基于对齐点缩放对象？〔是(Y)/否(N)〕<否>：N   //输入"N"并按〖Enter〗键，结果如图
                                                4-21所示

图4-18 原对象

图4-19 选择对齐的对象

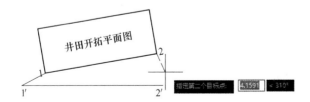

图4-20 选择对齐源点和目标点

图4-21 对齐对象结果图

4.3 对象的复制

4.3.1 偏移

在绘图过程中,有时需要创建同心圆、平行线和等距曲线,则可使用"偏移"命令;可以指定距离或通过一个点偏移对象。偏移对象后,可以使用修剪和延伸这种有效的方式来创建包含多条平行线和曲线的图形。

可以进行偏移处理的对象有直线、圆弧、圆、椭圆、椭圆弧、二维多段线、样条曲线、构造线和射线。

A 执行方式

功能区:〖默认〗选项卡→"修改"面板→"偏移"按钮。

菜单栏:〖修改〗菜单→〖偏移〗命令。

命令行:输入"OFFSET 或 O"→按〖Enter〗键。

B 操作格式

命令:offset

当前设置:删除源=否 图层=源 OFFSETGAPTYPE=0

指定偏移距离或〔通过(T)/删除(E)/图层(L)〕<通过>:

C 选项说明

(1)指定偏移距离。给出一个从已有对象到新对象之间的等距偏移量。可以直接输入数值或点击两点来定义。

(2)通过(T)。通过指定点来建立新的对象。

(3)删除(E)。新的偏移对象建立后,删除被偏移的源对象。

(4)图层(L)。确定将偏移对象创建在当前图层上还是源对象所在图层上。

D 功能示例

使用〖偏移〗命令复制对象时,复制结果不一定与原对象相同。直线是平行复制,圆及圆弧是同心复制,椭圆偏移后不再是椭圆,如图 4-22 所示。

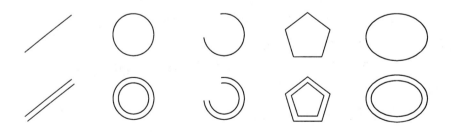

图 4-22 偏移对象

说明:点、图块属性和文本对象不能被偏移。在采矿图形绘制中,偏移命令经常被用来进行辅助确定间距等(如锚杆间距、半圆巷道锚杆长度)。

4.3.2 复制

在绘图过程中，有时会遇到两个或两个以上完全相同的但处于不同位置的图形，为了绘图方便，可以先绘制一个图形，再通过"复制"命令来完成其他的图形。

A 执行方式

功能区：〖默认〗选项卡→"修改"面板→"复制"按钮 。

菜单栏：〖修改〗菜单→〖复制〗命令。

命令行：输入"COPY 或 CO"→按〖Enter〗键。

快捷键：〖Ctrl + C〗复制；〖Ctrl + Shift + C〗带基点复制。

B 操作格式

命令：copy

选择对象：   //选择要复制的对象

选择对象：   //按〖Enter〗键

当前设置：复制模式 = 多个

指定基点或[位移(D)/模式(O)] < 位移 >：

C 选项说明

(1) 指定基点。由基点向指定点复制。如果直接输入了一点的位置，在命令行提示：

指定第二个点或[阵列(A)] < 使用第一个点作为位移 >：

在此提示下若再输入一点，则将所选取的对象从基点复制到这一点，然后提示：

指定第二个点或[阵列(A)/退出(E)/放弃(U)] < 退出 >：

在此提示下若再输入一点，则重复以上步骤，进行多重复制，直到按确定键结束多重复制。

(2) 位移 (D)。按位移量复制。如果在上述提示下输入相当于当前点的位移量@ X，Y，Z，则命令行提示：

指定第二个点或[阵列(A)] < 使用第一个点作为位移 >：

在此提示下直接按确定键，将选定的对象按指定的位移量复制。

(3) 模式 (O)。提供单个或多个模式。单个模式一次操作只能创建一个复制副本；多个模式一次操作可以创建多个复制副本。

在复制操作中，可以根据设计要求指定在线性阵列中排列的副本数量。

D 功能示例

【例 4-6】 在复制操作中使用阵列选项。

命令：copy

选择对象：找到 1 个   //选择圆为复制对象，如图 4-23 所示

选择对象：   //按〖Enter〗键

当前设置：   复制模式 = 多个

指定基点或[位移(D)/模式(O)] < 位移 >：   //指定圆心为基点

指定第二个点或[阵列(A)/退出(E)/

放弃(U)]<退出>:A   //输入"A"

输入要进行阵列的项目数:3   //输入"3"

指定第二个点或[布满(F)]:   //指定第二点,如图4-24所示

指定第二个点或[阵列(A)/退出(E)/

放弃(U)]<退出>:   //按〖Enter〗键结束命令,结果如图4-25所示

图4-23　复制对象　　　　　　　图4-24　指定第二点　　　　　　　图4-25　复制结果

4.3.3　镜像

在绘图过程中,有时会遇到许多对称的图形,则可先绘制半个图形,再利用"镜像"命令便可沿着指定的对称线进行镜像,那么可得到另一半图形。

A　执行方式

功能区:〖默认〗选项卡→"修改"面板→"镜像"按钮 。

菜单栏:〖修改〗菜单→〖镜像〗命令。

命令行:输入"MIRROR 或 MI"→按〖Enter〗键。

B　操作格式

命令:mirror

选择对象: //选择要镜像的对象

选择对象: //按〖Enter〗键

指定镜像线的第一点: //确定镜像线上的第一点

指定镜像线的第二点: //确定镜像线上的第二点

要删除源对象吗?[是(Y)/否(N)]<N>:

C　选项说明

(1) 是（Y）。表示所选对象的镜像出现时,原来的对象将被删除。

(2) 否（N）。表示将绘出选对象的镜像,并保留原来的对象。

D　功能示例

【例4-7】　绘图说明镜像命令中两个选项的区别。

命令:mirror

选择对象:指定对角点:找到2个   //选择要镜像的对象,如图4-26所示

选择对象: //按〖Enter〗键

指定镜像线的第一点: //在竖直中心线上选择端点A

指定镜像线的第二点: //在竖直中心线上选择端点B

要删除源对象吗?[是(Y)/否(N)]<N>:   //选择"否"选项,得到如图4-27所示图形

如果在上例中选择"是"得到镜像结果如图4-28所示。

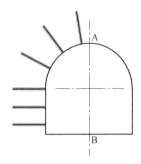 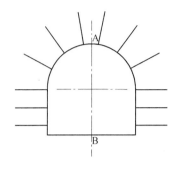 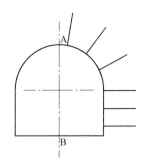

图 4-26　选择镜像的图形　　　图 4-27　不删除源对象的镜像图形　　　图 4-28　删除源对象的镜像图形

4.3.4　阵列

在 AutoCAD 2016 中，系统提供了三种阵列工具，分别为"矩形阵列""环形阵列"和"路径阵列"。建立阵列是指多重复制选择的对象并把这些副本按矩形、路径或环形排列。

把副本按矩形排列称为建立矩形阵列，把副本按路径排列称为建立路径阵列，把副本按环形排列称为建立环形阵列（也叫极阵列）。

4.3.4.1　矩形阵列

在绘图过程中，有时需要相同的几行或几列图形，这时便要使用"矩形阵列"命令，可以使项目分布到任意行、列和层的组合。

A　执行方式

功能区：〖默认〗选项卡→"修改"面板→"矩形阵列"按钮。

菜单栏：〖修改〗菜单→〖矩形阵列〗命令。

命令行：输入"ARRAY"→按〖Enter〗键→选择对象并按〖Enter〗键→输入"R"并按〖Enter〗键。

B　操作格式

命令：arrayrect

选择对象：　　　　　　　　　　　　//选择需要矩形阵列的对象

选择对象：　　　　　　　　　　　　//按〖Enter〗键

类型＝矩形　关联＝是

选择夹点以编辑阵列或

[关联(AS)/基点(B)/计数(COU)/

间距(S)/列数(COL)/行数(R)/

层数(L)/退出(X)]＜退出＞：　　　//选择选项进行编辑

选择夹点以编辑阵列或

[关联(AS)/基点(B)/计数(COU)/

间距(S)/列数(COL)/行数(R)/

层数(L)/退出(X)]＜退出＞：　　　//按〖Enter〗键结束命令

C　选项说明

（1）关联（AS）。指定是否将阵列中创建的项目作为关联阵列对象，或作为独立对象。

（2）基点（B）。编辑阵列的基点。

（3）计数（COU）。用于指定行和列的值。

（4）间距（S）。用于指定行和列的间距

（5）列数（COL）。编辑阵列中的列数和列间距，以及它们之间的增量标高。

（6）行数（R）。编辑阵列中的行数和行间距，以及它们之间的增量标高。

（7）层数（L）。可以指定层数和层间距。

D 功能示例

【例4-8】 举例说明矩形阵列的夹点编辑和窗口编辑。

命令：arrayrect

选择对象：找到 1 个　　　　　　　　　　//选择对象，如图 4-29 所示

选择对象：　　　　　　　　　　　　　　//按〖Enter〗键

类型 = 矩形　关联 = 是

选择夹点以编辑阵列或［关联(AS)/

基点(B)/计数(COU)/间距(S)/

列数(COL)/行数(R)/层数(L)/

退出(X)］＜退出＞：　　　　　　　　//选择夹点编辑阵列为"3 列 3 行"并单击鼠标左键，如图
　　　　　　　　　　　　　　　　　　　4-30 所示

选择夹点以编辑阵列或［关联(AS)/

基点(B)/计数(COU)/间距(S)/

列数(COL)/行数(R)/层数(L)/

退出(X)］＜退出＞：　　　　　　　　//按〖Enter〗键结束命令，结果如图 4-31 所示

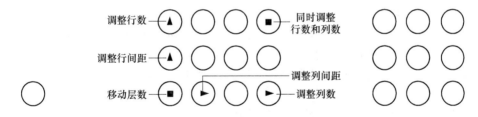

图4-29　选择的对象　　　　图4-30　选择夹点编辑　　　　图4-31　矩形阵列后图形

此时，在上述命令中除了用夹点编辑阵列外，还可以通过窗口调整，如图 4-32 所示。

类型	列		行 ▼		层级		特性	选项	关闭
矩形	列数： 3		行数： 3		级别： 1		基点	编辑 替换 重置 来源 项目 矩阵	关闭 阵列
	介于： 133.0732		介于： 133.0732		介于： 1				
	总计： 266.1465		总计： 266.1465		总计： 1				

图4-32　通过窗口编辑

4.3.4.2 环形阵列

在绘图过程中，有时需要相同的几个环形图形，这是便要使用"环形阵列"命令，可以使绕某个中心点或旋转轴形成的环形图案平均分布对象副本。

A 执行方式

功能区：〖默认〗选项卡→"修改"面板→"环形阵列"按钮。

菜单栏：〖修改〗菜单→〖环形阵列〗命令。

命令行：输入"ARRAY"→按〖Enter〗键→选择对象并按〖Enter〗键→输入"PO"并按〖Enter〗键。

B 操作格式

命令：arraypolar

选择对象：	//选择环形阵列对象
选择对象：	//按〖Enter〗键

类型＝极轴　关联＝是

指定阵列的中心或[基点(B)/

旋转轴(A)]：	//指定阵列的中心点

选择夹点以编辑阵列或[关联(AS)/

基点(B)/项目(I)/项目间角度(A)/

填充角度(F)/行(ROW)/层(L)/

旋转项目(ROT)/退出(X)]＜退出＞：	//选择选项进行编辑

选择夹点以编辑阵列或[关联(AS)/

基点(B)/项目(I)/项目间角度(A)/

填充角度(F)/行(ROW)/层(L)/

旋转项目(ROT)/退出(X)]＜退出＞：	//按〖Enter〗键结束命令

C 选项说明

（1）中心点。输入环形阵列的中心点坐标，也可单击右边按钮指定阵列的中心。

（2）旋转轴（A）。指定由两个指定点定义的自定义旋转轴。

（3）项目（I）。设置在阵列中显示对象的数目。

（4）项目间角度（A）。设置阵列对象基点之间的包含角和阵列的中心。

（5）填充角度（F）。设置环形阵列所覆盖的角度。

填充角度为正值时，则逆时针旋转；反之，则顺时针旋转。填充角度默认值为360，不允许为0。

（6）旋转项目（ROT）。指定是否旋转阵列项目。

D 功能示例

【例4-9】　绘制半圆拱巷道，顶板用锚杆支护，环形阵列锚杆。

命令：arraypolar

选择对象：找到4个	//选择对象为锚杆，如图4-33所示
选择对象：	//按〖Enter〗键

类型＝极轴　关联＝是

指定阵列的中心或［基点（B）/

旋转轴（A）]：	//指定阵列的中心点为半圆圆心

选择夹点以编辑阵列或[关联(AS)/

基点(B)/项目(I)/项目间角度(A)/

填充角度(F)/行(ROW)/层(L)/

旋转项目(ROT)/退出(X)]＜退出＞：	//输入"A"按〖Enter〗键
指定项目间的角度或［表达式(EX)]＜60＞:30	//输入"30"按〖Enter〗键

选择夹点以编辑阵列或［关联(AS)/
基点(B)/项目(I)/项目间角度(A)/
填充角度(F)/行(ROW)/层(L)/
旋转项目(ROT)/退出(X)］＜退出＞：   //输入"F"按〖Enter〗键
指定填充角度(+ ＝逆时针、－＝顺时针)或
［表达式(EX)］＜150＞：－180   //输入"－180"按〖Enter〗键
选择夹点以编辑阵列或［关联(AS)/
基点(B)/项目(I)/项目间角度(A)/
填充角度(F)/行(ROW)/层(L)/
旋转项目(ROT)/退出(X)］＜退出＞：   //按〖Enter〗键结束命令,结果如图 4-34 所示

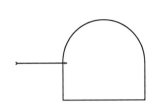

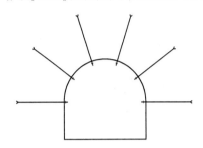

图 4-33   选择的对象   图 4-34   环形阵列后图形

【例 4-10】   举例说明环形阵列的夹点编辑和窗口编辑。

命令：arraypolar
选择对象：找到 1 个   //选择对象为小圆,如图 4-35 所示
选择对象：   //按〖Enter〗键
类型＝极轴   关联＝是
指定阵列的中心或［基点 (B)/
旋转轴 (A)］：   //指定阵列的中心点为大圆圆心
选择夹点以编辑阵列或［关联 (AS)/
基点(B)/项目(I)/项目间角度(A)/
填充角度(F)/行(ROW)/层(L)/
旋转项目(ROT)/退出(X)］＜退出＞：   //"项目数 1 行数 1 级别 1",如图 4-36 所示
选择夹点以编辑阵列或［关联(AS)/
基点(B)/项目(I)/项目间角度(A)/
填充角度(F)/行(ROW)/层(L)/
旋转项目(ROT)/退出(X)］＜退出＞：   //按〖Enter〗键结束命令,结果如图 4-37 所示

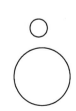

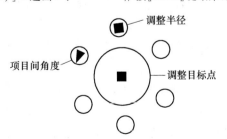

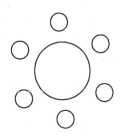

图 4-35   选择的对象   图 4-36   选择夹点编辑   图 4-37   环形阵列后图形

与此同时，在上述命令中除了用夹点编辑阵列外，还可以通过窗口调整，如图 4-38 所示。

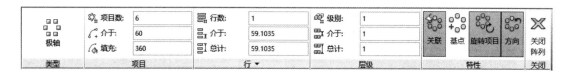

图 4-38　通过窗口编辑

4.3.4.3　路径阵列

在绘图过程中，有时需要在某个线路上绘制几个相同的图形，这时便要使用"路径阵列"命令，沿整个路径或部分路径平均分布对象副本。

A　执行方式

功能区：〖默认〗选项卡→"修改"面板→"路径阵列"按钮 。

菜单栏：〖修改〗菜单→〖路径阵列〗命令。

命令行：输入"ARRAY"→按〖Enter〗键→选择对象并按〖Enter〗键→输入"PA"并按〖Enter〗键。

B　操作格式

命令：arraypath

选择对象：　　　　　　　　　　　　　　　　　　//选择对象

选择对象：　　　　　　　　　　　　　　　　　　//按〖Enter〗键

类型 = 路径　关联 = 是

选择路径曲线：　　　　　　　　　　　　　　　　//选择路径

选择夹点以编辑阵列或[关联(AS)/方法(M)/基点(B)/

切向(T)/项目(I)/行(R)/层(L)/对齐项目(A)/

Z 方向(Z)/退出(X)] <退出>：　　　　　　　　//选择选项进行编辑

选择夹点以编辑阵列或[关联(AS)/方法(M)/基点(B)/

切向(T)/项目(I)/行(R)/层(L)/对齐项目(A)/

Z 方向(Z)/退出(X)] <退出>：　　　　　　　　//按〖Enter〗键结束命令

C　选项说明

（1）方法（M）。控制选定对象是否将相对于路径的起始方向重定向，然后移动到路径的起始点。

（2）切向（T）。指定相对于路径曲线的第一个项目的位置，允许指定与路径曲线的起始方向平行的两个点。

（3）对齐项目（A）。指定是否对齐每个项目以与路径方向相切，对齐相对于第一个项目的方向。

（4）Z 方向（Z）。控制是保持向的原始 Z 方向还是沿三维路径倾斜项。

D　功能示例

【例 4-11】　举例说明路径阵列的夹点编辑和窗口编辑。

命令：_ arraypath

选择对象：指定对角点：找到 11 个　　　　//选择对象为栏杆和台阶，尺寸仅供参考，
　　　　　　　　　　　　　　　　　　　　 如图 4-39 所示

选择对象：　　　　　　　　　　　　　　 //按〖Enter〗键
类型 = 路径　 关联 = 是
选择路径曲线：　　　　　　　　　　　　 //选择扶手为路径
选择夹点以编辑阵列或［关联(AS)/方法(M)/
基点(B)/切向(T)/项目(I)/行(R)/层(L)/
对齐项目(A)/Z 方向(Z)/退出(X)］< 退出 >:I　　//输入"I"，按〖Enter〗键（也可选择夹点编
　　　　　　　　　　　　　　　　　　　　　　辑，如图 4-40 所示）

指定沿路径的项目之间的距离或
［表达式(E)］< 373.6298 >:170.97　　　　 //输入"170.97"按〖Enter〗键
最大项目数 = 11
指定项目数或［填写完整路径(F)/表达式(E)］<9>:9　　//输入"9"按〖Enter〗键
选择夹点以编辑阵列或［关联(AS)/方法(M)/基点(B)/
切向(T)/项目(I)/行(R)/层(L)/对齐项目(A)/
Z 方向(Z)/退出(X)］< 退出 >:　　　　 //按〖Enter〗键结束命令,结果如图 4-41 所示

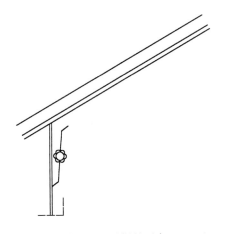

图 4-39　选择的对象

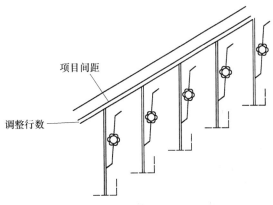

项目间距

调整行数

图 4-40　选择夹点编辑

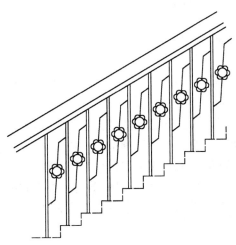

图 4-41　路径阵列后图形

与此同时，在上述命令中除了用夹点编辑阵列外，还可以通过窗口调整，如图 4-42 所示。

图 4-42　通过窗口编辑

4.4　对象的编辑

4.4.1　修剪

在绘图过程中，有时会需要对图形相交的无用部分进行清除，此时就可应用"修剪"命令对图形进行清除。

A　执行方式

功能区：〖默认〗选项卡→"修改"面板→"修剪"按钮。

菜单栏：〖修改〗菜单→〖修剪〗命令。

命令行：输入"TRIM 或 TR"→再按〖Enter〗键。

B　操作格式

命令：trim

当前设置：投影＝无，边＝延伸

选择剪切边…

选择对象或＜全部选择＞：　　　　　　　　//按〖Enter〗键

选择要修剪的对象，

或按住 Shift 键选择要延伸的对象，

或［栏选（F）/窗交（C）/

投影（P）/边（E）/删除（R）/放弃（U）］：　　//选择要修剪的对象

选择要修剪的对象，

或按住 Shift 键选择要延伸的对象，

或［栏选（F）/窗交（C）/

投影（P）/边（E）/删除（R）/放弃（U）］：　　//按〖Enter〗键结束命令

C　选项说明

（1）栏选（F）。系统会以栏选的方式选择被修剪对象。

（2）窗交（C）。系统以窗交的方式选择被修剪对象。

（3）投影（P）。指定修剪对象时使用的投影方法。投影方法有：

1）无（N）。表示指定无投影，该命令只修剪与三维空间中的剪切边相交的对象。

2）UCS（U）。表示指定在当前用户坐标系 XY 平面上的投影，该命令将修建不与三维空间中的剪切边相交的对象。

3）视图（V）。指定沿当前视图方向的投影，该命令将修剪与当前视图中的边界相交的对象。

（4）边（E）。确定对象是在另一对象的延长边处进行修剪，还是仅在三维空间中与该对象相交的对象处进行修剪。边延伸模式有：

1）延伸（E）。延伸边界进行修剪，在此方式下，如果剪切边没有与要修剪的对象相交，系统会延伸剪切边直至与对象相交，然后再修剪。如图4-43所示。

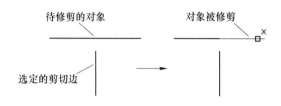

图4-43　修剪命令中边的延伸模式

2）不延伸（N）。不延伸边界修剪对象，只修剪与剪切边相交的对象。如图4-44所示。

图4-44　修剪命令中边的不延伸模式

（5）删除（R）。删除选定的对象，此选项提供了一种用来删除不需要的对象的简便方法，而无需退出修剪命令。

（6）放弃（U）。撤销上一次操作。

提示：在选择对象时，如果按住〖Shift〗键，系统就自动将"修剪"命令转换为"延伸"命令。

块对象不能修剪，空间结构，三维对象，看似相交实则不相交的对象，也不能修剪。

4.4.2　延伸

在绘图过程中，有时会需要对图形没有相交的部分进行连接，此时就可应用"延伸"命令使其延伸到选定对象的边界处。

A　执行方式

功能区：〖默认〗选项卡→"修改"面板→"延伸"按钮。

菜单栏：〖修改〗菜单→〖延伸〗命令。

命令行：输入"EXTEND 或 EX"→按〖Enter〗键。

B　操作格式

命令：extend

当前设置：投影＝无，边＝延伸

选择边界的边…

选择对象或 < 全部选择 > :   //按〖Enter〗键

选择要延伸的对象,

或按住 Shift 键选择要修剪的对象,

或[栏选(F)/窗交(C)/投影(P)/边(E)/放弃(U)]:   //选择要延伸的对象

选择要延伸的对象,

或按住 Shift 键选择要修剪的对象,

或[栏选(F)/窗交(C)/投影(P)/边(E)/放弃(U)]:   //按〖Enter〗键结束命令

C 选项说明

(1) 栏选 (F)。系统会以栏选的方式选择被延伸的对象。

(2) 窗交 (C)。系统以窗交的方式选择被延伸的对象。

(3) 投影 (P)。指定延伸对象时使用的投影方法。投影方法有:

1) 无 (N)。表示指定无投影,该命令只延伸与三维空间中的边相对象相交的对象。

2) UCS (U)。表示指定在当前用户坐标系 XY 平面上的投影,延伸末与三维空间中的边界对象相交的对象。

3) 视图 (V)。指定沿当前视图方向的投影。

(4) 边 (E):将对象延伸到另一个对象的隐含边,或仅延伸到三维空间中与其实际相交的对象。边延伸模式有:

1) 延伸 (E)。沿其自然路径延伸边界对象以和三维空间中另一个对象或隐含边相交。

2) 不延伸 (N)。指定对象只延伸到在三维空间中与其实际相交的边界对象。

(5) 放弃 (U)。撤销上一次操作。

提示:样条曲线,可以修剪,但不能延伸;圆弧可以延伸。

4.4.3 拉伸

拉伸是用于二维制图,是将拉伸交叉窗口部分包围的对象,以及将移动完全包含在交叉窗口中的对象或单独选定的对象。但这里要注意,如圆、椭圆和块这类对象无法被拉伸。

A 执行方式

功能区:〖默认〗选项卡→"修改"面板→"拉伸"按钮￼。

菜单栏:〖修改〗菜单→〖拉伸〗命令。

命令行:输入"STRETCH 或 S"→按〖Enter〗键。

B 操作格式

命令: stretch

以交叉窗口或交叉多边形选择要拉伸的对象…

选择对象: //选择对象

选择对象: //按〖Enter〗键

指定基点或[位移(D)] < 位移 > :   //指定基点

指定第二个点 < 使用第一个点作为位移 > :   //指定第二点

C　选项说明

（1）指定基点。指定一点为基点，继续指定第二点，则会将所选对象从第一点拉伸到第二点。

（2）位移（D）。输入位移增量。

D　功能示例

【例4-12】 举例说明图形的拉伸命令。

命令：stretch

以交叉窗口或交叉多边形选择要拉伸的对象…

选择对象：指定对角点：找到2个　　　　　　//选择对象，如图4-45所示

选择对象：　　　　　　　　　　　　　　　　//按〖Enter〗键

指定基点或［位移（D）］＜位移＞：　　　　//指定基点，如图4-45所示

指定第二个点＜使用第一个点作为位移＞：　　//指定第二点，拉伸后如图4-46所示

指定基点　　　　　　　　　　　　　　　　　　指定第二点

图4-45　选择选定对象及指定基点　　　　　图4-46　指定第二点及拉伸后的图形

4.4.4　拉长

拉长图形可以将更改指定为百分比、增量或最终长度或角度。

A　执行方式

功能区：〖默认〗选项卡→"修改"面板→"拉长"按钮。

菜单栏：〖修改〗菜单→〖拉长〗命令。

命令行：输入"LENGTHEN或LEN"→按〖Enter〗键。

B　操作格式

命令：lengthen

选择要测量的对象或［增量（DE）/

百分数（P）/总计（T）/动态（DY）］＜总计（T）＞：　　//选择对象

选择要测量的对象或［增量（DE）/

百分数（P）/总计（T）/动态（DY）］＜总计（T）＞：　　//按〖Enter〗键或继续选取目标

C　选项说明

（1）增量。以指定的增量修改对象的长度或圆弧的角度，该增量从距离选择点最近的端点处开始测量。正值扩展对象，复制修剪对象。

对于直线段，可以通过指定长度差值来修改对象的长度；对于圆弧，可以设置以指定的角度修改选定圆弧的包含角。

（2）百分数。通过指定对象总长度的百分数设定对象长度。

（3）总计。通过指定从固定端点测量的总长度的绝对值来设定选定对象的长度。

选项也按照指定的总角度，设置选定圆弧的包含角。

（4）动态。打开动态拖曳模式。通过拖曳选定对象的端点之一更改其长度，其他端点保持不变。

D   功能示例

【例4-13】 举例说明图形的拉长的命令，如图4-47所示。

命令：lengthen

选择要测量的对象或［增量（DE）/

百分数（P）/总计（T）/动态（DY）］＜总计（T）＞：   //按〖Enter〗键

指定总长度或［角度（A）］:20   //指定总长度的值为"20"

选择要修改的对象或［放弃（U）］：   //选择要修改的直线及方向

选择要修改的对象或［放弃（U）］：   //按〖Enter〗键结束命令操作,结果如图4-47所示

图4-47　直线拉长过程

4.4.5　打断

4.4.5.1　打断

在绘图过程中，"打断"命令可以在对象上的两个指定点之间创建间隔，从而将对象打断为两个对象，如果这些点不在投影上，则会自动投影到该对象上。

可以进行打断处理的对象有直线、圆弧、圆、椭圆、多段线、样条曲线、圆环等对象类型。

A   执行方式

功能区：〖默认〗选项卡→"修改"面板→"打断"按钮▣。

菜单栏：〖修改〗菜单→〖打断〗命令。

命令行：输入"BREAK 或 BR"→按〖Enter〗键。

B   操作格式

命令：break

选择对象：   //选择对象，并且点击对象的点为第一个点

指定第二个打断点或［第一点（F）］：   //指点第二个打断点

C   功能示例

介绍圆、直线、样条曲线和圆环打断的示例，如图4-48所示。

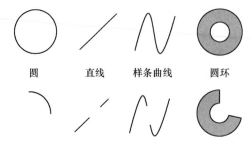

圆   直线   样条曲线   圆环

图4-48　打断示例

两个指定点之间的对象将被删除。如果第二个点不在对象上，就会选择对象上与该点最接近的点。因此，要打断直线圆弧或多段线的一端，可以在要删除的一端附近指定第二个打断点。

打断圆时，系统将按逆时针方向删除圆上第一个打断点到第二个打断点之间的部分，从而将圆转化成圆弧。

4.4.5.2 对象的打断于点

在绘图过程中，使用"打断于点"命令，可以在一点打断要选定的对象。

可以进行打断于点处理的对象主要是非闭合对象，如直线、圆弧、开放的多段线；不能在一点打断闭合对象的，如圆（圆弧不能是360°）。

A 执行方式

功能区：〖默认〗选项卡→"修改"面板→"打断于点"按钮。

菜单栏：〖修改〗菜单→〖打断于点〗命令。

命令行：输入"BREAK 或 BR"→按〖Enter〗键。

B 操作格式

命令：break

选择对象： //选择横线,如图 4-49 所示

指定第二个打断点或[第一点(F)]:F //输入"F"

指定第一个打断点： //选择要打断的位置

指定第二个打断点:@ //输入"@",结果如图 4-50 所示

打断点

　　　　　　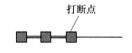

图 4-49　需要打断的横线　　　　图 4-50　打断后的结果

4.4.6 合并

在绘图过程中，"合并"命令可以使对象在其公共端点处合并一系列有限的线性和开放的弯曲对象，以创建单个二维或三维对象。产生的对象类型取决于选定的对象类型，首先选定的对象类型以及对象是否共面。

可以进行合并处理的对象有直线、圆弧、椭圆弧、多段线、三维多段线、样条曲线、螺线。

A 执行方式

功能区：〖默认〗选项卡→"修改"面板→"合并"按钮。

菜单栏：〖修改〗菜单→〖合并〗命令。

命令行：输入"JOIN 或 J"→按〖Enter〗键。

B 操作格式

命令：join

选择源对象或要一次合并的多个对象： //选择一个对象

选择要合并的对象：　　　　　　　　　　　//选择另一个对象并按〖Enter〗键

C　功能示例

直线合并为多段线

命令：join

选择源对象或要一次合并的多个对象：找到 1 个　　//选择一个对象，如图 4-51 所示

选择要合并的对象：找到 1 个，总计 2 个　　//选择另一个对象，如图 4-52 所示，并按〖Enter〗键

2 个对象已经转换为 1 条多段线，结果如图 4-53 所示。

  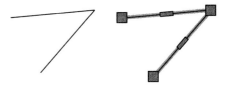

图 4-51　选择一个对象　　　图 4-52　选择另一个对象　　　图 4-53　合并后的图形（成为一条多段线）

4.4.7　分解

在绘图过程中，有时需要将复合对象分解为部件对象，便可使用"分解"命令；在希望单独修改复合对象的部件时，可分解复合对象。

可以进行分解处理的对象有块、符合多段线及面域等。

A　执行方式

功能区：〖默认〗选项卡→"修改"面板→"分解"按钮。

菜单栏：〖修改〗菜单→〖分解〗命令。

命令行：输入"EXPLODE 或 X"→按〖Enter〗键。

B　操作格式

命令：explode

选择对象：　　　　　　　　　　　　//选择要分解的对象

选择对象：　　　　　　　　　　　　//按〖Enter〗键

C　功能示例

环形阵列后所有锚杆为一个整体，如图 4-54 所示；分解后锚杆为单体，如图 4-55 所示。

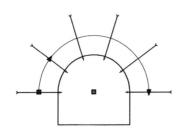 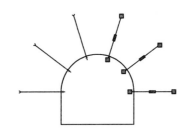

图 4-54　分解前对象　　　　　　　　　图 4-55　分解后对象

4.4.8 删除与恢复

4.4.8.1 对象的删除

在绘制图形过程中，有时会有多余的图形和不再需要的辅助线以及画错的线等，此时便可把这些图形或者线条删除掉。

A 执行方式

功能区：〖默认〗选项卡→"修改"面板→"删除"按钮 。

菜单栏：〖修改〗菜单→〖删除〗命令。

命令行：输入"ERASE 或 E"→按〖Enter〗或〖Space〗键。

绘图区：单击选择要删除的对象→按〖Delete〗键；

单击选择要删除的对象→单击右键，出现下拉菜单→选择〖删除〗。

B 操作格式

命令：erase

选择对象： //选择要删除的对象

选择对象： //按〖Enter〗键结束命令

4.4.8.2 对象的恢复

恢复命令的作用是恢复上一次被删除命令删除的对象。

A 执行方式

命令行：输入"OOPS"并按〖Enter〗键。

B 操作格式

命令：OOPS

说明：恢复命令只能恢复最后一次被删除命令删除的对象，如果想恢复更前几次被删除命令删除的对象，可以使用放弃命令。

4.4.9 重复、放弃与重做

4.4.9.1 重复

重复命令用于重复执行上一个被调用的命令。当执行完一个命令后，如果还要继续执行该命令，则可以使用重复命令。

A 执行方式

命令行：输入"MUITIPLE"→输入要重复的命令名。

绘图区：执行完上一个命令后，直接按〖Enter〗或〖Space〗键。

执行完上一个命令后，单击右键→快捷菜单中选重复命令。

B 操作格式

命令：MULTIPLE //调用重复命令

输入要重复的命令名： //输入要重复的命令名，例如直线命令名"LINE"，将重复调用
直线命令，按〖Esc〗键即可终止

说明：重复命令仅用于重复执行上一个被调用的命令，而无法重复更早调用过的命令。

4.4.9.2 放弃（撤销）

用户在制图时，如果需要放弃近期执行过的命令，那么可以调用"放弃"命令（也称之为"撤销"命令）。

A 执行方式

快速访问工具栏：单击"放弃"按钮 🔄。

菜单栏：〖编辑〗菜单→〖放弃〗命令。

命令行：输入"Undo 或 U"→按〖Enter〗键。

快捷键：按组合键〖Ctrl + Z〗。

B 操作格式

命令：_ . undo 当前设置：自动 = 开，控制 = 全部，合并 = 是，图层 = 是

输入要放弃的操作数目或[自动(A)/控制(C)/

开始(BE)/结束(E)/标记(M)/后退(B)]<1>:1   //输入要放弃的操作数目,可同时放弃多个
                                                  调用的命令

说明：一般情况下，使用放弃命令一次只能放弃一个操作。

在快速访问工具栏中点击"放弃"按钮后面的 ⌄ 按钮，在下拉列表中选中需要放弃的命令，同时放弃多个命令；也可以在命令行中输入放弃命令后，输入要放弃的操作数目。

另外，有些命令本身也包含"放弃"选项，用户可以在执行此命令时放弃上一步操作而不退出当前命令。

4.4.9.3 重做

用户在制图时，如果想恢复由放弃命令撤销的命令操作，可以使用重做命令。

A 执行方式

快速访问工具栏：单击"重做"按钮 🔄。

菜单栏：〖编辑〗菜单→〖重做〗命令。

命令行：输入〖Redo〗→按〖Enter〗键。

快捷键：按组合键〖Ctrl + Y〗。

B 操作格式

命令：REDO

说明：重做命令紧跟在放弃命令后执行。一般情况下，使用重做命令一次只能恢复一个操作；当用户使用放弃命令撤销了多个操作时，也可以一次恢复多步操作。

在快速访问工具栏中点击"重做"按钮后面的 ⌄ 按钮，在下拉列表中选中需要恢复的命令，同时恢复多个命令。

4.5 对象的圆角、倒角与光顺曲线

在绘图过程中，可以使用"圆角"和"倒角"命令绘制弧形角或具有一定倒角半径的角，使用"光顺曲线"命令可以通过样条曲线连接两个对象。

4.5.1 对象的圆角

在绘图过程中，圆角允许两条直线、圆弧或者圆在圆形的拐角处光滑的连接。圆角应

注意选择直线，因为"圆角"命令只保留单击的那一部分对象。

可以进行圆角处理的对象有：多边形、圆弧、圆、椭圆或椭圆弧、直线、多线、多段线、射线、样条曲线、构造线和三维实体。

A　执行方式

功能区：〖默认〗选项卡→"修改"面板→"圆角"按钮 。

菜单栏：〖修改〗菜单→〖圆角〗命令。

命令行：输入"FILLET 或 F"→按〖Enter〗键；输入"R"并按〖Enter〗键。

B　操作格式

命令：fillet

当前设置：模式＝修剪，半径＝0.000

选择第一个对象或[放弃(U)/多线段(P)/半径(R)/修剪(T)/多个(M)]：

C　选项说明

（1）放弃（U）。恢复在命令中执行的上一步操作。

（2）多线段（P）。按照当前圆角半径的大小对整条多段线做圆角。

（3）半径（R）。用来确定做圆角的圆弧半径值。

（4）修剪（T）。确定做圆角时是否对相应的圆角边进行修剪。

（5）多个（M）。对多个对象做圆角。

D　功能示例

【例4-14】　对如图4-56所示的巷道转角处进行圆角处理。

命令：fillet

当前设置：模式＝修剪，半径＝0.000

选择第一个对象或[放弃(U)/多线段(P)/

半径(R)/修剪(T)/多个(M)]：R　　　　//输入"R"按〖Enter〗键

指定圆角半径 <0.0000>：5　　　　　　//输入倒角半径"5"按〖Enter〗键

选择第一个对象或[放弃(U)/多线段(P)/

半径(R)/修剪(T)/多个(M)]：　　　　//选择对象1，如图4-56所示

选择第二个对象或按住 Shift 键选择对象

以应用角点或[半径(R)]：　　　　　　//选择对象2，如图4-57所示，圆角后结果如图4-57所示

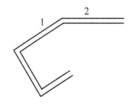

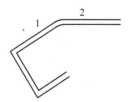

图4-56　需要圆角的图形　　　　　图4-57　圆角后的图形

说明： 有些命令本身自带圆角选项，例如矩形。用户可以在调用命令时就使用此命令包含的圆角选项。

矩形命令中的圆角选项在使用时，是将矩形的四个角同时进行圆角操作，而使用圆角命令时，则可以仅对其中的某个角进行圆角操作。

4.5.2　对象的倒角

在绘图过程中，"倒角"是通过延伸和修剪使两个不平行的对象相交或利用斜线连接。可以进行倒角处理的对象有直线、多段线、射线、构造线和三维实体。

A　执行方式

功能区：〖默认〗选项卡→"修改"面板→"倒角"按钮 。

菜单栏：〖修改〗菜单→〖倒角〗命令。

命令行：输入"CHAMFER 或 CHA"→按〖Enter〗键。

B　操作格式

命令：chamfer

（"修剪"模式）当前倒角距离 1 = 0.0000,距离 2 = 0.0000

选择第一条直线或[放弃(U)/多线段(P)/距离(D)/

角度(A)/修剪(T)/方式(E)/多个(M)]：

C　选项说明

（1）放弃（U）。恢复在命令中执行的上一步操作。

（2）多线段（P）。按照当前倒角的大小对整条多段线倒角。

（3）距离（D）。用来确定倒角时的倒角距离。

（4）角度（A）。根据第一条边的倒角距离和一个角度值进行倒角。

（5）修剪（T）。确定倒角时是否对相应的倒角边进行修剪。

（6）方式（E）。用于确定按什么方式倒角，方式有：

1）距离（D）。是按已确定的两条边的倒角距离进行倒角。

2）角度（A）。是按已确定的一条边倒角距离和一个角度值进行倒角。

（7）多个（M）。对多个对象进行倒角。

D　功能示例

对巷道端头处进行倒角处理。

命令：chamfer

（"修剪"模式）当前倒角距离 1 = 0.0000，距离 2 = 0.0000

选择第一条直线或[放弃(U)/多线段(P)/

距离(D)/角度(A)/修剪(T)/方式(E)/多个(M)]:D   //输入"D"

指定第一个倒角距离 <0.0000 >:10   //输入倒角距离"10"

指定第二个倒角距离 <10.0000 >:   //输入倒角距离，与第一个相同

选择第一条直线或[放弃(U)/多线段(P)/

距离(D)/角度(A)/修剪(T)/方式(E)/多个(M)]:   //选择对象1,如图 4-58 所示

选择第二条直线或按住 Shift 键

选择要应用角点的直线: //选择对象2,倒角后效果如图 4-59 所示

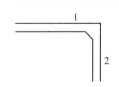

图 4-58　需要倒角的图形　　　　　图 4-59　倒角后的图形

4.5.3　对象的光顺曲线

在绘图过程中,"光顺曲线"可以在两条开放的直线或曲线之间创建相切或平滑的样条曲线。选择端点附近的每个对象,生成的样条曲线的形状取决于指定的连续性,选定对象的长度保持不变。

可以进行光顺曲线处理的对象有直线、圆弧、椭圆弧、螺旋、开放的多段线、开放的样条曲线。

A　执行方式

功能区:〖默认〗选项卡→"修改"面板→"光顺曲线"按钮。

菜单栏:〖修改〗菜单→〖光顺曲线〗命令。

命令行:输入"BLEND 或 BL"→按〖Enter〗键。

B　操作格式

命令:blend

连续性=相切

选择第一个对象或[连续性(CON)]:

输入连续性[相切(T)平滑(S)]<相切>:　　　　　//按〖Enter〗键

选择第一个对象或[连续性(CON)]:　　　　　//选择对象

选择第二个点:

C　选项说明

(1) 相切 (T)。选项用于创建一条 3 阶样条曲线,在选定对象的端点处具有相切连续性。

(2) 平滑 (S)。选项用于创建一条 5 阶样条曲线,在选定对象的端点处具有曲率连续性。

D　功能示例

以示例展示由"相切"和"平滑"两个选项创建的两条光顺曲线的不同。

命令:blend

连续性=相切

选择第一个对象或[连续性(CON)]:CON　　　　　//输入"CON"

输入连续性[相切(T)/平滑(S)]<相切>:　　　　　//按〖Enter〗键

选择第一个对象或[连续性(CON)]:　　　　　//选择直线,如图 4-60 所示

选择第二个点:　　　　　//选择圆弧,得到结果如图 4-61 所示

图 4-60　选择直线　　　　　图 4-61　选择圆弧与光顺曲线后图形

在上述命令中,在输入连续性时如果输入"S"或"T",则得到不一样的效果,将输入"S"与输入"T"放在同一张图中作对比,如图 4-62 所示。

使用光顺曲线命令选择对象时,光标在对象上单击的位置距离哪个端点较近,光滑曲

图 4-62　两条光顺曲线对比图

线将连接到这个端点上。

　　光顺曲线是使用控制点绘制的样条曲线，使用"相切"或"平滑"选项绘制的样条曲线的阶数不同。

　　不应将由"控制点"和"拟合点"绘制样条曲线的方式进行切换，因为此操作将改变由"平滑"选项绘制的样条曲线的阶数，也会改变样条曲线的形状。

4.6　夹　点　编　辑

　　夹点是绘图对象上的控制点，当选中对象后，在对象上将显示出若干个实心小方块，这些小方块用来标记被选中对象的夹点。

　　默认情况下，夹点始终是打开的，其现实的颜色和大小，可通过菜单栏中〖工具〗→〖选项〗→〖选择集〗选项卡来进行设置。

　　对不同的对象，用来控制其特征的夹点的位置和数量是不相同的，如图 4-63 所示。

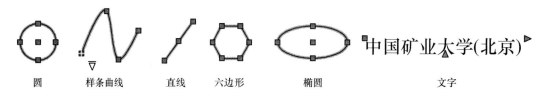

圆　　　　样条曲线　　　　直线　　　　六边形　　　　椭圆　　　　　　文字

图 4-63　不同对象上的夹点显示

　　在 AutoCAD 中，夹点是一种集成的编辑模式，有很强的实用性，可对对象进行拉伸、移动、旋转、缩放及镜像等操作，为绘制图形提供了一种方便快捷的编辑操作途径。

4.6.1　夹点的设置

A　执行方式

菜单栏：〖工具〗菜单→〖选项〗选项→〖选择集〗命令。

绘图区：单击右键，弹出下拉菜单→〖选项〗→〖选择集〗。

命令行：输入"OPTIONS 或 OP"→按〖Enter〗键。

B　操作格式

命令：options

弹出"选项"对话框，选中〖选择集〗选项卡，如图 4-64 所示。

C　选项说明

（1）夹点尺寸。通过滑动移动块来设置夹点的大小。

（2）夹点颜色。设置夹点的颜色。

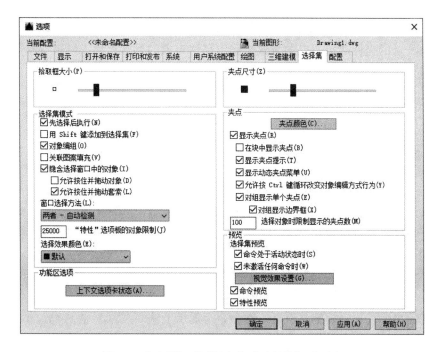

图 4-64 "选项"对话框中的〖选择集〗选项卡

（3）显示夹点。勾选该选项时，在选择图形对象时，图形上显示出夹点；反之，图形上不显示夹点。

例如，在默认情况下，块的夹点是关闭的，此时选择块时只显示一个夹点，打开时将显示块上的所有夹点。

4.6.2 使用夹点拉伸对象

在不执行任何命令的情况下，显示其夹点，然后单击其中一个夹点作为拉伸的基点。通过将选中夹点移动到新位置以拉伸对象。

命令行提示：

∗∗拉伸∗∗

指定拉伸点或［基点（B）/复制（C）/放弃（U）/退出（X）］：

默认情况下，指定拉伸点（可以通过输入点的坐标或者直接用鼠标指针拾取点）后，AutoCAD 将把对象拉伸或移到新的位置。

某些对象夹点只能移动对象而不能拉伸对象，如文字、块、直线中点、圆心、椭圆中心和点对象上的夹点。

4.6.3 使用夹点移动对象

移动对象仅仅是位置上的移动，对象的方向和大小并不会改变。要精确地移动对象，可使用捕捉模式、坐标、夹点和对象捕捉模式。在夹点编辑模式下确定基点后，在命令行提示下输入"MO"进入移动模式。

命令行提示：

移动

指定移动点或［基点(B)/复制(C)/放弃(U)/退出(X)］：

通过输入点的坐标或拾取点的方式来确定平移对象的目标点后，既可以基点为平移的起点，以目标点为终点将所选对象平移到新位置。

4.6.4　使用夹点旋转对象

在夹点编辑模式下，确定基点后，在命令行提示下输入"RO"进入旋转模式。

命令行提示：

旋转

指定移动点或［基点(B)/复制(C)/放弃(U)/参照(R)/退出(X)］：

默认情况下，输入旋转的角度值后或通过拖动方式确定旋转角度后，即可将对象绕基点旋转指定角度。也可以选择"参照"选项，以参照方式旋转对象，这与"旋转"命令中的"对照"选项功能相同。

4.6.5　使用夹点缩放对象

在夹点编辑模式下，确定基点后，在命令行提示下输入"SC"进入缩放模式。

命令行提示：

缩放

指定比例因子或［基点(B)/复制(C)/放弃(U)/参照(R)/退出(X)］：

默认情况下，确定缩放的比例因子后，AutoCAD 将相对于基点进行缩放对象操作。将比例因子大于 1 时放大对象，当比例因子大于 0 小于 1 时缩小对象。

4.6.6　使用夹点镜像对象

与"镜像"命令的功能类似，镜像操作后将删除源对象。在夹点编辑模式下确定基点后，在命令行提示下输入"MI"进入镜像模式。

命令行提示：

镜像

指定第二点或［基点(B)/复制(C)/放弃(U)/退出(X)］：

指定镜像线上的第二点后，AutoCAD 将以基点作为镜像线上的第一点，以新指定的点作为镜像线上的第二点，镜像对象并删除源对象。

说明：在进行夹点编辑时，可以直接拖动图形的一个夹点进行拉伸操作。选择夹点后，按一次〖Enter〗键，可进行移动操作；连续按两次〖Enter〗键可进行旋转操作；连续按三次〖Enter〗键可进行比例缩放操作；连续按四次〖Enter〗键可镜像操作；在镜像操作提示下，再按〖Enter〗键，则又回到拉伸操作状态，依次循环。

综 合 练 习

(1) 在 AutoCAD 2016 中，选择对象的方式有几种，如何快速选择对象？

(2) 什么是路径阵列，如何使用路径阵列？

(3) 拉伸和拉长有什么区别？

（4）重做和重生成有什么区别？

（5）夹点编辑的操作有哪几种？

（6）绘制三心拱巷道断面图，如图 4-65 所示（图中尺寸设定仅为绘图参考，圆弧标注为外圆弧）。

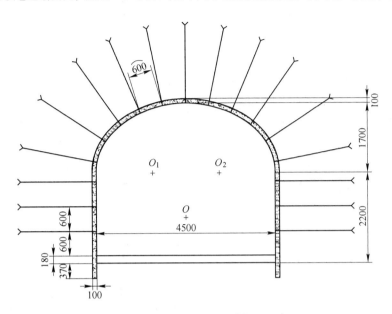

图 4-65　三心拱巷道断面

（7）绘制风扇扇叶，如图 4-66 所示。

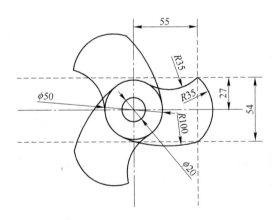

图 4-66　风扇扇叶

5 精 确 绘 图

AutoCAD 2016 提供了许多绘图工具，为了使绘图更加快速与精准，该系统软件提供了精准绘图工具。有时虽然可以通过输入点的坐标来精确地定位，但坐标的计算和输入也许会相当麻烦。精确绘图工具可以使大部分的坐标输入工作转移到鼠标的单击上来，通过这些工具一方面可以借助光标实现点的精确定位，能显著提高绘图效率；另一方面，可以利用精确绘图工具生成一些复杂线条，快速准确地解决解析几何问题。

AutoCAD 2016 的精确绘图工具包括捕捉、栅格、正交、对象捕捉和对象捕捉追踪以及极轴追踪等。

5.1 草图设置对话框

"草图设置"对话框是用来对精确绘图工具进行设置的，它包括捕捉和栅格、极轴追踪、对象捕捉、三维对象捕捉、动态输入、快捷特性和选择循环。

A 执行方式

菜单栏：〖工具〗菜单→〖草图设置〗。

命令栏：输入"DSETTINGS"→按〖Enter〗或〖Space〗键。

状态栏：鼠标右键单击〖栅格〗、〖捕捉〗、〖对象捕捉〗和〖极轴追踪〗等按钮，并从弹出的快捷菜单中选择〖设置〗选项。

B 操作格式

命令：

DSETTINGS　　　　　　　　//调用"草图设置"命令，系统弹出"草图设置"对话框如图 5-1 所示

C 选项说明

"草图设置"对话框包括〖捕捉和栅格〗、〖极轴追踪〗、〖对象捕捉〗、〖三维对象捕捉〗、〖动态输入〗、〖快捷特性〗和〖选择循环〗7 个选项卡。

（1）捕捉和栅格。选项卡内容主要分两部分：

1）"捕捉"选项为了精确地在绘图区捕捉点（启用捕捉可以在屏幕上生成一个隐含的栅格，栅格能约束光标落在隐含的栅格的节点上。

2）"栅格"选项使绘图区域显示可见的网格，像坐标纸一样铺在绘图区域。

（2）极轴追踪。按指定的极轴角或极轴角的倍数对齐要指定点的路径。

（3）对象捕捉。用于绘制二维图形时精确地选择某些特定的点。

（4）三维对象捕捉。用于绘制三维图形时精确地选择某些特定的点。

（5）动态输入。可以在绘图区域直接动态地输入绘制对象的参数。

（6）快捷特性。用于显示所选中图形对象的基本参数，选中对象时会弹出"快捷特性"对话框。

图 5-1 "草图设置"对话框

（7）选择循环。允许选择重叠的图形对象。例如先后绘制两条重叠的直线，在默认情况下，会选中后一次绘制的对象，使用选择循环后可以改变为选中前一次的对象。

5.2 捕捉与栅格

"捕捉模式"可用于设定光标移动间距，"栅格显示模式"则可以提供直观的距离和位置参考。一般情况下捕捉与栅格一起使用。

5.2.1 捕捉的使用与设置

捕捉可以使光标按照事先设置的距离移动。由于捕捉命令能强制光标按设置的距离移动，因此可以精确的在绘图区域内拾取与捕捉间距成倍数的点。当栅格间距和捕捉间距设置成相等的时候，效果就十分明显。

A   执行方式

菜单栏：〖工具〗菜单→〖草图设置〗选项→〖捕捉和栅格〗选项卡→〖启用捕捉〗。

命令栏：输入"SNAP"→按〖Enter〗或〖Space〗键。

状态栏：单击"捕捉模式"按钮▦（仅限于打开与关闭）。

快捷键：〖F9〗（仅限于打开与关闭）或〖Ctrl + B〗组合键。

B   操作格式

命令：

DSETTINGS   //调用"草图设置"命令，系统弹出"草图设置"对话框，选择"捕捉和栅格"选项卡，如图 5-2 所示

C   选项说明

〖捕捉和栅格〗选项卡，如图 5-2 所示，用户可以设置选项卡中"捕捉"的选项和参

图 5-2 〖捕捉和栅格〗选项卡（捕捉设置）

数。选项卡中各选项的作用说明如下：

（1）启用捕捉。可以选择打开或是关闭捕捉。

（2）捕捉间距选项区。可以确定捕捉栅格点在水平和垂直两个方向上的间距。

（3）极轴间距选项区。只有在极轴捕捉类型时才用，可在极轴距离文本框中输入距离值。

（4）捕捉类型选项区。可以选择"栅格捕捉""矩形捕捉""等轴测捕捉"和"PolarS-nap"捕捉类型。它们的作用说明如下：

1）栅格捕捉。指按正交位置捕捉位置点。

2）矩形捕捉。捕捉栅格是标准的矩形。

3）等轴测捕捉。捕捉栅格和光标十字线不再互相垂直，而是成绘制等轴测图时的特定角度。这种方式对于绘制等轴测图是十分方便的。

4）PolarSnap。可以根据设置的任意极轴角捕捉位置点。

5.2.2　栅格的使用与设置

用户可以应用显示栅格工具使绘图区域上出现可见的网格，它是一个形象的画图工具，就像传统的坐标纸一样。

A　执行方式

菜单栏：〖工具〗菜单→〖草图设置〗选项→〖捕捉和栅格〗选项卡→〖启用栅格〗。

命令栏：输入"GRID"→按〖Enter〗或〖Space〗键。

状态栏：单击"显示栅格"按钮▦（仅限于打开与关闭）。

快捷键：〖F7〗（仅限于打开与关闭）或按〖Ctrl + G〗组合键。

B　操作格式

命令：

DSETTINGS　　//调用"草图设置"命令，系统弹出"草图设置"对话框，选择"捕捉和栅格"
　　　　　　　　选项卡，如图 5-3 所示

图 5-3　〖捕捉和栅格〗选项卡（栅格设置）

C　选项说明

在状态栏中单击"显示栅格"按钮 ⊞，或在〖捕捉和栅格〗选项卡选中"启用栅格"选项，则在绘图区可出现栅格，图 5-4 所示为点栅格，图 5-5 所示为线栅格。

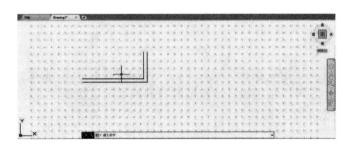

图 5-4　点栅格

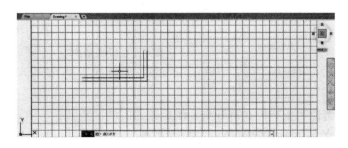

图 5-5　线栅格

用户可以设置选项卡中"栅格"的选项和参数。选项卡中各选项的作用说明如下：

（1）启用栅格。可以选择打开或是关闭栅格。

（2）栅格样式选项区。可以设置为点栅格或线栅格。

（3）栅格间距选项区。可以设置栅格在水平与垂直方向的间距。各选项作用说明如下：

1）栅格 X 轴间距。设置栅格在 X 轴方向上的显示间距。

2）栅格 Y 轴间距。设置栅格在 Y 轴方向上的显示间距。

3）每条主线之间的栅格数。微调按钮用于指定主栅格线相对于次栅格线的频率，只有当栅格显示为线栅格时才有效。

（4）栅格行为选项区。可以设置栅格显示时的有关特性。各选项作用说明如下：

1）自适应栅格。在视图缩小和放大时，将自动控制栅格显示的比例。

2）允许以小于栅格间距的间距再拆分。控制在视图放大时是否允许生成更多间距更小的栅格线。

3）显示超出界线的栅格。设置是否显示超出"LIMITS"命令指定的图层界线之外的栅格。

4）遵循动态 UCS。可更改栅格平面，以跟随 UCS 动态的 XY 平面。

5.3　正交模式与极轴追踪

"正交模式"和"极轴追踪"是两个相对的模式。正交模式将光标限制在水平和垂直方向上移动；而极轴追踪则使光标按指定角度移动，如果配合使用极轴捕捉，那么光标将沿着极轴角度按指定增量移动。

5.3.1　正交模式

正交模式也称正交锁定，在正交模式下，只能画出平行于 X 轴或平行于 Y 轴的直线。在绘图和编辑过程中，可以根据设计情况随时打开或关闭正交模式，在输入坐标或指定对象捕捉时将忽略正交。

A　执行方式

命令行：输入"ORTHO"→按〖Enter〗或〖Space〗键。

状态栏：单击"正交限制光标"按钮 。

快捷键：〖F8〗或〖Ctrl + O〗组合键。

B　操作格式

命令：ORTHO　　　　　　　　　　　　//调用正交模式命令

输入模式［开(ON)/关(OFF)］<关>:ON　　//选择"开"选项，打开正交模式

C　功能示例

【例5-1】　举例说明正交模式打开与关闭后绘图时的区别。

在正交打开与关闭情况下分别点击 A 点和 B 点。

（1）关闭正交点击 A 点和 B 点，如图5-6（a）所示。

（2）打开正交点击 A 点和 B 点，如图5-6（b）所示。

说明：正交模式处于关闭状态时，点击 A 点和 B 点绘制的直线将是两点间的连线；

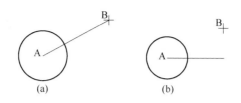

图 5-6　关闭或打开正交绘图

正交模式处于打开状态时，点击 A 点和 B 点绘制的直线将是两点间的连线在水平或垂直方向上的投影长度的线，而具体投影在哪个方向上取决于两点间连线与水平或垂直方向的夹角大小。

5.3.2　极轴追踪使用与设置

极轴追踪是按事先给定的角度增量来追踪点。当要求指定一个点时，系统将按事先设置的角度增量来显示一条无限延伸的辅助线，用户可以沿着辅助线追踪得到光标点。

A　执行方式

菜单栏：〖工具〗菜单→〖草图设置〗选项→〖极轴追踪〗选项卡→〖启用极轴追踪〗。

状态栏：单击"极轴追踪"按钮 ⊙（仅限于打开与关闭），点击 ˙→正在追踪设置。

命令行：输入"DSETTINGS"→极轴追踪。

快捷键：〖F10〗（仅限于打开与关闭）。

B　操作格式

命令：

DSETTINGS　　　　　　//调用"草图设置"命令，系统弹出"草图设置"对话框，选择"极轴追踪"选项卡，如图5-7所示

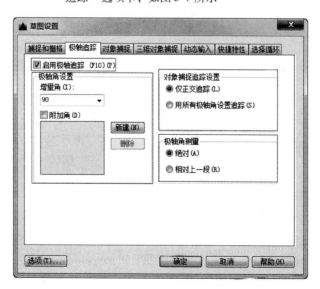

图 5-7　〖极轴追踪〗选项卡

极轴追踪设置的一般步骤：

（1）在状态栏中的〖极轴追踪〗按钮处右击，显示下拉菜单，单击〖正在追踪设置〗。

（2）弹出"草图设置"对话框，如图 5-7 所示，则可以设置选项卡中的选项和参数。

C 选项说明

〖极轴追踪〗选项卡，如图 5-7 所示，用户可以设置选项卡中"极轴追踪"的选项和参数。选项卡中各选项的作用说明如下：

（1）启用极轴追踪。可以选择打开或是关闭极轴追踪。

（2）极轴角设置选项区。用于设定极轴追踪的对齐角度。各选项作用说明如下：

1）增量角。用来选择极轴追踪对齐路径的极轴角增量。既可以输入任意角，也可以从下拉列表中选择 90、45、30、22.5、18、15、10 或 5 等常用角度。这里设置的是增量角，即选择某一角度后，将在这一角度的整数倍角度方向显示极轴追踪的对齐路径。

例如，选择 30°增量角，则会在 0°、30°、60°、90°等方向上显示对齐路径。

2）附加角。对极轴追踪使用列表中设定的附加角度，单击〖新建〗按钮，可添加新的角度（最多添加 10 个附加极轴追踪对其角度），附加角设置是绝对的，即如果设置 12°，那么除了在增量教的整数倍方向上显示对齐路径外，还将在 12°方向显示。单击〖删除〗按钮，可删除选定的角度。

（3）对象捕捉追踪设置选项区。可以设置对象捕捉追踪选项。

1）仅正交追踪。若对象捕捉追踪已打开，则仅显示已获得的对象捕捉点的正交对象捕捉追踪路径。

2）用所有极轴角设置追踪。将极轴追踪设置应用于对象捕捉追踪。使用对象捕捉追踪时，光标将从获取的对象捕捉点起沿极轴对齐角度进行追踪。

（4）极轴角测量选项区。可以设置测量极轴追踪对齐角度的基准。

1）绝对。根据当前 UCS 确定极轴追踪角度，如图 5-8 所示，在绘制完一条与 UCS 的 0°方向成一定角度的直线后，极轴追踪的对齐角度仍然以 UCS 的 0°方向为 0°方向。

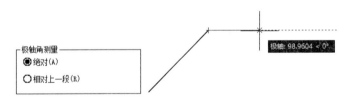

图 5-8 设置极轴角的测量基准之"绝对"

2）相对上一段。表示根据上一条直线确定极轴追踪角度，如图 5-9 所示，在绘制完一条与 UCS 的 0°方向成一定角度的直线后，极轴追踪的对齐角度以上一条直线的方向为 0°方向。

D 功能示例

【例 5-2】 举例介绍极轴角设置的一般步骤。

（1）在状态栏中的〖极轴追踪〗按钮处右击，显示下拉菜单，单击〖正在追踪设置〗。

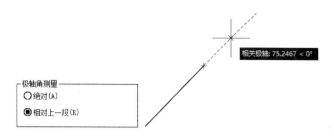

图5-9 设置极轴角的测量基准之"相对上一段"

（2）弹出"草图设置"对话框，如图5-10所示。

图5-10 〖极轴追踪〗选项卡之"极轴角设置"

（3）在"增量角"下拉表框中选择30，在"附加角"中单击〖新建〗添加附加角12°，然后单击〖确定〗按钮，如图5-11所示。

（4）绘制直线AB，如图5-11（a）所示。再以A点为起点绘制直线AC（将光标移动

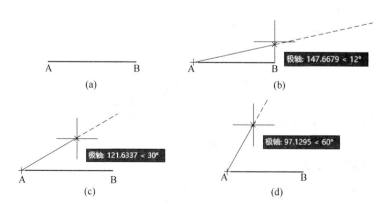

图5-11 极轴角设置

到 A 点的 12°方向，如图 5-11（b）所示），然后再以 A 点为起点绘制直线 AD（将光标移动到 A 点的 30°方向，如图 5-11（c）所示），最后再以 A 点为起点绘制直线 AF（将光标移动到 A 点的 60°方向，如图 5-11（d）所示）。

5.4　对象捕捉与对象捕捉追踪

"对象捕捉"和"对象捕捉追踪"都是针对指定对象上的特征点的精确定位工具。使用对象捕捉与对象捕捉追踪可以快速准确的捕捉到对象上的一些特征点，或捕捉到根据特征点偏移出来的一系列点，此外，还可以很方便的解决绘图过程中的解析几何问题。

5.4.1　对象捕捉

对象捕捉功能用于辅助用户精确地拾取图形对象上的某些特定点。当处于对象捕捉模式时，只要将光标移动到特征点附近，就会显示捕捉标记和捕捉提示。

常用的对象捕捉模式有端点、中点、圆心、几何中心、节点、象限点、交点、范围、插入、垂足、切点、最近点、外观交点和平行。

5.4.1.1　对象捕捉的设置

A　执行方式

菜单栏：〖工具〗菜单→〖草图设置〗选项→〖对象捕捉〗选项卡→〖启用对象捕捉〗。

命令行：输入"DSETTINGS"→〖对象捕捉〗或输入"OSNAP"→按〖Enter〗键。

状态栏：单击"对象捕捉"按钮▯（用于打开与关闭），点击·→〖对象捕捉设置〗。

快捷键：〖F3〗或〖Ctrl + F〗组合键（用于打开与关闭）；〖Shift + 鼠标右键〗→〖对象捕捉设置〗。

B　操作格式

命令：

DSETTINGS　　　　　　//调用"草图设置"命令，系统弹出"草图设置"对话框，选择"对象捕捉"选项卡，如图 5-12 所示

C　选项说明

〖对象捕捉〗选项卡，如图 5-12 所示，用户可以设置选项卡中"对象捕捉"的选项和参数。选项卡中各选项的作用说明如下：

（1）启用对象捕捉。可以选择打开或是关闭对象捕捉。

（2）启用对象捕捉追踪。打开或关闭自动追踪功能。

（3）对象捕捉模式选项区。此选项组中列出各种捕捉模式的复选框。选中某个复选框，则相应的模式被激活。捕捉模式常用的捕捉类型的作用说明如下：

1）端点。捕捉对象的一个离拾取点最近的端点。

2）中点。捕捉线段的中点。

3）圆心。捕捉圆弧、圆、椭圆弧、椭圆的中心点。

4）几何中心。捕捉图形的几何中心。

5）节点。捕捉由 POINT 命令绘制的点对象。

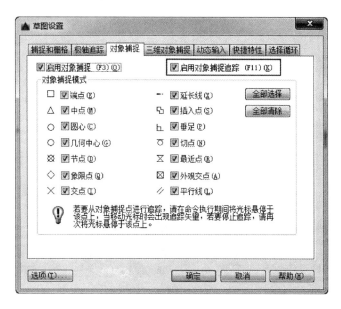

图 5-12 〖对象捕捉〗选项卡

6）象限点。捕捉圆弧、圆、椭圆弧、椭圆上的象限点。

7）交点。捕捉两个对象的交点。

8）插入点。捕捉一个块、文本对象或外部引用等的插入点。

9）垂足。捕捉从预定点到与所选择对象所作垂线的垂足。

10）切点。捕捉与圆弧、圆、椭圆弧、椭圆及样条曲线相切的切点。

11）最近点。捕捉线条对象上离光标最近的点。

点击〖选项〗按钮，会弹出"选项"对话框显示〖绘图〗选项卡，如图 5-13 所示，利用该对话框可决定捕捉模式的各项设置。

各选项作用的说明如下：

（1）自动捕捉设置。

1）标记。用来打开或关闭显示捕捉标记，以表示目标捕捉的类型和指示捕捉点的位置。该复选框选中后，当靶框经过某个对象时，则该对象上符合条件的捕捉点上就会出现相应的标记。

2）磁吸。用来打开或关闭自动捕捉磁吸。捕捉磁吸帮助把靶框锁定在捕捉点上。

3）显示自动捕捉工具栏提示。用来打开或关闭捕捉提示。

4）显示自动捕捉靶框。用来控制是否显示靶框。

5）自动捕捉标记颜色。控制捕捉标记的显示颜色。

（2）自动捕捉标记大小。用于控制捕捉标记的大小。

（3）对象捕捉选项。

1）忽略图案填充对象。指定是否可以捕捉到图案填充对象。

2）忽略尺寸界限。指定是否可以捕捉到尺寸界限。

3）对动态 UCS 忽略 Z 轴负向的对象捕捉。指定使用动态 UCS 期间对象捕捉忽略具

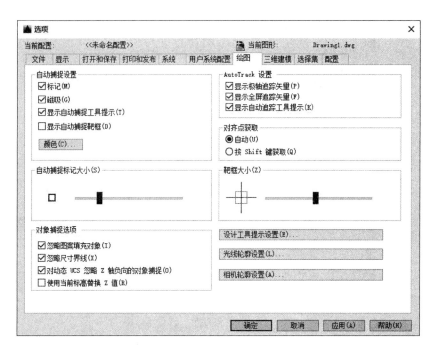

图 5-13　"选项"对话框〖绘图〗选项卡

有负 Z 值的几何体。

4）使用当前标高替换 Z 值。指定对象捕捉忽略对象捕捉位置的 Z 值，并使用当前使用 UCS 设置的标高的 Z 值。

（4）AutoTrack 设置。

1）显示极轴追踪矢量。当极轴追踪打开时，将沿指定角度显示一个矢量。

使用极轴追踪，可以沿角度绘制直线。极轴角是 90°的约数，例如，45°、30°和 15°。

2）显示全屏追踪矢量。追踪矢量是辅助用户按特定角度或按与其他对象的特定关系绘制对象的线。

3）显示自动追踪工具提示。控制自动捕捉标记、工具提示和磁吸的显示。

（5）对起点获取。

1）自动。当靶框移动到对象捕捉上时，自动显示追踪矢量。

2）按〖Shift〗键获取。按〖Shift〗键将靶框移动到对象捕捉上时，将显示追踪矢量。

（6）靶框大小。用于设置靶框的大小。左右拖动滑块，就可以减小或增大靶框。

D　功能示例

【例 5-3】　举例介绍捕捉切点的一般步骤。

（1）绘制的两个大小不同的圆，如图 5-14（a）所示。

（2）在状态栏中的〖对象捕捉〗按钮处右击，显示下拉菜单，选择〖切点〗，如图 5-14（b）所示。

（3）选择绘制直线，将光标移到大圆处，光标自动磁吸到圆上并显示对象捕捉标记，此时单击即可指定切点为直线的第一点。

（4）继续移动光标，使光标移动到小圆上，光标自动磁吸到圆上并显示对象捕捉标记和目标名字〖递延切点〗，如图 5-14（c）所示，单击此处即可。同样可画出另一条公切线，绘制结果如图 5-14（d）所示。

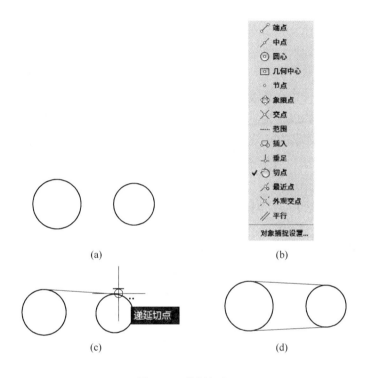

图 5-14　捕捉切点

5.4.1.2　对象捕捉工具栏

A　执行方式

菜单栏：〖工具〗菜单→〖工具栏〗选项→〖AutoCAD〗选项→〖对象捕捉〗。

B　操作格式

调用对象捕捉工具栏命令，系统打开对象捕捉工具栏对话框，如图 5-15 所示。

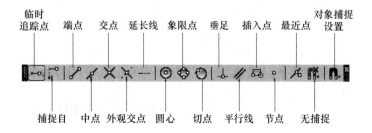

图 5-15　对象捕捉工具栏

C 选项说明

用户在绘图过程中，要熟悉对象捕捉工具栏中各个按钮所对应的选项名称。该对话框显示了常用的对象捕捉特征点，当需要指定捕捉点时，可以点击对象捕捉工具栏中对应的选项按钮，再把光标移到对象捕捉对象上的特征点附近，即可捕捉到相应的对象特征点。

5.4.2 对象捕捉追踪

在打开对象捕捉追踪功能之前，必须先打开对象捕捉功能。对象捕捉追踪可以帮助用户按照指定的角度或按照与其他对象的特定关系绘制对象。当对象捕捉追踪打开时，可以对其路径临时以精确的位置和角度创建对象。

对象捕捉追踪可以和极轴追踪功能联合启用。默认情况下，极轴追踪是不打开的，即只追踪对象在垂直和水平方向上的点。要打开该选项，可在"草图设置"对话框的〖极轴追踪〗选项卡上将"用所有极轴角设置追踪"单选按钮选中。

A 执行方式

菜单栏：〖工具〗菜单→〖草图设置〗选项→〖对象捕捉〗选项卡→〖启用对象捕捉追踪〗。

状态栏："对象捕捉追踪"按钮 ∠（仅限于打开与关闭）。

命令行：输入"DDOSNAP"命令→按〖Enter〗键。

快捷键：〖F11〗（仅限于打开与关闭）。

B 操作格式

命令：DDOSNAP　　　　　　　　//调用"对象捕捉追踪"命令，系统打开"草图设置"对话框
　　　　　　　　　　　　　　　　中的"对象捕捉"选项卡，如图5-16所示

图5-16 "草图设置"对话框〖对象捕捉〗选项卡

5.5 动 态 输 入

动态输入模式是 AutoCAD 中一种高效的输入模式，它在绘图区域的光标附近提供直观的命令界面。

当启用动态输入模式时，工具提示将在光标附近动态的显示更新信息，当运行命令时，还可以在工具提示界面中指定选项和值。这和在命令行中所进行的动作实际上是一样的，区别在于动态输入可以让用户的注意力集中在光标附近，但动态输入不会取代命令窗口。用户可以隐藏命令窗口以增加更多的绘图区域，但是有些操作还是需要显示命令窗口。

A 执行方式

菜单栏：〖工具〗菜单→〖草图设置〗选项→〖动态输入〗选项卡。

命令行：输入 "DSETTINGS"→动态输入。

状态栏：单击 "动态输入" 按钮 （仅限于打开与关闭）。

快捷键：〖F12〗（仅限于打开与关闭）。

B 操作格式

命令：

DSETTINGS　　　　　　　//调用 "草图设置" 命令，系统弹出 "草图设置" 对话框，选择 "动态输入" 选项卡，如图 5-17 所示

图 5-17 〖动态输入〗选项卡

C 选项说明

〖动态输入〗选项卡，如图 5-17 所示，用户可以设置选项卡中 "动态输入" 的选项和参数。选项卡中各选项的作用说明如下：

（1）启用指针输入。可以选择打开或是关闭指针输入。

（2）指针输入选项区。可以对指针输入进行设置。

单击此处〖设置〗按钮，弹出"指针输入设置"对话框，如图 5-18 所示，可以控制指针输入工具提示的设置，对指针的格式和可见性进行设置。

图 5-18 "指针输入设置"对话框

若指针输入处于启用状态且命令正在运行，十字光标的坐标位置将显示在光标附近的工具提示输入框中，此时可以在工具提示中输入坐标，而不用在命令行上输入。

要在工具提示中输入坐标，务必要注意：第二个点和后续点的默认设置为相对极坐标，不需要输入"@"符号；如果需要使用绝对坐标，则使用"#"符号前缀。

例如，要将对象移到原点，则在提示输入第二个点时，输入"#0，0"。

（3）可能时启用标注输入。可以选择打开或是关闭标注输入。启用标注输入时，当命令提示用户输入第二个点或距离时，将显示标注和距离值与角度值的工具提示，标注工具提示中的值将随光标的移动而更改。此时，用户可以在工具提示中输入值，而不用在命令上输入值。

（4）标注输入选项区。标注输入不适用于某些提示输入第二点的命令。在此选项中单击〖设置〗按钮，将弹出"标注输入的设置"对话框，如图 5-19 所示，从而控制标注输入工具提示的设置。

（5）动态提示选项区。需要时将在光标旁边显示工具提示中的提示，以完成命令。

在十字光标附近显示命令提示和命令输入：可以在光标附近显示命令提示。

用户可以在工具提示中输入响应，按向下箭头键可以查看和选择选项，按向上箭头键可以显示最近输入。

如果要在动态提示工具中使用粘贴文字，则输入字母，然后在粘贴输入之前用退格键将其删除；否则，输入将作为文字粘贴到图形中。

图 5-19 "标注输入的设置"对话框

（6）绘图工具提示外观。单击〖绘图工具提示外观〗按钮，则弹出"工具提示外观"对话框，如图 5-20 所示，可以控制工具提示的外观，包括颜色、大小、透明度以及应用范围等特性。

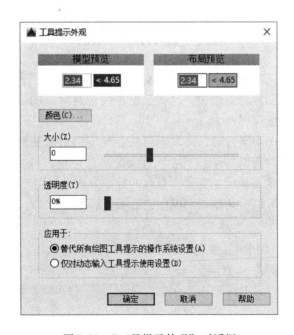

图 5-20 "工具提示外观"对话框

D 功能示例

【例 5-4】 举例介绍动态输入的一般步骤。

（1）在状态栏中，单击启用〖动态输入〗。

（2）在功能区〖默认〗选项卡的〖绘图〗面板中单击"圆心、半径"按钮，如图

5-21（a）所示。

（3）在要求指定圆心时，输入坐标为＜330，580＞（输入一个坐标按〖Tab〗键，最后按〖Enter〗键），如图5-21（b）所示。

（4）在要求指定半径时，输入"80"，如图5-21（c）所示，最后按〖Enter〗键，完成制图，如图5-21（d）所示。

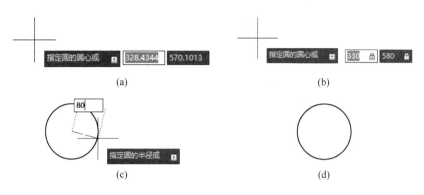

图5-21　动态输入命令调用

提示：在绘图区选中某个点时，如果工具栏提示挡住需要查看的对象，可以按〖F12〗键暂时关闭动态输入功能，松开〖F12〗键可恢复动态输入功能。

5.6　查看图形信息

在创建图形对象时，系统不仅在屏幕上绘出该图像，同时还建立了关于该对象的一组数据，并将它们保存到图形数据库中。这些数据不仅包含对象的层、颜色和线型等信息，而且还包含对象的坐标值等属性。

在绘图操作或管理图形文件时，经常需要从各种图形对象获取各种信息。通过查询，可从这些数据中取得大量有用的信息，可以查询距离、半径、角度、面积、体积、面域、列表、点坐标、时间、状态和设置变量。查询的操作方式类似，下面主要介绍距离、面积和点坐标的查询，用户可以对其他查询操作进行类似练习。

A　执行方式

功能区：〖默认〗选项卡→〖实用工具〗面板→〖测量〗选项。

菜单栏：〖工具〗菜单→〖查询〗选项，如图5-22所示。

命令行：输入"MEASUREGEOM"→按〖Enter〗或〖Space〗键。

B　操作格式

命令：_MEASUREGEOM　　　　　　　　　　　　　　　//调用查询命令

输入选项［距离（D）/半径（R）/角度（A）/面积（AR）/体积（V）]＜距离＞：　　//选择查询类型

C　选项说明

调用查询命令后，在命令行中有5个选项供选择，它们的作用说明如下：

（1）距离。用于查询空间中任意两点间的距离和角度。

（2）半径。用于查询圆或圆弧的半径。

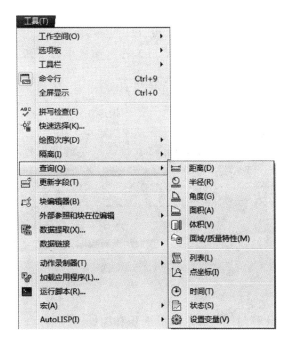

图 5-22 〖工具〗菜单〖查询〗选项

（3）角度。用于查询圆弧、圆及直线的夹角。

（4）面积。用于查询区域的面积和周长。

（5）体积。用于查询实体包围的三维空间总量。

5.6.1 查看距离

图形上两点之间的距离和角度的查询命令用"DIST"，当用此命令查询对象的长度时，查询的是三维空间的距离，无论拾取的两个点是否在同一平面上，两点之间的距离总是基于三维空间的。

A 执行方式

功能区：〖默认〗选项卡→"实用工具"面板→"距离"按钮🔙。

菜单栏：〖工具〗菜单→〖查询〗选项→〖距离〗。

命令行：输入"DIST"→按〖Enter〗或〖Space〗键。

B 操作格式

命令：_MEASUREGEOM //调用查询命令

输入选项[距离(D)/半径(R)/角度(A)/面积(AR)/体积(V)]<距离>:D

//选"距离"选项

指定第一点： //指定待测距离的第一个点

指定第二个点或[多个点(M)]： //指定待测距离的第二个点

距离 = 1670.0118,XY 平面中的倾角 = 0,与 XY 平面的夹角 = 0,

X 增量 = 1669.9957,Y 增量 = − 7.3177,Z 增量 = 0.0000 //显示两点间的距离和夹角信息

C 功能示例

【例 5-5】 查询图 5-23 所示线段的长度。

(1) 在〖默认〗选项卡中，选择"实用工具"面板中的"距离"按钮⊨。

(2) 然后按命令行进行操作：

命令：DIST

指定第一点：   //指定 A 点为第一点

指定第二个点或［多个点（M）］：   //指定 B 点为第二点

距离 = 215.5046，   XY 平面中的倾角 = 0，   与 XY 平面的夹角 = 0

X 增量 = 215.5046，   Y 增量 = 0.0000，   Z 增量 = 0.0000

A ━━━━━━━━━ B

图 5-23   查询距离对象

5.6.2 查看面积

面积查询命令可以计算封闭边界形成的面积和周长，并进行相关的代数运算。

A 执行方式

功能区：〖默认〗选项卡→"实用工具"面板→"面积"按钮⊟。

菜单栏：〖工具〗菜单→〖查询〗选项→〖面积〗。

命令行：输入"AREA"→按〖Enter〗或〖Space〗键。

B 操作格式

命令：_MEASUREGEOM   //调用查询命令

输入选项［距离（D）/半径（R）/角度（A）/

面积（AR）/体积（V）］< 距离 >：AR   //选"面积"选项

指定第一个角点或［对象（O）/增加面积（A）/

减少面积（S）/退出（X）］< 对象（O）>：O //选择"对象"选项

选择对象：   //在绘图区选择待测面积的对象,例如"圆"

区域 = 72047.0946,圆周长 = 951.5096   //显示对象的面积和周长

C 选项说明

(1) 增加面积。使用该选项计算某个面积时，系统除了查询该面积和周长外，还在总面积中加上该面积。使用该选项执行的结果如图 5-24（a）所示。

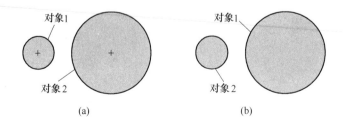

(a)   (b)

图 5-24   "增加面积"和"减小面积"选项

命令：_MEASUREGEOM	//调用查询命令
输入选项[距离(D)/半径(R)/角度(A)/	
面积(AR)/体积(V)] <距离>：_area	//选择"面积"选项
指定第一个角点或[对象(O)/	
增加面积(A)/减少面积(S)/退出(X)] <对象(O)>：A	//使用"增加面积"选项
指定第一个角点或[对象(O)/	
减少面积(S)/退出(X)]：O	//选择"对象"选项
("加"模式)选择对象：	//选择对象1
区域=1256.6371,圆周长=125.6637	
总面积=1256.6371	//显示对象1的周长和面积
("加"模式)选择对象：	//选择对象2
区域=7853.9816,圆周长=314.1593	//对象2的周长
总面积=9110.6187	//显示对象1和2的面积和

（2）减少面积。使用该选项计算某个面积时，系统除了查询该面积的和周长外，还在总面积中减去该面积。使用该选项执行的结果如图5-24（b）所示。

命令：MEASUREGEOM	//调用查询命令
输入选项[距离(D)/半径(R)/角度(A)/	
面积(AR)/体积(V)] <距离>：AR	//选择"面积"选项
指定第一个角点或[对象(O)/	
增加面积(A)/减少面积(S)/退出(X)] <对象(O)>：A	//使用"增加面积"选项
指定第一个角点或[对象(O)/	
减少面积(S)/退出(X)]：O	//选择"对象"选项
("加"模式)选择对象：	//选择对象1
区域=7853.9816,圆周长=314.1593	
总面积=7853.9816	//显示对象1的周长和面积
指定第一个角点或[对象(O)/	
减少面积(S)/退出(X)]：S	//选择"减少面积"选项
指定第一个角点或[对象(O)/	
增加面积(A)/退出(X)]：O	//选择"对象"选项
("减"模式)选择对象：	//选择对象2
区域=1256.6371,圆周长=125.6637	//对象2的周长
总面积=6597.3446	//对象1和对象2的面积差

D　功能示例

【例5-6】　查询图5-25所示圆形的面积。

（1）在〖默认〗选项卡中，选择"实用工具"面板中的"面积"按钮 。

（2）然后按命令行进行操作：

命令：AREA	
指定第一个角点或[对象(O)/增加面积(A)/	
减少面积(S)] <对象(O)>：	//按〖Enter〗键
选择对象：	//选择圆
区域=7853.9816,圆周长=314.1593	

图5-25　查询
面积对象图

5.6.3　查看坐标值

坐标查询可以查询某点在绝对坐标系中的坐标值。

A　执行方式

功能区：〖默认〗选项卡→"实用工具"面板→"点坐标"按钮 。

菜单栏：〖工具〗菜单→〖查询〗选项→〖点坐标〗。

命令行：输入"ID"→按〖Enter〗或〖Space〗键。

B　操作格式

命令：ID   //调用"点坐标"查询命令

指定点：   //在绘图区选择需要查询坐标的点

X = 8487.8172　Y = 2581.6481　Z = 0.0000   //显示点坐标值

C　功能示例

【例5-7】　查询图5-26所示圆形的点坐标。

（1）在〖菜单栏〗中选择〖工具〗下拉菜单〖查询〗中的〖点坐标〗。

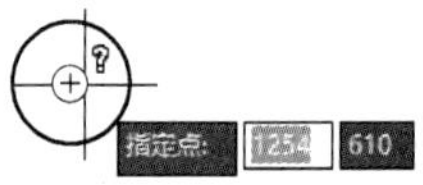

图 5-26　查询点坐标对象

（2）然后按命令行进行操作：

命令：ID

指定点：   //指定圆心

X = 1254.0000　Y = 610.0000　Z = 0.0000

5.6.4　查看列表

AutoCAD中的列表显示命令用来显示任何对象的当前特性，如图层、颜色、样式等。此外，根据选定对象的不同，该命令还将给出相关的附加信息。

A　执行方式

菜单栏：〖工具〗菜单→〖查询〗选项→〖列表〗。

命令行：输入"List"→按〖Enter〗或〖Space〗键。

B　操作格式

命令：LIST   //调用列表显示命令

选择对象:找到1个   //在绘图区域选择对象

选择对象：   //确定选择对象,以圆为例,如图5-27所示

圆   //对象为圆

图层:"0"   //对象所在图层为0

空间:模型空间   //当前为模型空间

句柄 = 274   //以十六进制数表示,在图形数据库中作为对象的标识

圆心点,X = 15097.9577,Y = -2575.1259,Z = 0.0000   //圆心坐标值

半径 6218.4455   //圆的半径值

周长 39071.6457   //圆的周长值

面积 121482450.5969   //圆的面积

图 5-27　选择圆对象

综 合 练 习

（1）草图设置对话框包含哪几个选项卡？

（2）如何设置和使用捕捉和栅格功能？

（3）什么是极轴追踪，什么是对象捕捉追踪？

（4）如何缩放图形使其能够最大限度地充满视口？

（5）如何设置和使用自动追踪和捕捉功能？

（6）如何查询图形的尺寸距离和面积？绘制图 5-28 所示图形，并查询长度和面积。

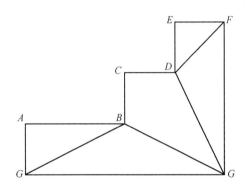

图 5-28　图形长度和面积的查询

6 图层与图形特性

图层是用户组织和管理图形的强有力工具。AutoCAD 2016 中，所有图形对象都具有图层、颜色、线型和线宽这 4 个基本属性。

用户可以设置不同的图层、颜色、线型和线宽来绘制不同的图形对象，并且能很方便地控制对象的显示和编辑，提高绘制复杂图形的效率和准确性。

6.1 AutoCAD 图层认识基础

6.1.1 图层绘图思想

一个图层就如同一张透明的图纸，将各个图层上绘制完成的图形对象重叠在一起即可成为一个完整的图形。

例如，第一个图层（透明图纸 1）上绘制图形对象中心线，第二个图层（透明图纸 2）上绘制图形对象圆，两个图层叠加得到最终图形，如图 6-1 所示。

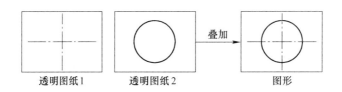

透明图纸1　　　　透明图纸2　　　　　图形

图 6-1　图层绘图思想

6.1.2 图层绘图基本步骤

（1）根据有关线型、线宽、颜色、状态等属性信息将图形划分为若干类图形对象。

（2）为每一类图形对象创建对应图层并根据图形对象特性完成图层属性设置。

（3）在对应图形对象图层完成图形对象绘制。

6.1.3 认识图层特性

用户在使用图层功能时，首先需要设置图层的各项特性，主要包括新建图层、置为当前图层、删除图层、图层是否关闭和冻结、是否锁定、图层的颜色和线型、图层的线宽和透明度等。

A　执行方式

功能区：〖默认〗选项卡→"图层"面板→〖图层特性〗按钮，如图 6-2 所示。

菜单栏：〖格式〗菜单→〖图层〗命令。

命令行：输入"LAYER 或 LA"→按〖Enter〗或〖Space〗键。

图 6-2　图层面板

B　操作格式

命令：LAYER　　　　　//调用"LAYER"命令，弹出"图层特性管理器"对话框，如图 6-3 所示

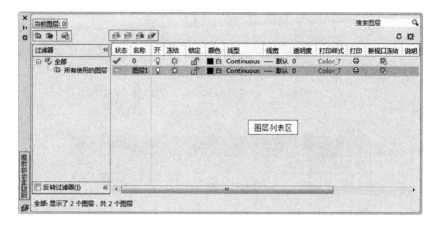

图 6-3　"图层特性管理器"对话框

C　选项说明

（1）新建图层。用于创建新图层。新图层将继承图层列表中当前选定图层的特性（颜色、开或关的状态等）。

（2）删除图层。用于删除选定图层。只能删除未被参照的图层。

参照的图层包括图层 0 和 DEFPOINTS、包含对象（包括块定义中的对象）的图层、当前图层以及依赖外部参照的图层。

（3）置为当前。将选定图层设定为当前图层。将在当前图层上绘制创建的对象。

（4）新建特性过滤器。可根据图层的一个或多个特性创建图层过滤器。单击该选项所对应的图标，系统会打开"图层过滤器特性"对话框，如图 6-4 所示。用户可以根据需要设置过滤器定义，例如设置颜色，就可以将具有相同颜色的图层过滤出来。

（5）新建组过滤器。创建图层过滤器，其中包含选择并添加到该过滤器的图层。

（6）图层状态管理器。显示图层状态管理器，从中可以将图层的当前特性设置保存到一个命名图层状态中，以后可以再恢复这些设置，下次使用时如果需要就可以恢复后继续使用。单击该选项所对应的图标，系统将打开"图层状态管理器"对话框，如图 6-5 所示，在对话框中单击〖新建〗按钮就可以新建一个图层状态，点〖编辑〗按钮可以打开图层列表并设置各图层的状态。

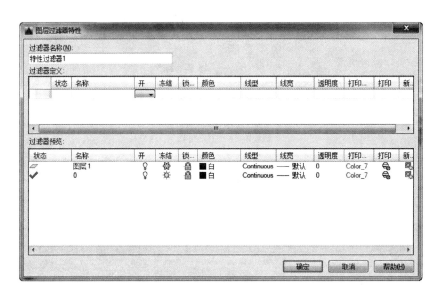

图 6-4 "图层过滤器特性"对话框

图 6-5 "图层状态管理器"对话框

（7）过滤器。显示图形中图层和过滤器的层次结构列表。

（8）反过滤器。显示所有不满足选定图层特性过滤器中条件的图层。

（9）设置。显示图层设置对话框。点击选项对应的图标，系统将打开"图层设置"对话框，如图 6-6 所示，用户从中可以设置新图层通知设置、是否将图层过滤器更改应用于"图层"工具栏以及更改图层特性替代的背景色。

（10）"图层列表区"是〖图层特性管理器〗对话框中的重要组成部分。在"图层列

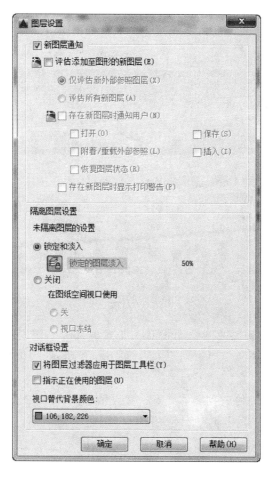

图 6-6 "图层设置"对话框

表区"可显示已创建的图层及其特性。单击列表中的某一图层的特性所对应的图标，可以修改该图层的对应的特性。图形列表区中各项的作用说明如下：

1）状态。显示图层是否置为当前状态。状态列表下出现 ✔，表示该图层为当前图层。

2）名称。显示所创建的图层的名称。

3）开。用于控制图层的打开或关闭。此选项对应的图标为 💡，如果图标颜色是黄色亮显，则表示该图层处于打开状态；如果图标颜色为灰色，则表示该图层处于关闭状态。

4）冻结。用于控制图层的冻结与解冻。此选项对应的图标为 ☼ 或 ❄，如果 ☼ 图标显示，则表示图层处于解冻状态；如果 ❄ 图标显示，则表示图层处于冻结状态。

5）锁定。用于控制图层的锁定与解锁。如果对应的图标显示为 🔓，则表示该图层处于非锁定状态；如果对应的图标显示为 🔒，则表示该图层处于锁定状态。

6）颜色。用于显示和修改图层的颜色。如果想修改某图层的颜色，单击对应的颜色图标，系统将打开"选择颜色"对话框，如图 6-7 所示，用户可以选择所需的颜色。

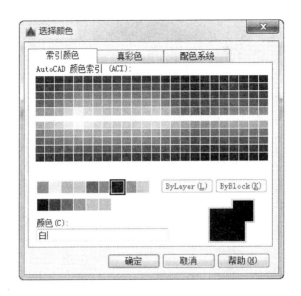

图 6-7　"选择颜色"对话框

7）线型。用于显示和修改图层的线型。如果想修改某图层的线型，单击对应的线型图标，系统将打开"选择线型"对话框，如图 6-8 所示，用户可以从中选择所需的线型。

8）线宽。用于显示和修改图层的线宽，宽度值从 0mm 到 2.11mm。如果想修改某图层的线宽，单击对应的线宽图标，系统将打开"线宽"对话框，如图 6-9 所示，用户可以从中选择所需的线宽。

图 6-8　"选择线型"对话框

图 6-9　"线宽"对话框

9）透明度。用于控制显示图层的透明度。如果想修改某图层的透明度，单击对应的透明度图标，系统将打开"图层透明度"对话框，如图 6-10 所示，用户可以根据需要设置图层的透明度。

10）打印样式。用于修改图层的打印样式。打印样式即打印图形时的各项属性设置。

11）打印。用于控制所选图层是否可被打印。如果对应的图标显示为⊖，则表示该图层的图形能打印输出；如果图标显示为⊖，则表示该图层的图形虽然显示但并不能打印输出。

12）新视口冻结。视口冻结新创建视口中的图形。

13）说明。用于更改整个图形中的说明。

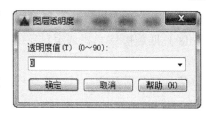

图 6-10 "图层透明度"对话框

6.2 图 层 面 板

用户在使用图层绘制图形时，图层特性的设置可以在"图层特性管理器"对话框中完成。为了绘图方便，用户在绘图时也可以在"图层"面板中更改图层特性，点击"图层"面板中各选项对应的图形按钮，可以快速完成图层特性的设置。

A　执行方式

功能区：〖默认〗选项卡→〖图层〗面板，如图 6-11 所示。

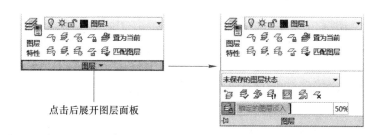

图 6-11　图层面板

B　选项说明

（1）图层特性。管理图层和图层特性。点击对应的图形按钮，系统打开图层特性管理器。

（2）图层列表。用于选择图形中定义的图层和图层设置，以便将其置为当前。点击列表后的图，下拉列表展开，如图 6-12 所示。

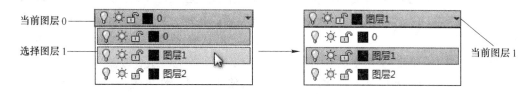

图 6-12　图层列表

（3）置为当前。将当前图层设置为选定对象所在的图层。可以通过选择某一图层上的对象来更改该图层置为当前图层。

（4）匹配图层。将选定对象的图层更改为与目标图层相匹配。

如果在错误的图层上创建了对象，可以通过选择目标图层上的对象来更改该对象的图层。执行匹配图层命令的结果如图 6-13 所示。

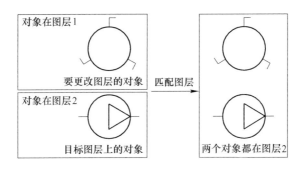

图 6-13　匹配图层结果

（5）关。该选项对应的图形符号为 🔲，用于关闭选定对象的图层，关闭后可使该对象不可见。

如果在处理图形时需要不被遮挡的视图，或者如果不想打印细节（例如参考线），则可使用此命令。

（6）打开所有图层。该选项对应的图形符号为 🔲，用于打开图形中的所有图层。之前关闭的所有图层将全部打开，在这些图层上创建的对象将全部可见，除非这些图层被冻结。

（7）隔离。该选项对应的图形符号为 🔲，用于隐藏或锁定除选定对象的图层之外的所有图层。

（8）取消隔离。该选项对应的图形符号为 🔲，用于恢复使用隔离命令隐藏或锁定的所有图层。

（9）冻结。该选项对应的图形符号为 🔲，用于冻结选定对象的图形。在大型图形中，冻结不需要的图层将加快显示和重生成的操作速度。

（10）解冻所有图层。该选项对应的图形符号为 🔲，用于解冻之前所有冻结的图层。

（11）锁定。该选项对应的图形符号为 🔲，用于锁定对象的图层，可以防止意外修改图层上的对象。

（12）解锁。该选项对应的图形符号为 🔲，用于解锁选定对象的图层。用户可以选择锁定图层上的对象并解锁该图层，而无需指定该图层的名称。可以选择和修改已解锁图层上的对象。

（13）上一个。该选项用于放弃对图层设置的上一个或上一组更改。

（14）更改为当前图层。该选项用于将选定对象的图层特性更改为当前图层。如果发现在错误的图层上创建的对象，可以将其快速更改到当前图层上。

（15）将对象复制到新图层。该选项用于将一个或多个对象复制到其他图层上。

（16）图层漫游。该选项用于显示选定图层上的对象，并隐藏所有其他图层上的对象。选择该选项将打开显示包含图形中所有图层的列表的对话框，如图 6-14 所示，对于包含大量图层的图形，用户可以过滤显示在该对话框中的图形列表。使用此命令可以检查每个图层上的对象和清理未参照的图层。

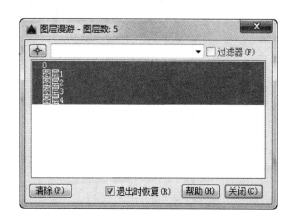

图 6-14 "图层漫游"对话框

（17）视口冻结。该选项此选项将自动化使用图层特性管理器中的视口冻结的过程。

（18）合并。该选项将选定图层合并为一个目标图层，从而将以前的图层从图形中删除。用户可以通过合并图层来减少图形中的图层数。

（19）删除。该选项用于删除图层上的对象并清理图层。此命令还可以更改使用要删除的图层的块定义，还会将该图层上的对象从所有块定义中删除并重新定义受影响的块。

6.3 创建并设置图层

创建图层是在"图层特性管理器"对话框中进行的，在"图层特性管理器"对话框中可以创建图层、设置图层的颜色、线型和线宽等属性，以及其他的设置和管理。

A 执行方式

功能区：〖默认〗选项卡→"图层"面板→〖图层特性〗按钮。

菜单栏：〖格式〗菜单→〖图层〗命令。

命令行：输入"LAYER 或 LA"→按〖Enter〗或〖Space〗键。

B 操作格式

a 打开"图层特性管理器"对话框

命令：LAYER　　　　　　　　//调用"LAYER"命令,弹出"图层特性管理器"对话框,如图 6-15 所示

b 创建并设置新图层

执行 LAYER 命令后，打开图层特性管理器对话框，单击新建按钮，创建一个图层。

在图层名处于激活的状态下直接输入图层名字（例如边框线）并按〖Enter〗键或者单击对话框空白处完成确定操作；如果要对已经编辑完成的图层名进行修改，可单击激活图层名，重新命名，如图 6-16 所示。

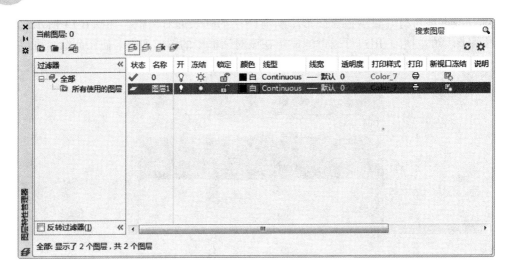

图 6-15 "图层特性管理器"对话框

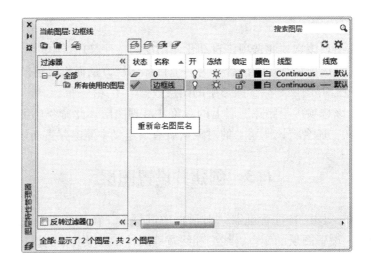

图 6-16 输入新的图层名

在"图层特性管理器"对话框中单击图层对应的"颜色"属性项，打开"选择颜色"对话框，然后选择需要的图层颜色（默认颜色为白色），这里我们选择红色，如图6-17 所示。

单击对话框上的〖确定〗按钮，即可将图层的颜色设置为选择的颜色，如图 6-18所示。

在"图层特性管理器"对话框中单击图层对应的"线型"属性项，打开"选择线型"对话框，然后单击〖加载〗按钮，如图 6-19 所示。

在打开的"加载或重载线型"对话框中选择需要加载的线型，然后打击〖确定〗按钮，如图 6-20 所示。

将选择线型加载到"选择线型"对话框中后，在选择线型对话框中选择需要的线型，如图 6-21 所示。然后单击〖确定〗按钮，即可完成线型的设置。

图 6-17 选择颜色

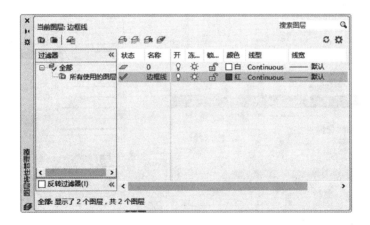

图 6-18 修改图层颜色

图 6-19 单击加载按钮

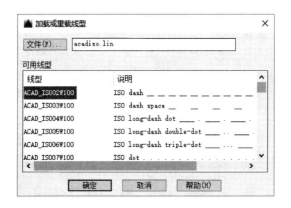

图 6-20　选择要加载的按钮

在"图层特性管理器"对话框中单击"线宽"属性项，打开"线宽"对话框，选择需要的线宽，如图 6-22 所示。然后单击〖确定〗按钮，即可完成线宽的设置，如图 6-23 所示。

图 6-21　选择线型

图 6-22　选择线宽

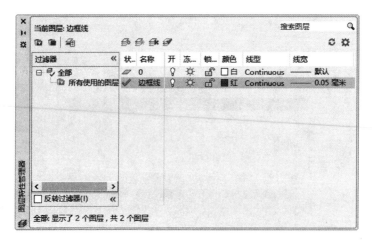

图 6-23　更改线宽

6.4 使 用 图 层

6.4.1 置为当前图层

AutoCAD 2016 中，当前图层是指正在使用的图层，用户绘制图形的对象将存在于当前层上。默认情况下，在"图层"面板中显示当前层的状态信息。

A　执行方式

设置当前图层有如下两种常用方法：

（1）在"图层特性管理器"对话框中选择需设置为当前层的图层，再单击"置为当前"按钮，被设为当前层的图层前面有 ✔ 标记，如图 6-24 所示。

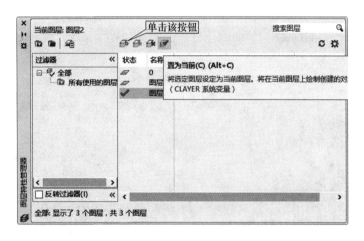

图 6-24　设置当前图层

（2）在"图层"面板中单击"图层控制"下拉按钮，在弹出的下拉列表框中选择需要设置为当前层的图层，如图 6-25 所示。

图 6-25　指定当前图层

需要注意的是，当选择了某个对象时，图层工具栏显示的是此对象所在的图层，但此图层不一定是当前层，图层工具栏显示的图层会随选择对象变化，如果没有重新设置，置为当前的图层是不会变的。

6.4.2 切换图形对象所在图层

切换图形所在图层，即将某一个图层内的图形转换至另一个图层，同时使其颜色、线型、线宽等特性发生改变。

例如，将图层 1 中的图形转换到图层 2 中去，被转换后图形颜色、线型、线宽将拥有图层 2 的属性。

转换图层时，先在绘图区中选择需要转换图层的图形，然后单击"图层"面板中的"图层控制"下拉按钮，在弹出的列表中选择要将对象转换到的目标图层即可。

6.4.3　控制图层

在绘制过于复杂的图形时，将暂时不用的图层进行关闭或冻结等处理，可以方便进行绘图操作。

6.4.3.1　打开/关闭图层

在绘图过程中，可以将图层中的对象暂时隐藏起来，或将隐藏的对象显示出来。隐藏图层中的图形将不能被选择、编辑、修改、打印。

默认情况下，0 图层和创建的新图层都处于打开状态，通过以下两种方式可以关闭图层。

在"图层特性管理器"对话框中单击要关闭图层前面的图标，图层前面的图标将转变为图标，表示该图层已关闭，如图 6-26 所示。

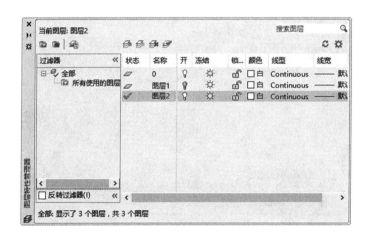

图 6-26　关闭"图层 2"（1）

在"图层"面板中单击"图层控制"下拉列表中的"开关图层"图标，图层前面的图标将转变为图标，表示该图层已关闭，如图 6-27 所示。

如果关闭的图层是当前图层，将弹出询问对话框，如图 6-28 所示，在对话框中选择关闭当前图层选项即可。如果不需要对当前图层执行关闭操作，可以单击使当前图层保持打开状态。

当前图层被关闭后，在"图层特性管理器"对话框中单击图层前面的"开"图标，或在"图层"面板中单击"图层控制"下拉列表中的"开/关图层"图标，可以打开被关闭的图层，此时在图层前面的图标转变为图标。

6.4.3.2　冻结/解冻图层

将图层中不需要进行修改的图层进行冻结处理，可以避免这些图形受到错误操作的影响。另外，冻结图层可以在绘图过程中减少系统生成图形的时间，从而提高计算机的速度。因此，在绘制复杂的图形时冻结图层非常重要，被冻结的图层对象将不能被选择、编辑、修改、打印。

在默认情况下，0 图层和创建的图层都处于解冻状态，用户可以通过以下两种方法将指定的图层冻结。

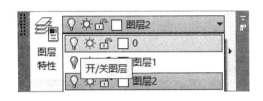

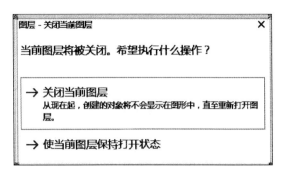

图 6-27　关闭"图层 2"（2）　　　　　　　　　图 6-28　询问对话框

在"图层特性管理器"对话框中，单击要冻结图层前面的"冻结"图标☀，图标☀将变为图标❀，表示该图层已经被冻结，如图 6-29 所示。

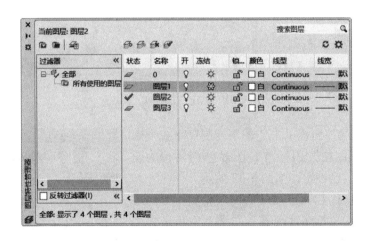

图 6-29　冻结"图层 1"（1）

在"图层"面板中单击"图层控制"下拉列表中的在"所有视口冻结/解冻图层"图标☀，图层前面的图标☀将转变为图标❀，表示该图层已经被冻结，如图 6-30 所示。

当图层被冻结后，在"图层特性管理器"对话框中单击图层前面的"解冻"图标❀，或在"图层"面板中单击"图层控制"下拉列表中的"在所有视口中冻结/解冻"图标❀，可以解冻被冻结的图层，此时在图层前面的图标❀将转变为图标☀。

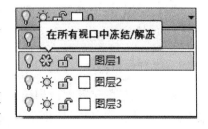

图 6-30　冻结"图层 1"（2）

提示：由于绘制图形操作是在当前图层上进行的，因此，不能对当前的图层进行冻结操作。如果用户对当前图层进行了冻结操作，系统将给予无法冻结的提示。

6.4.3.3 锁定/解锁图层

锁定图层可以将该图层中的对象锁定。锁定图层后，图层上的对象仍然处于显示状态，但是用户无法对其进行选择、编辑、修改等操作。

在默认情况下，0 图层和创建的图层都处于解锁状态，可以通过以下两种方法将图层锁定。

（1）在"图层特性管理器"对话框中单击要锁定图层前面的"锁定"图标，图标将转变为图标，表示该图层已经被锁定，如图 6-31 所示。

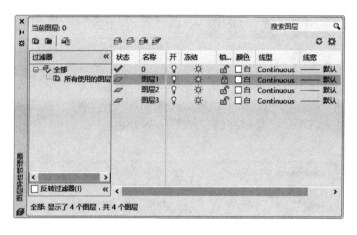

图 6-31 锁定"图层 1"（1）

（2）在"图层"面板单击"图层控制"下拉列表中的"锁定/解锁图层"图标，图标将转变为图标，表示该图层已锁定，如图 6-32 所示。

解锁图层的操作和锁定图层的操作相似。当图层被锁定后，在"图层特性管理器"对话框中单击图层前面的"解锁"图标，或在"图层"面板中单击"图层控制"下拉列表中的"锁定/解锁图层"图标，可以解锁锁定的图层，此时在图层前面的图标将转变为图标。

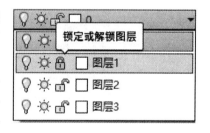

图 6-32 锁定"图层 1"（2）

6.4.4 保存与调用图层状态

在绘制图形的过程中，创建好图层并设置好图层参数后，可以将图层的设置保存下来，方便创建相同或相似的图层时直接进行调用，从而提高绘图效率。图层的设置包括图层状态（如冻结或解冻）和图层特性（如颜色和线型）。

A 执行方式

功能区：〖默认〗选项卡→"图层"面板→〖图层特性〗→打开"图层特性管理器"对话框→单击〖图层状态管理器〗按钮，如图 6-33 所示。

菜单栏：〖格式〗菜单→〖图层状态管理〗命令。

命令行：输入"LAYERSTATE"→按〖Enter〗或〖Space〗键。

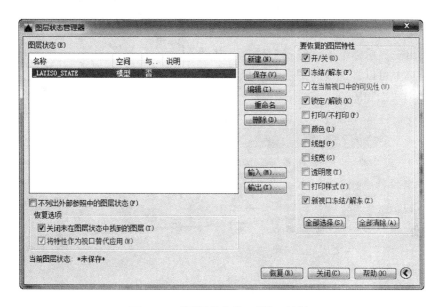

图 6-33 "图层状态管理器"对话框

B 选项说明

（1）图层状态管理。将图形中的当前图层设置另存为图层状态，然后便可以恢复、编辑、输入和输出图层状态以在其他图形中使用。

（2）图层状态。将列出图形中已保存的图层状态。

（3）不列出外部参照中的图层状态。排除保存在外部参照图形中的图层状态。

（4）新建。显示"要保存的新图层状态"对话框，如图 6-34 所示，通过提供名称、输入可选说明，可以在该对话框中创建图层状态。

图 6-34 "要保存的新图层状态"对话框

（5）保存。将图形中的当前图层设置保存到选定的图层状态，如图 6-35 所示，从而替换以前保存的设置。"要恢复的图层特性"设置也将作为图层状态的一部分保存。当用户在"图层状态"列表中选择此图层状态时，复选框将会更新以匹配保存的设置。

（6）编辑。显示"编辑图层状态"对话框，如图 6-36 所示，从中可以修改选定的图层状态，随后它将自动保存。

（7）重命名。重命名选定的图层状态。

（8）删除。删除选定的图层状态。

（9）输出。显示标准文件选择对话框，如图 6-37 所示，从中可以将选定的图层状态保存到图层状态（LAS）文件中。

图 6-35　"覆盖图层状态"对话框

图 6-36　"编辑图层状态"对话框

图 6-37　"输出图层状态"对话框

（10）输入。显示一个标准文件选择对话框，您可以在其中选择 DWG、DWS、DWT

文件，或先前输出的图层状态（LAS）文件。选择要输入的文件后，将显示"选择图层状态"对话框，从中可以选择要输入的图层状态，如图 6-38 所示。

图 6-38 "输入图层状态"对话框

（11）恢复。恢复保存在指定的图层状态中的图层设置，具体取决于在"要恢复的图层特性"列中选中哪些设置。

（12）关闭。关闭图层状态管理器。

（13）要恢复的图层特性。在恢复指定的图层状态后，仅应用指定的图层特性设置。

（14）全部选择或删除。选择或删除所有图层特性设置。

说明： 在编辑图层状态时，无法编辑保存在外部参照中的图层状态。

保存图层状态时的当前图层将被设置为当前图层。如果图层已不存在，则不会更改当前图层。

当从图层状态（LAS）文件输入图层设置时，如果图层状态从 LAS 文件输入，且包含图形中不存在的线型或打印样式特性，将显示一条消息，通知无法恢复特性。该消息仅报告所遇到的第一个此种特性。

当从其他图形输入保存的图层设置时，如果图层状态从图形输入，则当前图形中不可用的图层特性（例如线型或打印样式）将从源图形输入。

6.5 管 理 图 层

图层管理包括图层排序、查找图层、重命名图层和图层过滤等操作。

6.5.1 图层排序

在"图层特性管理器"中，单击图层列表框顶部的标题，可以将图层按照状态、名称等属性进行排序，以方便图层的查看和查找。

　　例如，单击列表框顶部"名称"标题，图层将按照图层名称首字母顺序进行排序，这和 Windows 系统文件管理器类似，如图 6-39 所示。

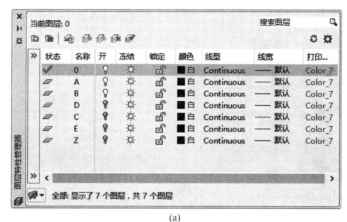

(a)

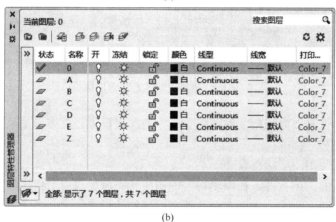

(b)

图 6-39　图层排序

6.5.2　查找图层

　　AutoCAD 只能按照图层名称进行图层查找，在"图层特性管理器"对话框右上角有一个搜索文本框，在其中输入图层名称关键字，即可快速查找到图层名称中含有输入关键字的所有图层。

6.5.3　图层过滤器

　　图层过滤即按照一定条件对图层进行筛选。AutoCAD 图层过滤器是根据图层的属性项（名称、颜色、线型、线宽、打开与关闭、冻结与解冻等）对图层进行筛选和显示的功能。

　　（1）开"图层特性管理器"对话框，单击"新建特性过滤器"按钮，创建图层特性过滤器，如图 6-40 所示。

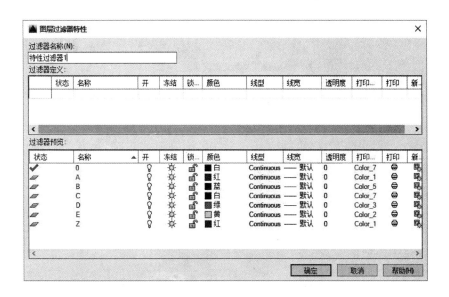

图 6-40 "新建图层特性过滤器"对话框

（2）命名新建过滤器名称（举例不做改变，使用默认名称）。

（3）定义过滤器属性。单击标题下方矩形框位置，弹出对应属性对话框，选择筛选条件，如图 6-41 所示。

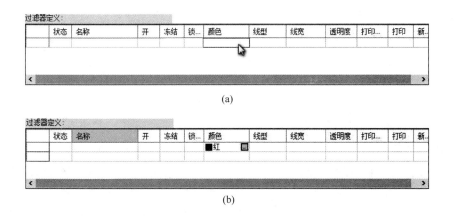

图 6-41 选择筛选条件

（4）单击"图层过滤器特性"确定按钮，返回"图层特性管理器"对话框，即可看到新建的过滤器和过滤之后的图层，如图 6-42 所示。

6.5.4 图层组过滤器

单击"图层特性管理器"选项板左上角的"新建组过滤器"按钮，新建"组过滤器1"，如图 6-43 所示。更改"组过滤器1"为所需的图层组名，然后在"所有使用的图层"列表中选中需要的图层，将其拖至新建图层组即可。

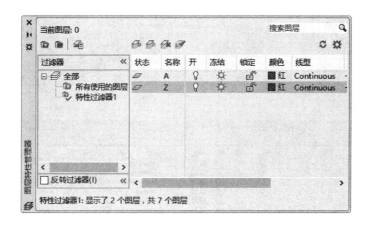

图 6-42   过滤器设置完成

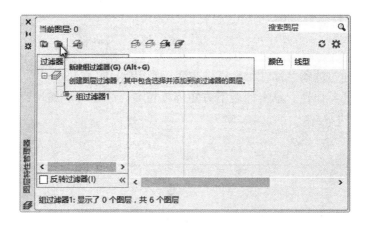

图 6-43   新建组过滤器

6.5.5 删除图层

在 AutoCAD 中进行图形绘制时，将不需要的图层删除，便于对有用的图层进行管理。删除图层的方法如下：

（1）在"图层特性管理器"对话框中选择需要删除的图层名称，然后单击"删除图层"按钮即可。

（2）在"图层特性管理器"对话框中选择需要删除的图层，单击右键，在弹出的快捷菜单中选择〖删除图层〗命令，即可删除所选择的图层。

6.6 图 形 特 性

图层中图形对象特性包含基本特性和几何特性。基本特性包括对象的颜色、线型和线宽等，几何特性包括对象的尺寸、控制点和位置等。

用户可以在功能区〖默认〗选项卡的"特性"面板中对图形的特性进行设置。

6.6.1 图形特性选项板

A 执行方式

功能区：〖默认〗选项卡→"特性"选项面板→单击右下角小箭头，如图 6-44 所示。

菜单栏：〖修改〗菜单→〖特性〗命令。

命令行：输入 "PROPERTIES 或 PRO"→按〖Enter〗或〖Space〗键。另外 CH、MO、PROPS、DDPROPP 以及 DDMODIFY 命令也可以打开特性选项板。

快捷键：组合键〖Ctrl + 1〗。

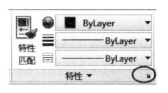

图 6-44 特性面板

B 选项说明

"特性"选项板如图 6-45（a）所示，特性选项板默认处于浮动状态，在特性选项的标题栏上右击，将弹出一个快捷菜单，可通过该快捷菜单对特性选项板进行相关设置，包括锚固点位置、是否自动隐藏等。

"特性"选项板中显示了当前选择集中对象的所有特性和特性值，当对象选择集合中包含多个对象时，将显示它们的共有特性，特性不同显示"多种"，如图 6-45（b）所示。

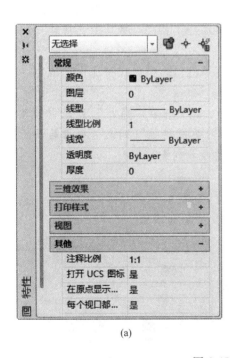

(a)

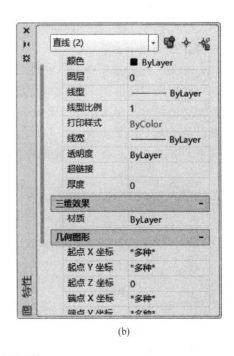

(b)

图 6-45 "特性"选项板

在特性选项板上部有一个下拉列表和三个按钮，它们的作用说明如下：

（1）所选对象列表。显示所选中的对象。在该列表中可以快速选择可供编辑的对象类型。

（2）切换 PICKADD 系统变量的值。按 键用于控制 Pickadd 的打开或关闭，它的值将影响选择多个对象的方法。当处于默认状态下时（设为1），可以不断选择对象，并且将它们都加入到选择集中。而当其设置为关的状态时（设为0），则必须按住〖Shift〗键才能将其加入到选择集中，否则后选择的对象将替代先前所选择的对象。

（3）选择对象。按 ⊕ 键用于选择要在"特性"选项板中编辑的对象。

（4）快速选择。按 ▦ 键用于打开"快速选择"对话框，根据对象特性来选择对象。点击按钮后，系统将打开"快速选择"对话框，如图6-46所示。其中各选项作用说明如下：

1）应用到。将过滤条件应用于整个图形或当前选择。默认情况下将应用到整个图形，用户也可以点击选择对象图标 ⊕，点击后临时关闭对话框，允许用户选择要对其应用过滤条件的对象。

2）对象类型。指定要包含在过滤条件中的对象类型。

3）特性。指定过滤器的对象特性。此列表包括选定对象类型的所有可搜索特性。选定的特性决定"运算符"和"值"中的可用选项。

4）运算符。控制过滤的范围。根据选定的特性，选项可包括"等于""不等于""大于""小于"和"通配符匹配"。

5）值。指定过滤器的特性值。

对象特性选项板中的列表选项主要包括"常规""三维效果""打印样式""视图"以及"其他"五个选项，当选择不同对象时，列表选项显示也不相同。将其中"常规"和"视图"的作用说明如下：

（1）常规。在此选项中可以更改对象的图层、颜色、线型、线型比例、线宽、文字样式、打印样式等属性。

例如，选择对象为圆，特性面板如图6-47所示，用户可在"常规"列表中修改对象的特性，单击某个列表选项，在文本框输入新值即可更改特性（列表选项名后面的图标表示列表是否展开，点击 + 将展开列表，点击 − 将收起列表）。

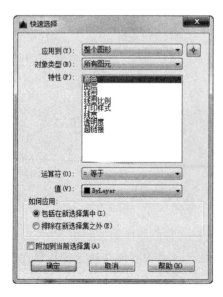

图6-46　"快速选择"对话框

图6-47　特性面板"常规"列表

（2）视图。用于显示所选对象的几何尺寸。

例如，所选对象为圆时，视图选项如图 6-48 所示，此时视图选项名称为"几何图形"，列表选项显示了圆心坐标、半径、直径、周长、面积以及法向坐标等，用户可以点击其中的选项，在文本框中输入新值更改圆的特性。

6.6.2 对象颜色

用户在绘制图形时可以设置图形对象的颜色，Auto-CAD 中可用颜色有 255 种，主要包括随层和随块两类。ByLayer（随层）表示对象与其所在图层颜色一致，By-Block（随块）表示对象与其所在块颜色一致。

A 执行方式

功能区：〖默认〗默认选项卡→"特性"面板→"对象颜色"下拉列表，如图 6-49 所示。

菜单栏：〖格式〗菜单→〖颜色〗命令，如图 6-50 所示。

命令行：输入"COLOR"→按〖Space〗键。

图 6-48 特性面板"几何图形"列表

图 6-49 特性面板中"对象颜色"下拉列表

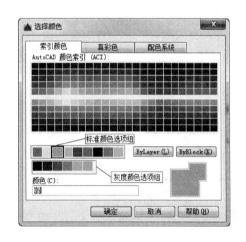

图 6-50 "选择颜色"对话框

B 选项说明

当使用"特性"面板中的对象颜色选项时，其下拉列表中会显示"ByLayer""By-Block""索引颜色""最近使用的颜色"以及"更多颜色"选项。它们的作用说明如下：

（1）ByLayer。用于将对象指定与其所在图层相同的值。

（2）ByBlock。用于将对象指定与其所在块颜色一致。

（3）索引颜色。用于选择要置为当前的颜色（如果未选定任何对象），或更改选定对象的颜色。

（4）最近使用的颜色。用于选择要置为当前的颜色（如果未选定任何对象），或更改选定对象的颜色。

（5）更多颜色。用于选择要置为当前的颜色（如果未选定任何对象），或更改选定对象的颜色。点击后系统将打开"选择颜色"对话框。

"选择颜色"对话框中包含〖索引颜色〗、〖真彩色〗和〖配色系统〗三个选项板。它们的选项作用说明如下：

（1）索引颜色选项板。用户可以在系统所提供的 255 种颜色索引表中选择所需要的颜色。其选项板中包含 "AutoCAD 颜色索引"、〖ByLayer〗和〖ByBlock〗按钮、"颜色"三个选项，如图 6-51 所示。

图 6-51   〖索引颜色〗选项板

1）AutoCAD 颜色索引。从 AutoCAD 颜色索引中指定颜色。如果将光标悬停在某种颜色上，该颜色的编号及其红、绿、蓝值将显示在调色板下面。单击一种颜色以选中它，或在"颜色"框里输入该颜色的编号或名称。

大的调色板显示编号从 10 到 249 的颜色；

第二个调色板显示编号从 1 到 9 的颜色，这些颜色既有编号也有名称；

第三个调色板显示编号从 250 到 255 的颜色，这些颜色表示灰度级。

2）索引颜色。将光标悬停在某种颜色上时，指示其 ACI 颜色编号。

3）ByLayer 和 ByBlock 按钮。单击这两个按钮时，颜色将按图层或图块进行设置。

这两个按钮只有在设定了图层颜色或图块颜色后才能使用。

4）颜色。所选颜色的名称显示在所对应的文本框中，也可以直接在该文本框中直接输入颜色代号值来选择颜色。

（2）真彩色选项板。使用真彩色（24 位颜色）指定颜色设置（使用色调、饱和度和亮度颜色模式［HSL］或红、绿、蓝颜色模式［RGB］），如图 6-52 所示。使用真彩色功能时，可以使用一千六百多万种颜色。"真彩色"选项卡上的可用选项取决于指定的颜色模式（HSL 或 RGB）。

点击选项下方的"颜色模式"下拉列表，可指定使用"HSL"或"RGB"颜色模式

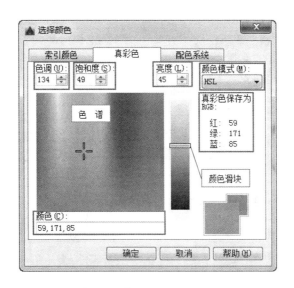

图 6-52 〖真彩色〗选项板（HSL 颜色模式）

来选择颜色。

1）当指定使用 HSL 颜色模式来选择颜色时，色调、饱和度、亮度是颜色的特性，如图所示。通过设置这些特性值，用户可以指定一个很宽的颜色范围。

① 色调。指定颜色的色调。色调表示可见色谱内光的特定波长。

要指定色调，可使用色谱或在"色调"框中指定值。调整该值会影响 RGB 值。色调的有效值为 0 到 360 度。

② 饱和度。指定颜色的饱和度。高饱和度会使颜色较纯，而低饱和度则使颜色褪色。

要指定颜色饱和度，可使用色谱或在"饱和度"框中指定值。调整该值会影响 RGB 值。饱和度的有效值为 0 到 100%。

③ 亮度。指定颜色的亮度。

要指定颜色亮度，可使用颜色滑块或在"亮度"框中指定值。亮度的有效值为 0 到 100%。值 0% 表示最暗（黑），100% 表示最亮（白），而 50% 表示颜色的最佳亮度。调整该值也会影响 RGB 值。

④ 色谱。指定颜色的色调和纯度。要指定色调，可将十字光标从色谱的一侧移到另一侧。要指定颜色饱和度，可将十字光标从色谱顶部移到底部。

⑤ 颜色滑块。指定颜色的亮度。要指定颜色亮度，可调整颜色滑块或在"亮度"框中指定值。

⑥ 颜色。显示 RGB 颜色值。修改 HSL 或 RGB 选项时，此选项会更新；也可以按照以下格式直接编辑 RGB 值：000, 000, 000（三个数值分别对应红、绿、蓝的颜色分量）。

2）当指定使用 RGB 颜色模式来选择颜色时，颜色可以分解成红、绿和蓝三个分量，如图 6-53 所示。为每个分量指定的值分别表示红、绿和蓝颜色分量的强度。这些值的组合可以创建一个很宽的颜色范围。

① 红。指定颜色的红色分量。调整颜色滑块或在"红色"框中指定从 1 到 255 之间的值。

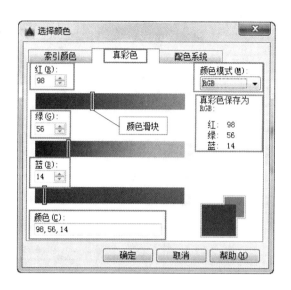

图 6-53 〖真彩色〗选项板（RGB 颜色模式）

② 绿。指定颜色的绿色分量。调整颜色滑块或在"绿色"框中指定从 1 到 255 之间的值。

③ 蓝。指定颜色的蓝色分量。调整颜色滑块或在"蓝色"框中指定从 1 到 255 之间的值。

④ 指定 RGB 颜色值。修改 HSL 或 RGB 选项时，此选项会更新；也可以按照以下格式直接编辑 RGB 值：000，000，000。

（3）配色系统选项板。使用第三方配色系统或用户定义的配色系统指定颜色。其包含的选项，如图 6-54 所示，各选项作用说明如下：

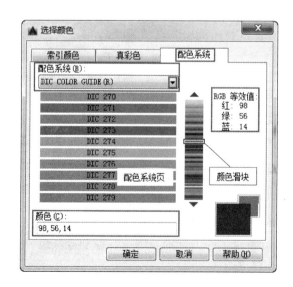

图 6-54 〖配色系统〗选项板

1）配色系统。指定用于选择颜色的配色系统。列表中包括在"配色系统位置"（在"选项"对话框的"文件"选项卡上指定）找到的所有配色系统。配色系统列表如图6-55所示。

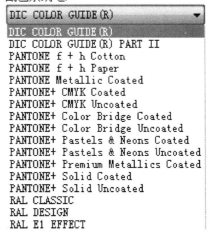

显示选定配色系统的页以及每页上的颜色和颜色名称。程序支持每页最多包含十种颜色的配色系统。如果配色系统没有分页，程序将按每页七种颜色的方式将颜色分页。要查看配色系统页，可在颜色滑块上选择一个区域或用上下箭头进行浏览。

2）RGB等效值。指示每个RGB颜色分量的值。

3）颜色。指示当前选定的配色系统颜色。要在配色系统中搜索特定的颜色，可以输入该颜色样例的编号并按Tab键。

图6-55 "配色系统"列表

此操作将用所申请的颜色编号更新"新颜色"颜色样例。如果没有在配色系统中找到指定的颜色，将显示最接近的颜色编号。

说明：RGB颜色模式源于有色光的三原色原理，其中R代表红色，G代表绿色，B代表蓝色。RGB模式中所有其他颜色都是通过红、绿、蓝3种颜色组合而成的。灰度颜色模式就是用黑色为基准色，不同的饱和度的黑色来显示图像，黑白照片等就是使用的灰度色。

6.6.3 线型与线型比例

线型是点、横线和空格等按一定规律重复出现而形成的图案，复杂线型还包括多种符号。一个新的图形通常包括3种线型。

（1）ByLayer（随层）。逻辑线型，表示对象和其所在图层线型一致。

（2）ByBlock（随块）。逻辑线型，表示对象与其所在块线型一致。

（3）Continuous（连续）。表示连续的实线。

6.6.3.1 线型设置

实际绘图中可使用的线型往往不止上述3种，可通过"线型管理器"对话框进行线型设置。

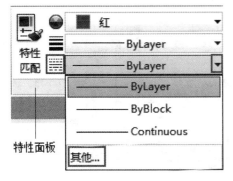

图6-56 "线型"下拉列表

A 执行方式

功能区：〖默认〗选项卡→在"特性"面板→"线型"下拉列表中→〖其他〗命令，如图6-56所示。

菜单栏：〖格式〗菜单→〖线型〗命令。

命令行：输入"LINETYPE或LT"→按〖Space〗键。

B 选项说明

在"特性"面板"线型"下拉列表中，系统

显示加载的线型，用户可以在列表中选择所需线型。如果列表中没有所需线型，用户可以调用命令打开"线型管理器"对话框来加载线型和设置当前线型，如图6-57所示。

图6-57　"线型管理器"对话框

"线型管理器"对话框中的选项列表作用说明如下：

（1）线型过滤器。确定在线型列表中显示哪些线型。可以根据以下两方面过滤线型：是否依赖外部参照或是否被对象参照。

（2）反转过滤器。根据与选定的过滤条件相反的条件显示线型。符合反向过滤条件的线型显示在线型列表中。

（3）加载。显示"加载或重载线型"对话框，如图6-58所示，从中可以将从线型文件中选定的线型加载到图形中并将它们添加到线型列表。两种可用的线型定义文件为：acad.lin（用于英制单位）和acadiso.lin（用于公制单位）（AutoCAD LT中的这些文件为acadlt.lin和acadltiso.lin）。

图6-58　"加载或重载线型"对话框

（4）当前。将选定线型设定为当前线型。将当前线型设定为"BYLAYER"，意味着对象采用指定给特定图层的线型。

将线型设定为"BYBLOCK"，意味着对象采用 CONTINUOUS 线型，直到它被编组为块。不论何时插入块，全部对象都继承该块的线型。该线型名称存储在 CELTYPE 系统变量中。

（5）删除。从图形中删除选定的线型。只能删除未使用的线型。不能删除 BYLAYER、BYBLOCK 和 CONTINUOUS 线型。

（6）显示细节。控制是否显示线型管理器的"详细信息"部分，如图 6-59 所示。

图 6-59　显示线型管理器的"详细信息"

1）名称。显示并修改选定线型的名称，"随层""随块""连续"线型以及依赖外部参照的线型的名称不能修改。

2）说明。显示并修改选定线型的描述。

3）缩放时使用图纸空间单位。按相同的比例在图纸空间和模型空间缩放线型。

4）全局比例因子。显示用于所有线型的全局缩放比例因子（LTSCALE 系统变量）。

5）当前对象缩放比例。设定新建对象的线型比例。

6）ISO 笔宽。该项只有在某个 ISO 线型被设置为当前线型时才被激活，用于显示和设置 ISO 线型的笔宽。

（7）当前线型。显示当前线型的名称。

（8）线型列表。在"线型过滤器"中，根据指定的选项显示已加载的线型。

1）线型。显示已加载的线型名称。要重命名线型，请选择线型，然后两次单击该线型并输入新的名称。

2）外观。显示选定线型的样例。

3）说明。显示线型的说明，可以在"详细信息"区中进行编辑。

提示：由于缩放，请不要在相同的图形中混合英制和公制线型。

6.6.3.2　线型比例

在 AutoCAD 中每个图元对象都具有线型比例属性，线型比例的作用是控制虚线、点划线等不连续线型的比例。

以虚线为例，如果线型比例设置过小，虚线会显得很碎；设置过大，虚线显示成实线，影响读图。AutoCAD 中主要涉及以下几种线型比例。

A　全局线型比例

全局线型比例对应系统变量 LTSCALE，值为正实数。通过修改 LTSCALE，可全局修改新建和现有对象的线型比例，默认值为 1。LTSCALE 作用是控制图形中的全局线型比例因子。如果更改比例因子，图形中线型的外观也会改变。

"全局线型比例因子"控制着所有线型的比例因子，通常值越小，每个绘图单位中画出重复图案就越多。

全局比例的调整原理介绍如下：

LTSCALE 设置为 1，表示线型定义中指定的虚线长度直接读取为 1 倍图形单位。例如，虚线线型在 acadiso. lin 文件中定义如下：

*DASHED,Dashed__ __ __ __ __ __ __ __ __ __ __ __ __ __ __ -

A, 12. 7, –6. 35

在绘制该线型时，它的虚线段长度将为 12. 7 个单位，间隔为 6. 35 个单位。

如果将系统变量 LTSCALE 更改为 10，则该线将以 10 倍比例绘制，即长 127 个单位，间隔 63. 5 个单位。

在"线型管理器"中"详细信息"下，可以直接输入"全局比例因子"的数值，也可以在命令行中设置系统变量 LTSCALE 的值：

命令：LTSCALE

输入新线型比例因子 < 1. 0000 > ：

输入正实数或按 Enter 键修改线型的"全局比例因子"将导致系统重新刷新图形。

B　当前线型比例

当前线型比例对应系统变量 CELTSCALE。该系统变量可设置新建对象的线型比例，通过"特性"对话框可修改指定对象的线型比例。

设置当前线型比例因子后，影响线型的最终比例是全局比例因子和该对象当前比例因子的乘积。

例如，在 CELTSCALE =2 的图形中绘制的点划线，将 LTSCALE 设为 0. 5，其效果与在 CELTSCALE =1 的图形中绘制的点划线效果相同。

C　布局中的线型比例

当在布局中查看图形时，线型显示效果会受到视口比例的影响。例如，上述中的虚线，默认情况下，在 LTSCALE 设置为 1 的模型空间中绘制时，虚线将绘制为 12. 7 个单位长，间隔 6. 35 个单位。当用户切换到包含 1：10 比例视口的布局时，则在该视口内的一切内容包括线型都将按比例缩小为原来的 1/10，即布局中显示的线型，不仅与全局比例、当前线型比例有关，还与视口比例有关。

用户可以通过设置系统变量 PSLTSCALE 的值来控制布局视口中线型是否受视口比例的影响。当 PSLTSCALE =0 时，布局视口中的线型比例受视口比例影响；当 PSLTSCALE =1，布局视口中的线型比例不受视口比例影响。

需要注意的是，设置 PSLTSCALE 后需要重新生成视图才能看到更新后的对象。所以，当布局视口中线型比例相同时，可设置 PSLTSCALE = 1，此时使用全局比例即可；如果不同视口中线型比例不同，则可以设置 PSLTSCALE = 0，由视口比例决定线型比例。

6.6.3.3 自定义简单线型

A 执行方式

在 AutoCAD 安装文件夹下的 Support 文件夹下，有 acad. lin 和 acadiso. lin 两个文件，它们保存着 CAD 常用的系统自带的线型文件。用记事本等文本工具打开后如图 6-60 所示。

```
;; AutoCAD ISO Linetype Definition file        注释部分
;; Version 2.0
;;
;; Copyright 2015 Autodesk, Inc.  All rights reserved.
;;
;; Use of this software is subject to the terms of the Autodesk license
;; agreement provided at the time of installation or download, or which
;; otherwise accompanies this software in either electronic or hard copy form.
;;
;; Note: in order to ease migration of this file when upgrading
;; to a future version of AutoCAD, it is recommended that you add
;; your customizations to the User Defined Linetypes section at the
;; end of this file.
;;
;; customized for ISO scaling
;;

*BORDER,Border __ __ . __ __ . __ __ .
A, 12.7, -6.35, 12.7, -6.35, 0, -6.35
*BORDER2,Border (.5x) __.__.__.__.__.__.__.
A, 6.35, -3.175, 6.35, -3.175, 0, -3.175
*BORDERX2,Border (2x) ___ ___ . ___ ___ . ___
A, 25.4, -12.7, 25.4, -12.7, 0, -12.7

*CENTER,Center ____ _ ____ _ ____ _ ____
A, 31.75, -6.35, 6.35, -6.35
*CENTER2,Center (.5x) __ _ __ _ __ _ __ _ __
A, 19.05, -3.175, 3.175, -3.175
*CENTERX2,Center (2x) _____ __ _____ __ _____
A, 63.5, -12.7, 12.7, -12.7
```

图 6-60 线型存储面板文件部分线型文件示例

B 操作说明

(1) 文件中 ";;" 代表注释行，以增强文件的可读性。

(2) 每种线型定义为两行。

第 1 行定义线型的名称和线型说明，行首以 "*" 为开始标记。

其格式为：*线型名称 [，线型说明]

方括号表示该部分可以不加，但线型说明可以起到一个直观的注释作用，一般都会加上。

第 2 行是描述线型的代码，由对齐码和线型规格说明组成，中间由逗号分开。

其格式为：对齐码，线型规格说明。

对齐码用于指定线型对齐方式。"A"代表两端对齐方式，要求后跟第一个规格参数值必须大于等于0，第二个规格参数值小于0。

参数意义：正值表示落笔，AutoCAD会画出一条相应长度的实线；0表示画一个点；负值表示提笔，即AutoCAD会间隔空出相应长度。

例如：在默认线型文件中对BORDER（边界线）的定义，如图6-61所示。

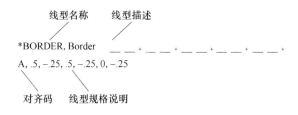

图6-61 BORDER线型定义说明

（3）每个线型文件最多包含280个字符，字符之间以半角的逗号隔开，每一行（包括最后一行）结束必须按回车键。

C 功能示例

新建一个双点划线的线型，用于轮廓线的绘制，线型命名为outline。

定义线型如下：

*OUTLINE,outline_. ._. . _

A,1. 0,-. 1,0,-. 1,0,-. 1

将这两行添加到acad. lin文件中，存盘退出文本编辑器。

注意：线型代码规格参数设置时，-. 1是-0. 1的简便写法。另外，字符之间需要用半角英文逗号隔开。

6.6.3.4 自定义复杂线型

A 执行方式

AutoCAD不仅能定义由短线、间隔和点组成的简单线型，还可以在定义的简单线型中嵌入文本和形文件（. shx）中的形构成复杂线型文件，如图6-62所示。

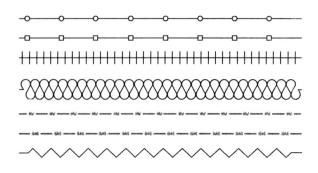

图6-62 复杂线型举例

复杂线型定义时，第一行与简单线型定义相同，是线型名称和线型的简单描述。第二行由对齐码和线型规格说明组成，对齐码意义与简单线型定义相同，关键是文本和形文件的嵌入格式。

B 操作说明

（1）在线型规格说明中嵌入文字的格式为：

$["string", style, S = n1, U = n2, X = n3, Y = n4]$

1）"string"。嵌入的文字，须用双引号括起来。

2）style。嵌入文字所用的文字样式名，如果当前图形中没有该样式，则 AutoCAD 不允许使用该线型。

3）S。嵌入文字的比例因子。如果使用固定高度文本，AutoCAD 会将此高度乘以该比例因子；如果使用的是可变高度的文本，则 AutoCAD 会把比例系数看成绝对高度。

4）U。嵌入文字相对于画线方向的转角，默认值为 0，代表文本与画线方向一致。

5）X = n3，Y = n4。X 表示嵌入文字在画线方向上的偏移量，画线方向为正方向；Y 表示嵌入文字在画线方向的垂向上的偏移量，向上为正方向。默认值都为 0。

（2）在线型规格说明中嵌入形的格式为：

$[shape, shape file, R = n1, A = n2, S = n3, X = n5, Y = n6]$

1）shape。嵌入的形名称。

2）shape file。嵌入形所在的形文件，自定义时一般需要指定形文件的路径。

3）R、U、X、Y 的意义同上。

C 功能示例

举例分别说明在线型规格说明中嵌入文字和形的格式。

a 带字符的线型

对"GAS_LINE"线型的定义如下：

* GAS_LINE, Gas line ----- GAS ----- GAS ----- GAS ----- GAS ----- GAS ----- GAS --
A, .5, -.2, ["GAS", STANDARD, S = .1, U = 0.0, X = -0.1, Y = -.05], -.25

首先，将"GAS_ LINE"线型的定义代码写入记事本，如图 6-63 所示。

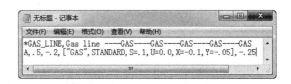

图 6-63 记事本窗口

其次，将记事本文件另存为文件名为"myline9. lin"的文件，如图 6-64 所示。

再次，在 AutoCAD 2016 中打开线型管理器，点击"加载"选项，系统打开"加载或重载线型"对话框，点击〖文件〗选项，系统打开"选择线型文件"对话框，如图 6-65 所示。

然后，在"选择线型文件"对话框中选择"myline9"文件，点击〖打开〗选项，系统打开"加载或选择线型"对话框，从中选择加载的线型，点击〖确定〗选项，完成加载，在"线型管理器"中选择加载的线型，如图 6-66 所示。

最后，用户根据需要对所选是线型进行设置，点击〖确定〗后，将选中线型添加到线型列表中，此时可以绘制所加载的"GAS – LINE"线型，如图 6-67 所示。

图 6-64　设置文件名和保存类型

图 6-65　"选择线型文件"对话框

b　定义带形文件的线型

对"FENCELINE2"线型的定义如下：

* FENCELINE2,Fenceline square —— [ ] —— [ ] —— [ ] —— [ ] —— [ ] ——

A,.25,-.1,[BOX,ltypeshp.shx,x = -.1,s = .1],-.1,1

或者

* FENCELINE2,Fenceline square —— [ ] —— [ ] —— [ ] —— [ ] —— [ ] ——

A,.25,-.1,[BOX,D:\ProgramFiles\Autodesk\AutoCAD 2016\UserDataCache\Support\ltypeshp.shx,x = -.1, s = .1],-.1,1

说明：对"FENCELINE2"线型的定义和使用的方法与"GAS-LINE"线型类似，用

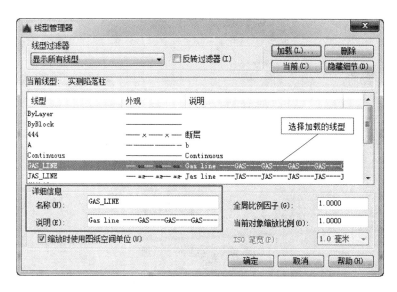

图 6-66 "线型管理器"对话框

图 6-67 "GAS-LINE"线型

户可以参考练习。

6.6.3.5　自定义形文件

AutoCAD 2016 提供了一个自定义形文件的工具 Express tools。如果用户在安装 Auto-CAD 2016 时，选择安装 Express tools 工具，那么在菜单栏中会显示〖Express〗选项，如图 6-68 所示。

图 6-68　菜单栏〖Express〗选项

如果用户在安装 AutoCAD 2016 时没有选择安装 Express tools 工具，那么可以打开"控制面板"，选择"卸载程序"选项，然后双击软件列表中的 AutoCAD 2016 应用程序，在打开的窗口中选择"添加或删除功能"选项，再在打开的窗口中勾选"Express tools"选项，然后，点击"更新"选项即可完成 Express tools 工具的加载。

A　执行方式

菜单栏：〖Express〗菜单→〖Tools〗选项→〖Make Shape〗选项，如图 6-69 所示。

命令行：输入"MKSHAPE"→按〖Enter〗键。

B　操作格式

命令：MKSHAPE　　　　　　　　　　//调用自定义形命令，系统打开"MKSHAPE-Select
　　　　　　　　　　　　　　　　　　　　Shape File"对话框，如图 6-70 所示

图 6-69 〖Express〗菜单

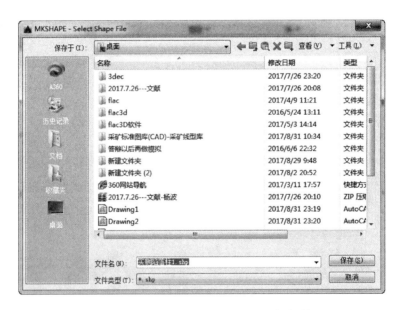

图 6-70 "MKSHAPE-Select Shape File"对话框

Enter the name of the shape：SCXLZ1	//点击保存后,提示输入形的名字"SCXLZ1"
Enter resolution ＜128＞：	//输入形文件的分辨率
Specify insertion base point：	//指定对象的插入基点
选择对象:指定对角点:找到 2 个	//选择对象
选择对象	
Determining geometry extents. . . Done.	//系统提示
Building coord lists. . . Done.	
Formating coords. . . -Done.	
Writing new shape. . . Done.	
编译形/字体说明文件	
编译成功。输出文件 C：\Users\yfl1402\	

Desktop\实测陷落柱 1. shx 包含 106 字节。   //显示形文件的输出位置

Shape " SCXLZ1 " created.

Use the SHAPE command to place shapes in your drawing.

说明：调用自定义形命令之前需绘制完成要定义为形文件的图形。

C   功能示例

【**例 6-1**】 以绘制如图 6-71 所示的煤柱边界线为例说明自定义形文件及其线型的加载过程。

图 6-71   煤柱边界线

首先，绘制要定义为形文件的图形，即圆形。

命令：_circle

指定圆的圆心或［三点(3P)/两点(2P)/切点、切点、半径(T)］：

指定圆的半径或［直径(D)］<0. 1000 >:0. 1

其次，使用自定义形文件命令，将绘制的圆定义为形文件，定义完成后会产生两个输出文件，如图 6-72 所示。

命令：mkshape   //调用自定义形文件命令

Enter the name of the shape：MZBJX   //输入形的名字为"MZBJX"

Enter resolution <128 >：   //输入默认值

Specify insertion base point：   //指定对象的插入基点为圆心

选择对象:找到 1 个   //选择圆

选择对象：   //确定选择对象

Determining geometry extents. . . Done.

Building coord lists. . . Done.

Formating coords. . . -Done.

Writing new shape. . . Done.

编译形/字体说明文件

编译成功。输出文件 C:\Users\yfl1402\

Desktop\煤柱边界线 . shx 包含 159 字节。   //显示形文件的位置

Shape " MZBJX " created.

Use the SHAPE command to place shapes in your drawing.

类型：AutoCAD行源代码   类型：SHX文件

煤柱边界线   煤柱边界线

图 6-72   输出文件

然后，定义线型。利用自定义形文件定义煤柱边界线的线型。

新建记事本，在记事本中输入代码，如图 6-73 所示。

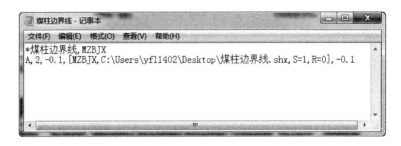

图 6-73　煤柱边界线记事本

将记事本文件另存为"．lin"文件，文件名为"煤柱边界线"，如图 6-74 所示。

图 6-74　"另存为"对话框

文件保存后会产生一个线型文件，在 AutoCAD 线型管理器中加载线型，打开"加载或重载"对话框，选择〖文件〗选项，在打开的"选择线型文件"对话框中选择"煤柱边界线"线型，如图 6-75 所示，选择〖打开〗选项，在"加载或重载"对话框中的可用线型列表中选择加载的线型，确定后即可在"线型管理器"对话框的线型列表中显示加载的"煤柱边界线"线型。

在"线型管理器"对话框的线型列表中选择加载的"煤柱边界线"线型，在特性面板中的线型下拉列表中显示煤柱边界线线型，如图 6-76 所示。

最后，绘制煤柱边界线，如图 6-77 所示。

6.6.3.6　线型的修改和创建

通过前面的学习已经了解了线型是如何定义和保存的，在此基础上我们可以对标准线型进行修改或自己创建新的线型。

A　功能示例

【例 6-2】　创建"interval"和"ARROW"线型。

图 6-75 "选择线型文件"对话框

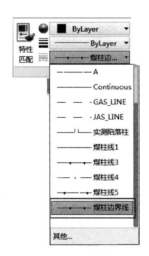

图 6-76 线型列表

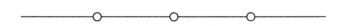

图 6-77 煤柱边界线

（1）使用 Windows 附件中的"记事本"程序创建一个名为"user.lin"的文件。

（2）在该文件中添加如下内容，如图 6-78 所示。

（3）在 AutoCAD 中打开"线型管理器"对话框，单击〖加载〗按钮打开"加载或重载线型"对话框，如图 6-79 所示。

（4）单击〖文件〗按钮，打开"选择线型文件"对话框，选择新创建线型文件"user.lin"，如图 6-80 所示。

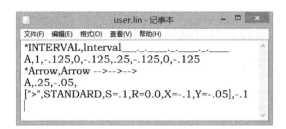

图 6-78　新建线型文件

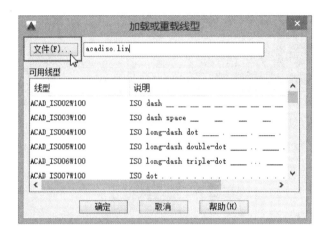

图 6-79　"加载或重载线型"对话框

图 6-80　"选择线型文件"对话框

（5）单击〖打开〗按钮，载入线型文件"user. lin"，即可使用新建线型文件中定义
的"INTERVAL"和"ARROW"线型，如图 6-81 所示。

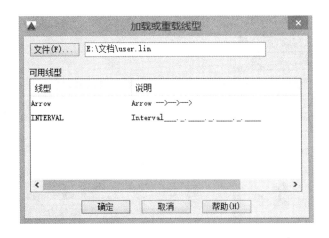

图 6-81 加载新建线型文件

说明：使用"-linetype"命令，如果该线型已在库文件中存在，则系统会提示用户该线型已经在库文件中定义，并询问用户是否重新定义。用户可对其重新定义来实现对已有线型的修改。

6.6.4 线宽

线宽即图形对象中线条的宽度。用不同线宽的图元表现不同图形对象的大小，可以更好的表达图形，增强图纸美观度。AutoCAD 中，除了 TrueType 字体、光栅图像、点和实体填充以外的所有对象都可以显示线宽。

线宽样式包括以下三种：

（1）ByLayer（随层）。逻辑线型，表示对象和其所在图层线宽一致。

（2）ByBlock（随块）。逻辑线型，表示对象与其所在块线宽一致。

（3）默认。表示创建新图层时默认线宽设置，一般为 0.25mm。

A 执行方式

功能区：〖默认〗选项卡→"特性"面板→"线宽"下拉列表→选择〖线宽设置〗命令，如图 6-82 所示。

菜单栏：〖格式〗菜单→〖线宽〗命令→打开"线宽设置"对话框，如图 6-83 所示。

命令行：输入"LWEIGHT 或 LW"→按〖Space〗键。

B 操作格式

命令：

LWEIGHT   //调用线宽设置命令,系统打开线宽设置对话框,如图 6-83 所示

C 选项说明

在特性面板中线宽下拉列表显示了线宽样式，用户可以从中选择所需的线宽样式。如果需要重新设置线宽，则可以打开线宽设置对话框进行线宽设置。

"线宽设置"对话框用于设置当前的线宽和线宽单位、控制线宽的显示和显示比例，以及设置图层的默认线宽值。各选项组介绍如下：

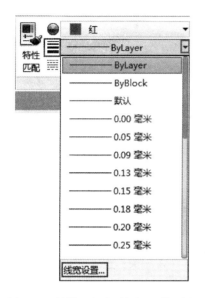

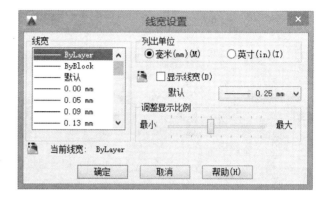

图 6-82　特性面板中"线宽"下拉列表　　　　图 6-83　"线宽设置"对话框

（1）线宽列表。用于显示用户可以使用的线宽类型。线宽值由包括"BYLAYER""BYBLOCK"和"默认"在内的标准设置组成。

"默认"值由 LWDEFAULT 系统变量进行设置，初始值为 0.01 英寸或 0.25 毫米。所有新图层中的线宽都使用默认设置。

（2）当前线宽。用于显示当前绘图使用的线宽类型。要设置当前线宽，可从线宽列表中选择一种线宽然后选择〖确定〗。

（3）列出单位。用于控制线宽以"毫米"或"英寸"进行显示。

（4）显示线宽复选框。与状态栏"显示/隐藏线宽"按钮功能相同，用于控制模型空间当前图形是否显示线宽。

（5）默认。用于控制 AutoCAD 打开时，绘图默认使用线宽类型。

（6）调整显示比例。用于在"模型"选项卡上控制线宽的比例，此设置不会影响布局。在"模型"选项卡上，线宽以像素为单位显示。用以显示线宽的像素宽度与打印所用的实际单位数值成比例。

如果使用高分辨率的显示器，则可以调整线宽的显示比例，从而更好地显示不同的线宽宽度。线宽列表列出了当前线宽显示比例下的线宽外观。

提示：线宽在模型空间中以像素显示，并且在图形缩放时不发生变化，但可以通过单击状态栏"显示/隐藏线宽"按钮控制是否显示线宽，如图 6-84 所示。

图 6-84　状态栏"显示/隐藏线宽"按钮

对象的线宽以一个以上的像素宽度显示时，可能会增加重生成时间。如果要优化性能，请将线宽的显示比例设置为最小值或完全关闭线宽显示，此操作不影响对象打印的方式。

值为 0 的线宽以指定打印设备上可打印的最细线进行打印，在模型空间中则以一个像素的宽度显示。

AutoCAD 中，线宽存在两个概念需要用户加以区分：显示线宽和打印线宽。

（1）显示线宽。在 AutoCAD 的绘图空间，线宽是以像素为单位显示的，这种以像素为显示单位的线宽就称为显示线宽，即用户在显示屏幕上观察到的线宽。前面介绍的显示比例，类似于像素数量与设置线宽（mm）的对应关系。通过调整显示比例，可控制线宽显示时所用的像素数量，如图 6-85 所示。

(a) 默认显示比例0.5mm线宽   (b) 显示比例调到最小0.5mm线宽

图 6-85　线宽显示比例调整效果

（2）打印线宽。使用线宽设置时，线宽列表中线宽是有单位的。设置线宽单位为毫米（mm）或英寸（in）。需要特别注意，在线宽设置的时候，为对象所指定的线宽即为打印对象在图纸上的最终线宽，线宽不受打印比例限制，选择宽度即为最终打印宽度。

6.6.5　特性匹配

在 AutoCAD 绘图时，通过使用特性匹配命令，可以快速将源对象的特性复制到其他对象，使目标图形对象具有相同的特性，该功能与 office 软件中格式刷的功能类似。

A　执行方式

功能区：〖默认〗选项卡→"特性"面板→"特性匹配"按钮，如图 6-86 所示。

菜单栏：〖修改〗菜单→〖特性匹配〗命令。

命令行：输入"MATCHPROP 或 MA"→按〖Enter〗或〖Space〗键。

图 6-86　特性面板"特性匹配"按钮

B　操作格式

命令：MATCHPROP   //调用特性匹配命令

选择源对象：

当前活动设置：　颜色　图层　线型　线型比例　线宽

透明度　厚度　打印样式　标注　文字　图案填充　多段线

视口　表格材质　阴影显示　多重引线

选择目标对象或[设置(S)]：　　　　　　　　　//选择目标对象或设置

将源对象特性复制到目标对象的步骤为：

（1）启动特性匹配命令，根据提示选择要复制其特性的源对象

（2）如果只想复制选择的源对象部分特性到目标对象，则需要对特性匹配进行设置，该设置是在"特性设置"对话框中进行的。根据命令行提示输入"S"，打开"特性设置"对话框，根据实际需要去掉不需要复制的特性，单击〖确定〗按钮完成设置，如图6-87所示。

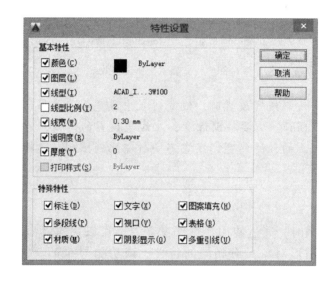

图 6-87 "特性设置"对话框

（3）设置完成后，选择单击目标对象完成特性复制，完成特性匹配。如果需要复制源对象全部特性可跳过步骤（2）直接单击目标对象完成特性匹配。

C　选项说明

（1）特性匹配。将选定对象的特性应用于其他对象。可应用的特性类型包含颜色、图层、线型、线型比例、线宽、打印样式、透明度和其他指定的特性。

（2）目标对象。指定要将源对象的特性复制到其上的对象。

（3）设置。显示"特性设置"对话框，从中可以控制要将哪些对象特性复制到目标对象。默认情况下，选定所有对象特性进行复制。

综 合 练 习

（1）说明图层工具在实际工程绘图中的作用与意义。

（2）在实际绘图过程中，怎样创建、设置、使用并管理图层？

（3）按下列要求创建图层。

序号	图层名称	颜色	线 型	线宽	说 明
1	图框线	黑色	Continuous	默认	在该图层上绘制图框
2	标题栏	黑色	Continuous	默认	在该图层上绘制标题栏
3	表格	黑色	Continuous	默认	在该图层上绘制表格
4	文字	黑色	Continuous	默认	在该图层上绘制文字
5	尺寸标注	20	Continuous	默认	在该图层上绘制尺寸标注
6	经纬网	绿色	Continuous	默认	在该图层上绘制经纬网
7	指北针	黑色	Continuous	默认	在该图层上绘制指北针
8	钻孔	黑色	Continuous	默认	在该图层上绘制钻孔
9	等高线	11	Continuous	默认	在该图层上绘制煤层底板等高线
10	边界线	131	Continuous	默认	在该图层上绘制井田边界线
11	煤柱线	133	Continuous	默认	在该图层上绘制煤柱线
12	断层线	71	Continuous	默认	在该图层上绘制断层
13	煤层巷道	140	Continuous	默认	在该图层上绘制煤层巷道
14	岩层巷道	140	Continuous	默认	在该图层上绘制岩层巷道
15	采空区	黑色	Continuous	默认	在该图层上绘制采空区填充

（4）图层中含有哪些图形特性，如何设置这些特性？

（5）简述自定义线型的操作过程。

（6）在熟悉自定义线型、自定义形文件的基础上，绘制如图 6-88 所示常用采矿线型。

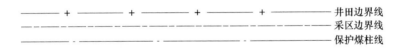

图 6-88　常用采矿线型

7 文字与表格

文字对象和表格都是 AutoCAD 图形中重要的组成部分。工程制图对文字的字体、字符大小、倾斜度和文本方向等特性都有一定的标准。用户在根据自己需要创建文字对象时，应注意使标注的文字符合标准，设置合适的字体，确保文字对象做到排列整齐、清楚正确，尺寸大小协调一致。表格可以使用行和列简洁清晰的表达信息，是工程制图中不可或缺的元素。

7.1 设置文字样式

文字样式用于设置文字的基本形状。使用 AutoCAD 创建文字前，用户应根据需要设置文字样式。

AutoCAD 2016 提供了符合国家制图标准中的中文字体"gbcbig. shx"，以及用于标注正体的英文字体"gbenor. shx"和用于标注斜体的英文字体"gbeitc. shx"。

A　执行方式

功能区：〖默认〗选项卡→"注释"面板→"文字样式"按钮 **A**₀。

菜单栏：〖格式〗菜单→〖文字样式〗选项。

命令行：输入"STYLE"命令→按〖Enter〗或〖Space〗键。

B　操作格式

命令：

STYLE　　　　　　　　　//执行设置文字样式命令调用,打开文字样式对话框,如图 7-1 所示

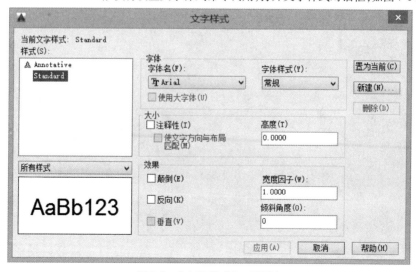

图 7-1　"文字样式"对话框

C　选项说明

在"文字样式"对话框中，用户可以对其中的选项进行设置。下面介绍各选项的功能和作用：

（1）"字体"选项组。用于确定字体样式，包括三个选项：

1）"字体名"下拉列表框。用于选择字体，CAD 中除了固有的".shx"形式字体文件，还可以使用 TureType 字体（如宋体、楷体等）。

说明：在"字体名"下拉列表框中，有的字体名前面带"@"符号，这表示该字体的方向与不带符号的字体方向垂直，显示效果如图 7-2 所示。

2）"使用大写字体"复选框。选中后〖字体名〗下拉列表框中的字体变为"shx"字体。

说明：当字体名选择".shx"字体时，该复选框才可用。

3）"字体样式"下拉列表框。用于选择字体格式，如常规、斜体、粗体、粗斜体。一种字体可以设置不同效果从而被多种文本样式使用，例如图 7-3 所示就是同一种字体（宋体）的不同样式。

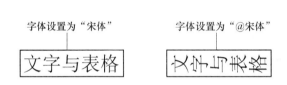

图 7-2　字体方向　　　　　　　　图 7-3　同一种字体（宋体）的不同样式

（2）"大小"选项组。用于设置字体的大小，有三个复选框：

1）"注释性"复选框。用于设置文字为注释性文字。

2）"使文字方向与布局匹配"复选框。用于设置图纸空间视口中的文字方向与布局方向匹配，如果取消〖注释性〗选项，则该选项不可用。

3）"高度"复选框。用于设置文字高度，可以根据需要自定义。

（3）"效果"选项组。用于设置字体的特殊效果，包含以下选项：

1）"颠倒"复选框用于将文本文字倒置标注，如图 7-4（a）所示。

2）"反向"复选框用于选择是否将文本文字反向标注，如图 7-4（b）所示。

3）"垂直"复选框用于选择文本是水平标注还是垂直标注，如图 7-4（c）所示。需要注意的是该复选框只有在"shx"字体下才可用。

4）"宽度因子"选项。该选项用于设置宽度系数，确定文本字符的宽高比。

当比例因子设为 1 时表示将按字体文件中定义的宽高比标注文字；当比例因子小于 1 时字体会变窄，反之变宽。不同比例因子标注的文本效果如图 7-5 所示。

5）"倾斜角度"选项。用于确定文字的倾斜角度，文字倾斜角度的范围是 −85°～85°之间。角度为 0°时不倾斜，为正数时向右倾斜，为负数时向左倾斜，如图 7-6 所示。

（4）〖置为当前〗按钮。用于选择将所需文字样式设置为当前使用的状态。

ACAD
A
C
A
D

AutoCAD2016中文版
(a)

AutoCAD2016中文版
(b)

(c)

图7-4 文字效果

AutoCAD2016中文版   宽度比例因子为1

AutoCAD2016中文版   宽度比例因子为1.3

AutoCAD2016中文版   宽度比例因子为0.7

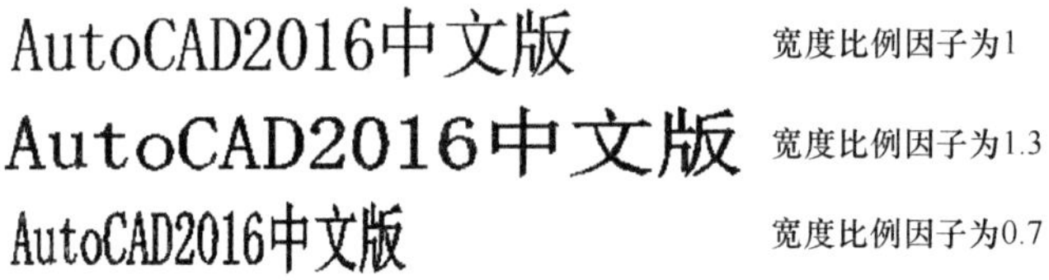

图7-5 宽度比例不同的文字效果

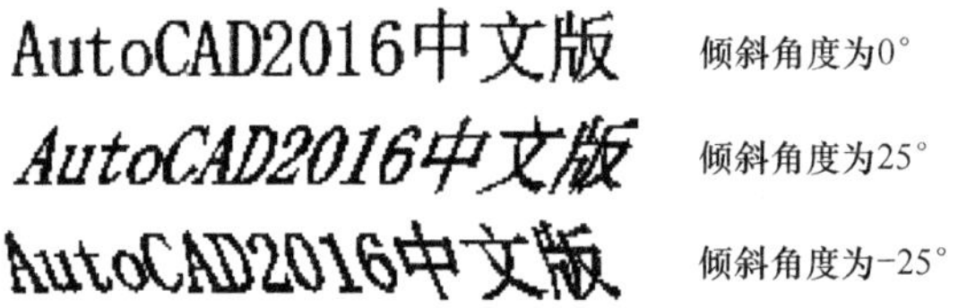

AutoCAD2016中文版   倾斜角度为0°

AutoCAD2016中文版   倾斜角度为25°

AutoCAD2016中文版   倾斜角度为-25°

图7-6 倾斜角度不同的文字效果

（5）〖新建〗按钮用于新建文字样式。

点击该按钮系统会弹出"新建文字样式"对话框如图7-7所示，样式名默认为"样式 n"（n 表示所提供样式的编号），也可以在该框中输入自定义样式名称。

样式名最长可达 255 个字符，名称中可包含字母、数字和特殊字符。点击〖确定〗按钮完成新样式名的创建。此时，在"文字样式"对话框的"样式"列表框中显示刚创建的文字样式名，如图7-8所示。点击〖取消〗按钮会取消这次样式名的创建。

图7-7 "新建文字样式"对话框

图7-8 新建样式名在"样式"列表中

（6）〖删除〗按钮。用于删除不再使用的文字样式。选中想要删除的文字样式，此时〖删除〗按钮亮显，点击它即可完成删除。

说明：设置好的文字样式还可以进行修改，在"文字样式"列表框中选中要修改的样式名，然后进行修改，修改好后点击〖置为当前〗按钮，再点击〖应用〗按钮，这时不仅会保存修改后的文字样式，而且会更新当前所有采用该文字样式的文字特性，但是不能修改原文字的宽度比例和字符倾角。

在 AutoCAD 中，用户既可以使用软件自带的".shx"字体，也可以使用操作系统的字体（例如宋体）。前者字体占用的系统资源较后者少得多。如果使用.shx 字体显示中文时，需要使用大字体。

7.2 文 本 标 注

在制图时文字能表达很多信息，AutoCAD 提供了单行文本标注和多行文本标注两种文字处理功能。

当需要标注的文本不长且比较简单时，可创建单行文本标注；当需要标注的文本很长且复杂时，可创建多行文本标注来表达信息。

7.2.1 单行文本标注

A 执行方式

功能区：〖默认〗选项卡→"注释"面板→〖文字〗下拉列表→"单行文字"按钮，如图 7-9 所示。

菜单栏：〖绘图〗菜单→〖文字〗选项→〖单行文字〗。

命令行：输入"TEXT"命令→按〖Enter〗或〖Space〗键。

图 7-9 单行文本标注命令

B 操 作 格 式

调用单行文本标注命令（三种命令调用方式）。

当前文字样式："样式 5"文字高度:2.5000 注释性:否 对正:左

指定文字的起点或［对正(J)/样式(S)］： //确定文字的起点或选择其他选项

指定文字的旋转角度 < 0 >： //确定文字的旋转角度

输入文本，在绘图区点击鼠标会另创建单行文本标注，这时按〖Esc〗键可结束命令。

C 选项说明

（1）"当前文字样式""文字高度"和"注释性"在文字样式中已设置好。

（2）"［对正（J）／样式（S）］"选项中有两种选择：在命令提示下输入"J"时选择"对正"选项，用来设置文本的对齐方式。对齐方式确定文本的哪一位置与所选插入点对齐，默认对正方式是左对正。在命令提示下输入"S"时选择"样式"选项，确定当前的文本样式。

说明：用"TEXT"命令可以创建一个或多个单行文本，也可以创建多行文本，只是这种多行文本中每一行都是一个对象，不能同时对多行文本进行操作，如图7-10所示。

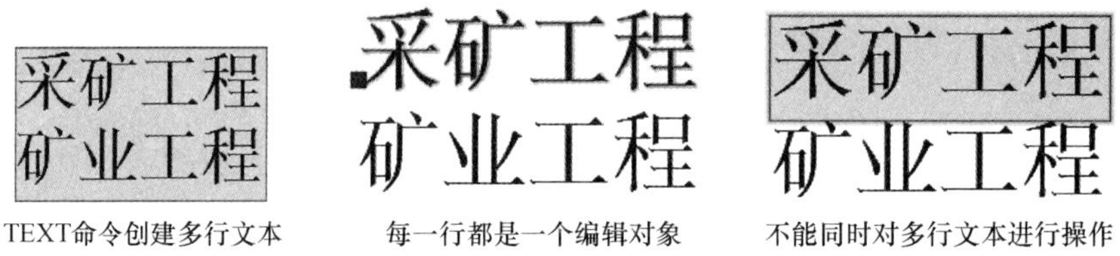

采矿工程　　采矿工程　　采矿工程
矿业工程　　矿业工程　　矿业工程

TEXT命令创建多行文本　　每一行都是一个编辑对象　　不能同时对多行文本进行操作

图 7-10 用 TEXT 命令创建的多行文本

说明：当文字样式中设置的文字高度为 0 时，在使用单行文本标注命令的过程中，系统会出现"指定高度"的提示。命令中出现的"指定文字的旋转角度"的提示，指定的角度是文本行的倾斜角度，这与文字样式中设置的字体的倾斜角度是两个不同的概念。

7.2.2 单行文本修改

对创建好的单行文本，用户可根据需要对其内容、对正方式及缩放比例进行修改。

A 执行方式

菜单栏：〖修改〗菜单→〖文字〗选项→〖编辑〗／〖比例〗／〖对正〗。

命令行：输入"TEXTEDIT"命令→按〖Enter〗或〖Space〗键→选择对象。

双击单行文本→进入文本编辑状态，用户可以直接对文本内容进行修改。

单击单行文本→左下角出现蓝色标记如图 7-11

所示，左键点击后可进行"拉伸""复制"操作，右键单击后可出现快捷菜单。

图 7-11 选中后的单行文本

直接调用"文字样式"命令，修改文字样式。

7.2.3 多行文本标注

"多行文字"又称段落文字，它由两行以上的文字组成作为一个整体，只能对其进行整体选择和编辑。

A 执行方式

功能区：〖默认〗选项卡→"注释"面板→〖文字〗下拉列表→"多行文字"按钮Ａ，

如图 7-12 所示。

　　菜单栏：〖绘图〗菜单→〖文字〗选项→〖多行文字〗。

　　命令行：输入"MTEXT"命令→按〖Enter〗或〖Space〗键。

图 7-12　多行文本标注命令

B　操作格式

调用多行文本标注命令（三种命令调用方式）。

当前文字样式:"样式 5"文字高度:2.5 注释性:否

指定第一角点：　　　　　　　　　　　　　//在绘图区域指定多行文本标注的第一角点

指定对角点或[高度(H)/对正(J)/行距(L)/

旋转(R)/样式(S)/宽度(W)/栏(C)]：　　　//指定对角点或选择其他选项

在文字编辑框中输入文字，按〖Esc〗键结束命令。

C　选项说明

设置文字样式时已将当前文字样式、文字高度和注释性提前设置好。

［高度(H)/对正(J)/行距(L)/旋转(R)/样式(S)/宽度(W)/栏(C)］选项组。用户可以根据需要选择不同的选项。

　　(1)"对正"选项。用于确定所标注文本的对齐方式。

　　(2)"行距"选项。用于确定多行文本的行间距，即确定相邻两文本行的基线之间的垂直距离。

　　(3)"旋转"选项。用于确定文本行的倾斜角度。

　　(4)"样式"选项。用于确定当前的文本样式。

　　(5)"宽度"选项。用于确定多行文本的宽度。可以在绘图区选取一点与前面确定的第一个角点组成的矩形框的宽作为多行文本的宽度。也可以输入一个数值，精确设置多行文本的宽度。

　　在调用创建多行文本标注命令时，在打开文字编辑器选项卡的同时系统会打开文字格式工具栏，如图 7-13 所示。

　　文字工具栏中各主要选项的功能如下：

　　(1)样式。多行文字对象应用文字样式。当前样式保存在 TEXTSTYLE 系统变量中。

　　如果将新样式应用到现有的多行文字对象中，用于字体、高度和粗体或斜体属性的字符格式将被替代；堆叠、下划线和颜色属性将保留在应用了新样式的字符中；不应用具有反向或倒置效果的样式。

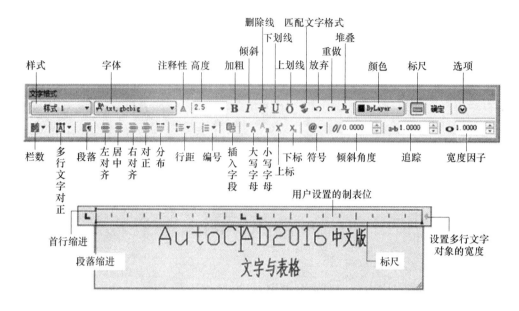

图 7-13　文字格式工具栏及文字输入窗口

（2）字体。为新输入的文字指定字体或更改选定文字的字体。其中：

TrueType 字体按字体族的名称列出；编译的形（SHX）字体按字体所在文件的名称列出；自定义字体和第三方字体在编辑器中显示为 Autodesk 提供的代理字体。

（3）文字高度。使用图形单位设定新文字的字符高度或更改选定文字的高度。

（4）粗体/斜体。打开和关闭新文字或选定文字的粗体/斜体格式。

（5）删除线。打开和关闭新文字或选定文字的删除线格式。

（6）下划线/上划线。打开和关闭新文字或选定文字的下/上划线。

（7）匹配文字格式。将选定文字的格式应用到目标文字。

（8）放弃/重做。在"在位文字编辑器"中放弃/重做动作，包括对文字内容或文字格式所做的修改。

（9）堆叠。如果选定文字中包含堆叠字符，则创建堆叠文字（例如分数）。

1）正斜杠（/）。以垂直方式堆叠文字，由水平线分隔。

2）磅字符（#）。以对角形式堆叠文字，由对角线分隔。

3）插入符（^）。创建公差堆叠，不用直线分隔。

（10）文字颜色。指定新文字的颜色或更改选定文字的颜色。

（11）标尺。在编辑器顶部显示标尺，拖动标尺末尾的箭头可更改文字对象的宽度。

（12）栏。显示栏菜单，其中提供了用于设置和修改栏的选项。

（13）文字对正。显示"文字对正"菜单，如图 7-14 所示，并且有九个对齐选项可用。

（14）段落。显示"段落"对话框，如图 7-15 所示，用户可以在其中使用制表符、缩进和间距。

图 7-14 "文字对正"菜单

图 7-15 "段落"对话框

（15）行距。显示建议的行距选项，如图 7-16 所示，或见"段落"对话框。行距是多行段落中文字的上一行底部和下一行顶部之间的距离，在当前段落或选定段落中设置行距。

（16）插入字段。显示"字段"对话框，如图 7-17 所示，从中可以选择要插入到文字中的字段。

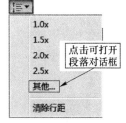

图 7-16 显示建议行距列表

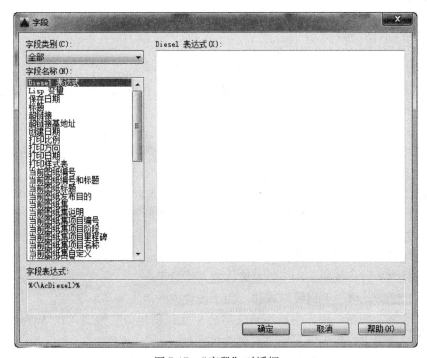

图 7-17 "字段"对话框

（17）大写/小写。将选定文字更改为大/小写。

（18）上标/下标。将选定文字转换为上/下标，即在键入线的上/下方设置稍小的文字。将选定的上/下标文字更改为普通文字。

（19）符号。在光标位置插入符号或不间断空格，也可以手动插入符号，如图7-18所示。

点击〖其他〗选项，系统打开"字符映射表"对话框，如图7-19所示，用户可以从中选择任意字符插入。

图7-18　符号下拉列表　　　　　　　图7-19　"字符映射表"对话框

（20）倾斜角度。确定文字是向前倾斜还是向后倾斜。

（21）追踪。增大或减小选定字符之间的空间，1.0设置是常规间距。设定为大于1.0可增大间距，设定为小于1.0可减小间距。

（22）宽度因子。扩展或收缩选定字符，1.0设置代表此字体中字母的常规宽度。

在创建多行文本时，只要给定了文本行的起始点和宽度后，系统会打开"文字编辑器"选项卡和多行文字输入窗口，如图7-20所示。

"文字编辑器"选项卡用来控制文本的显示特性。既可以在输入文本之前设置文本的特性，也可以改变已输入文本的特性。下面介绍选项卡的部分选项和功能：

（1）"文字高度"下拉列表框。用来确定文本的字符高度，可在文本编辑框中直接输入数值，也可以从下拉列表中选择。

（2）〖B〗和〖I〗按钮。用于设置黑体或斜体效果。

（3）"下划线"和"上划线"按钮。用于设置或取消上（下）划线。

（4）"堆叠"按钮。用于层叠所选文本，也就是创建分数形式。在AutoCAD中使用特殊字符来堆叠选定的文字。

例如，在多行文字输入窗口中输入2015/2016，将2015/2016选中，在文字编辑器选

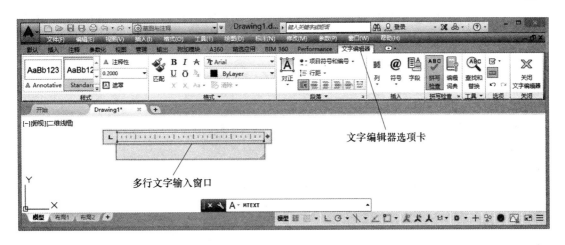

图7-20 "文字编辑器"选项卡和多行文字输入窗口

项卡的格式框中点击"堆叠"按钮，然后就可以创建分数形式，如图7-21所示。

图7-21 堆叠文本

（5）"清除"下拉列表。用于删除选定字符的字符格式，或删除选定段落的段落格式，或删除选定段落中的所有格式。

（6）"项目符号和编号"下拉菜单。显示用于创建列表的选项（不适用于表格单元）。

7.2.4 多行文本修改

多行文本修改与单行文本修改命令调用类似。用户可根据需要对多行文字进行修改。

A 执行方式

菜单栏：〖修改〗菜单→〖文字〗选项→〖编辑〗/〖比例〗/〖对正〗。

命令行：输入"TEXTEDIT"命令→按〖Enter〗或〖Space〗键→选择对象。

双击单行文本→进入文本编辑状态，用户可以直接对文本内容进行修改。

单击单行文本→文本周边出现蓝色标记，如图7-22所示。点击左上角方形标记后可进行"移动""复制"操作；点击右上角三角形标记后可改变列宽，点击下方三角形标记可改变列高。

直接调用"文字样式"命令，修改文字样式。

7.2.5 输入特殊字符

在使用文本标注命令时，有时需要输入特

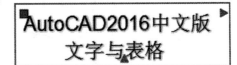

图7-22 选中的多行文本

殊字符。特殊字符的输入有两种方式：一种是通过输入控制符输入，另一种是通过选择〖符号〗下拉列表中的选项输入。

A 执行方式

在单行文本和多行文本中都可以使用控制符输入一些常用的特殊符号，例如角度和直径符号。

控制符一般由两个百分号（％％）和一个字符组成。常用的特殊字符的控制符如表7-1 所示。

表7-1 特殊字符的控制符

控 制 符	符 号 含 义	控 制 符	符 号 含 义
％％C	直径符号"Φ"	％％D	角度符号"○"
％％P	正负公差符号"±"	％％O	上划线符号
％％U	下划线符号	％％％	百分号符号"％"

B 操作格式

在使用多行文本标注时，特殊字符的输入更加方便。调用多行文本标注命令后，在〖文字编辑器〗选项卡中点击〖符号〗按钮，会弹出如图7-23 所示的下拉列表。

用户可以根据提示输入需要的特殊符号，点击最下面〖其他〗按钮，会弹出如图7-24 所示的"字符映射表"对话框。

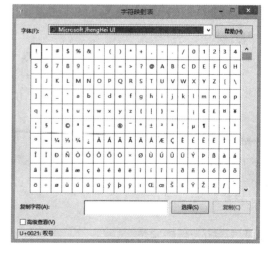

图7-23 〖符号〗下拉列表　　　　　　　图7-24 "字符映射表"对话框

在"字符映射表"对话框中选中所需的字符，然后点击〖选择〗按钮，该字符将出现在"复制字符"文本框中，点击〖复制〗按钮，关闭对话框，在光标所在的位置将其粘贴，即可将该字符插入。

7.2.6 快显文本

在 AutoCAD 中，用户在绘图时如果创建了大量的文字，那么会影响窗口缩放以及视口刷新（REDRAW 命令用于刷新当前视口中的显示，删除由 VSLIDE 和当前视口中的某些操作遗留的临时图形）等命令的显示速度。

快显文本命令采用外轮廓线框来表示文字，对字符本身不显示，可以提高图形的重新生成速度。

A 执行方式

命令行：输入"Qtext"命令→按〖Enter〗或〖Space〗键。

B 操作格式

命令：QTEXT   //调用快显文本命令
输入模式［开（ON）/关（OFF）］<关>:ON   //选择打开模式
命令：_regen 正在重生成模型   //使用重生成命令显示设置效果

C 功能示例

【例7-1】 使用快显文本命令完成文字的快显，如图 7-25 所示。

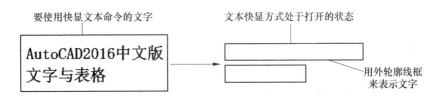

图 7-25 快显文本打开

命令：QTEXT   //调用快显文本命令
输入模式［开（ON）/关（OFF）］<关>:ON   //选择打开模式
命令：_regen 正在重生成模型   //使用重生成命令显示设置效果

说明：文本快显命令用于绘图时实现文本快显，打印图形时需要将文本快显设置关闭。否则，打印图形时文本将以外轮廓线的方式打印。

7.3 设置表格样式

在 AutoCAD 2016 中，可以创建表格来简洁清晰的表达信息。在创建空白的表格对象之前，首先要进行表格样式的设置。表格样式控制一个表格的外观，用于保证标准的字体、颜色、文本、高度和行距。

A 执行方式

功能区：〖默认〗选项卡→"注释"面板→"表格样式"按钮。

菜单栏：〖格式〗→〖表格样式〗。

命令行：输入"TABLESTYLE"命令→按〖Enter〗或〖Space〗键。

B　操作格式

调用表格命令后，将弹出"表格样式"对话框如图7-26所示，利用此对话框可以设置当前表格样式，以及创建、修改和删除表格样式。

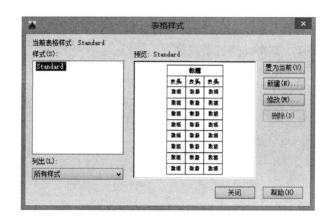

图7-26　"表格样式"对话框

C　选项说明

（1）"当前表格样式"。用来显示应用于所创建表格的表格样式的名称，默认表格样式为Standard。

（2）"样式"列表框。用于显示表格样式列表，其中当前样式被亮显。

（3）"列出"下拉列表框。用于控制"样式"列表格的内容。

1）〖所有样式〗。显示所有表格样式。

2）〖正在使用的样式〗。仅显示被当前图形中的表格引用的表格样式。

（4）〖预览〗文本框。用于显示"样式"列表格中选定样式的预览图像。

（5）〖置为当前〗按钮。将"样式"列表格中选定的表格样式设置为当前样式，所有新表格样式都将使用此表格的样式创建。

（6）〖新建〗按钮。用于显示"创建新的表格样式"对话框，如图7-27所示，从中可以定义新的表格样式。

命名好新的样式名和基础样式后，点击〖继续〗按钮，系统会弹出"新建表格样式"对话框，如图7-28所示。

图7-27　"创建新的表格样式"对话框

在"新建表格样式"对话框中，用户可以设置新创建的表格的样式。其包含的选项说明如下：

（1）"选择起始表格"。可以在绘图区选择一个要应用新表格样式的表格。

（2）"表格方向"下拉列表。包括〖向上〗和〖向下〗两个选项。

1）〖向上〗选项。表示创建由下而上读取的表格，标题行和列标题行都在表格的

图 7-28 "新建表格样式"对话框

底部。

2)〖向下〗选项。表示创建由上而下读取的表格，标题行和列标题行都在表格的上部。

（3）"单元样式"下拉列表框。选择要应用到表格的单元样式，或通过单击该下拉列表框右侧的按钮，创建一个新单元样式。

（4）〖常规〗选项卡：用于设置特性和页边距，如图 7-28 所示。可设置当前单元样式的以下选项：

1)"填充颜色"。用于指定填充颜色。

2)"对齐"。为单元内容指定一种对齐方式。

3)"格式"。设置表格中各行的数据和格式。

4)"类型"。将单元样式指定为标签或数据。

5)"水平"。设置单元格中的文字或块与左右单元边界之间的距离。

6)"垂直"。设置单元中的文字或块与上下单元边界之间的距离。

7)"创建行/列时合并单元"。将使用当前单元样式创建的所有新行或新列合并到一个单元中。

（5）〖文字〗选项卡。用于设置文字特性，如图 7-29 所示。可以设置当前单元样式的以下选项：

1)"文字样式"。用于指定文字样式。

2)"文字高度"。用于指定文字高度。方法是在此文本框中输入文字的高度。

说明：此选项仅在选定文字样式的文字高度为 0 时可用，如果选定的文字样式指定了固定的文字高度，则此选项不可用。

3)"文字颜色"。指定文字颜色。选择一种颜色，或者选择〖选择颜色〗选项，打开"选择颜色"对话框，在该对话框中选择颜色。

4)"文字角度"。设置文字角度。默认的文字角度为零，可以输入 −359° ~ 359° 范围

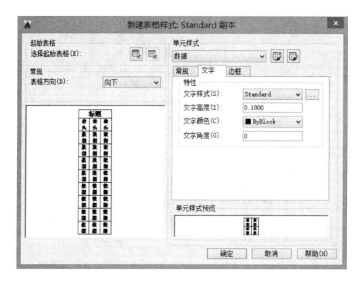

图 7-29   "新建表格样式"对话框〖文字〗选项卡

的角度值。

（6）〖边框〗选项卡。用于设置表格的边框特性，如图 7-30 所示。可以设置当前单元样式的以下选项：

1）"线宽"。用于控制边框线的线宽。

2）"线型"。用于控制边框线的线型。

3）"颜色"。用于控制边框线的颜色。

4）"双线"。设置边框线为双线形式。

5）"间距"。可以输入间距值，确定双线边界的间距。默认间距为 0.1800。

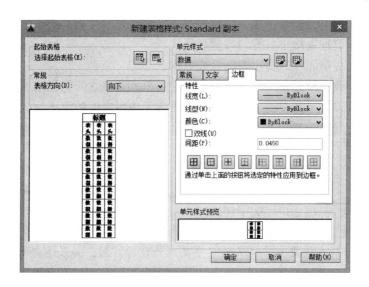

图 7-30   "新建表格样式"对话框〖边框〗选项卡

创建好表格样式后单击确定按钮，"新建表格样式"对话框关闭，系统返回上一级界面，即返回到"表格样式"对话框。

在"表格样式"对话框中，点击〖修改〗按钮，对当前表格样式进行修改，方式与新建表格样式相同。

7.4 创 建 表 格

设置好表格样式后，可进行创建表格。

A 执行方式

功能区：〖默认〗选项卡→"注释"面板→"表格"按钮。

菜单栏：〖绘图〗菜单→〖表格〗。

命令行：输入"TABLE"命令→按〖Enter〗或〖Space〗键。

B 操作格式

调用创建表格命令后，系统会弹出"插入表格"对话框，如图7-31所示。

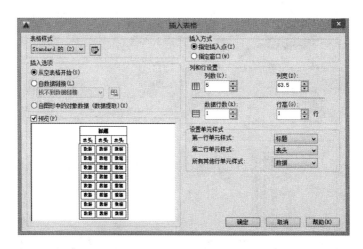

图7-31 "插入表格"对话框

C 选项说明

（1）"表格样式"。可以从中选择表格样式，或单击其后的 按钮，打开"表格样式"对话框，创建新的表样式。预览窗口中将显示表格的预览效果。

（2）"插入选项"。指定插入表格的方式。

1）"从空表格开始"。创建一个空的表格。

2）"自数据连接"。可以从外部导入数据来创建表格。

3）"自图形中的对象数据"。可以用于从可输出到表格或外部文件的图形中提取数据来创建表格。

（3）"插入方式"。用于指定表格位置。

1）"指定插入点"。可以在绘图窗口中的某点插入固定大小的表格。

2）"指定窗口"。可在绘图窗口中通过拖动表格边框来创建任意大小的表格。

（4）"列和行设置"。可以通过改变"列""列宽""数据行""行高"文本框中的数值来调整表格的外观大小。

（5）"设置单元样式"。对于那些不包含起始表格的表格样式，请指定新表格中行的单元格式。

D　功能示例

【例 7-2】　创建如图 7-32 所示的表格内容。

工 程 制 图		
序号	名称	材料
1		
2		
3		

图 7-32　创建表格

首先，调用创建表格命令，系统会弹出"插入表格"对话框，如图 7-33 所示，点击表格样式下拉列表框后面的 按钮，打开"表格样式"对话框，如图 7-34 所示。

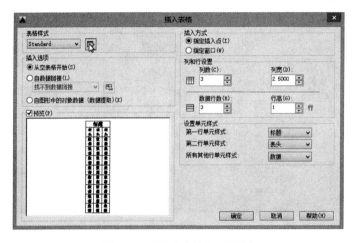

图 7-33　"插入表格"对话框

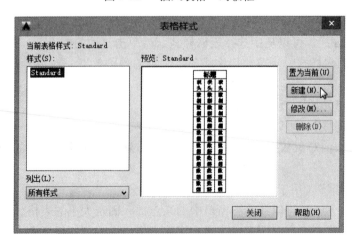

图 7-34　"表格样式"对话框

其次，点击〖新建〗按钮，打开"创建新的表格样式"对话框，如图7-35所示，默认新样式名为"Standard 副本"，基础样式选择"Standard"，点击〖继续〗按钮打开"新建表格样式"对话框，如图7-36所示。

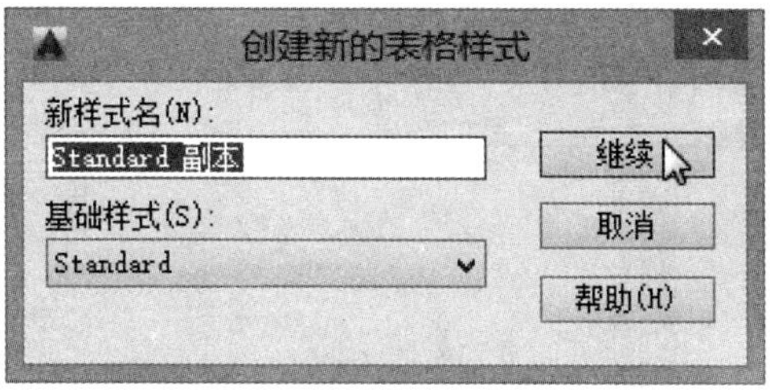

图7-35 "创建新的表格样式"对话框

图7-36 "新建表格样式"对话框

在单元样式选项区域的下拉列表框中选择〖数据〗选项，设置文字高度为2.5，对齐方式为正中。

在单元样式选项区域的下拉列表框中选择〖表头〗选项，设置文字高度为2.5，对齐方式为正中。

在单元样式选项区域的下拉列表框中选择〖标题〗选项，点击文字样式下拉列表框后面的……按钮，打开文字样式对话框，创建一个新的文字样式，并设置字体名称为宋体；

然后，单击〖关闭〗按钮，返回"创建新表格样式"对话框，在文字样式下拉列表中新创建的文字样式，并设置文字高度为2.5。

依次点击〖确定〗按钮和〖关闭〗按钮，关闭"创建新表格样式"和"表样式"对话框，返回"插入表格"对话框，如图7-37所示。

选择插入方式：指定插入点。列和数据行设置：列＝3，数据行＝3。

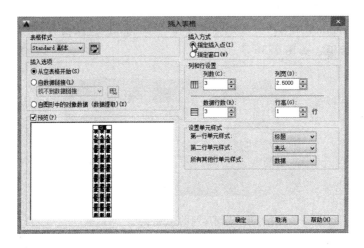

图 7-37 　"插入表格"对话框

点击〖确定〗按钮。在绘图区指定一点，将绘出如图 7-38（a）所示的表格，此时表格的最上面一行处于文字编辑状态。此时输入"工程制图"，按〖Enter〗键在 2A 单元中输入"序号"，如图 7-38（b）所示，利用方向键继续其他单元格的输入。

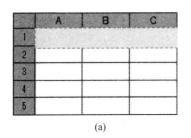

(a)   (b)

图 7-38 　编辑状态的表格

双击其他表格单元，使该单元处于文字编辑状态，输入文字内容，得最终结果。

7.5　调用外部表格

用户有时候需要调用 CAD 外部的表格，如果在 CAD 中创建比较困难或者需要外部现有的表格，那么就可以使用"调用外部表格"命令，调用外部的表格。

例如，由于 Excel 能制作比较复杂的表格，可以先将数据输入 Excel 中完成表格制作，然后导入到 CAD 中。

A　执行方式

首先，在 Excel 中完成表格的制作，选中表格对象进行复制，如图 7-39 所示。

其次，在 AutoCAD 2016 中，选择〖默认〗选项卡中"剪贴板"面板上的"选择性粘贴"按钮，系统会弹出"选择性粘贴"对话框，如图 7-40 所示。

然后，在"选择性粘贴"对话框中的"作为"列表框中选择相应的选项，点击〖确

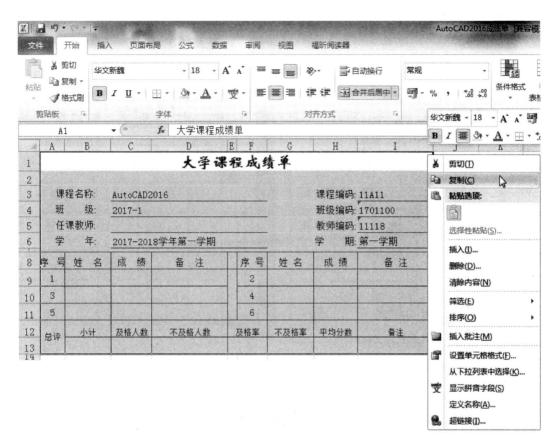

图 7-39 复制 Excel 表格

图 7-40 "选择性粘贴"对话框

定》按钮，在绘图区域指定粘贴位置，即可在 AutoCAD 中调用外部表格，如图 7-41 所示。

最后，如果用户需要编辑表格，可选中表格后会显示夹点，如图 7-42 所示，通过拉伸夹点改变表格大小，可以对表格内的字体进行编辑。还可以根据需要删除相应的行和列，具体做法是点击表格中的某个单元格，右击鼠标，在快捷菜单中选择行或列选项，即可进行删除其所在的行或列。

图 7-41　选择性粘贴后的表格 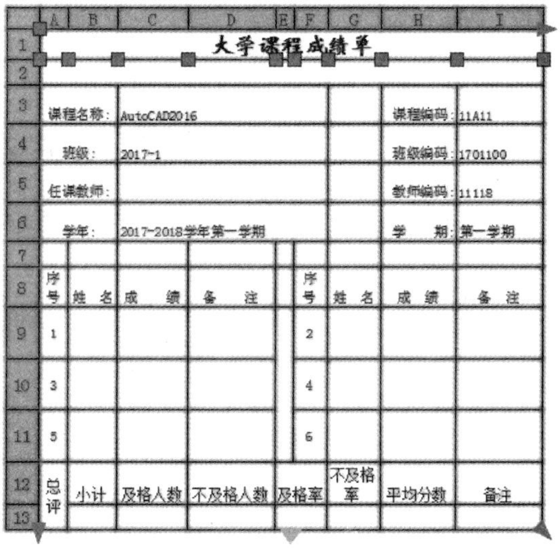　　　　　　图 7-42　表格的夹点显示

7.6　编辑表格和表格单元

7.6.1　使用夹点编辑

在 AutoCAD 2016 中文版中，用户可以对表格和表格单元进行编辑。

7.6.1.1　使用夹点编辑表格

将光标放在表格的边框上，然后单击鼠标就可以选中整个表格，当选中整个表格后，表的四周以及标题行上将显示夹点，用户可以通过夹点进行编辑，如图 7-43 所示。

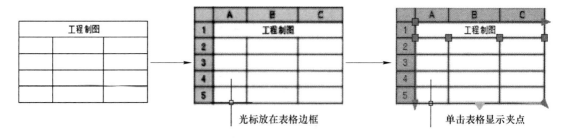

图 7-43　选中整个表格

说明：夹点的形状和位置不同，表达的含义也不相同。将光标停留在夹点上，夹点的颜色由蓝色变为红色，同时光标旁边会显示出该夹点的提示信息，用户可以按照提示信息进行操作。例如，有"移动表格""单击以更改列宽""统一拉伸表格高度""同一拉伸表格

高度和宽度"等提示信息。

　　表格正下方的三角形夹点的提示信息为"表格打断处于不活动状态"、"单击并拖动以设置打断高度"。点击后"表格打断"处于活动状态，拖动夹点将确定打断高度，编辑效果如图7-44所示。

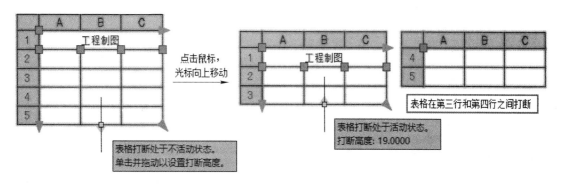

图7-44　激活并使用表格打断命令的表格

7.6.1.2　使用夹点编辑表格单元

　　用户对表格单元进行编辑时，将光标停在表格单元内，然后点击鼠标就可以选中表格单元。

　　当选中表格单元后，表格单元的四周将显示夹点，可以通过夹点进行编辑，如图7-45（a）所示。将光标放在单元格内双击鼠标，就可以在单元格内输入数据和文本，如图7-45（b）所示。

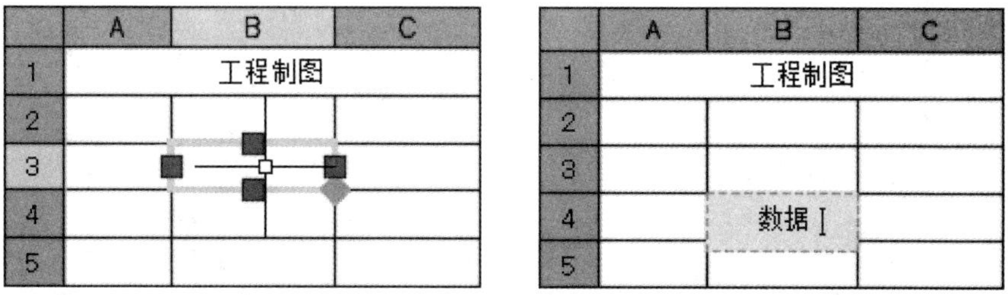

图7-45　编辑表格单元

7.6.2　使用特性管理器编辑

7.6.2.1　使用特性管理器编辑表格

　　在〖特性〗选项板中，点击选项板右下角的按钮，会弹出特性对话框如图7-46所示，用户可以对表格进行编辑。

　　（1）"常规"选项。用户可以在该选项中修改表格的颜色、图层及线型等特性。

　　（2）"表格"选项。用户可以在该选项中修改表格的样式（如果设置了其他表格样式），可以更改表格的方向，可以修改表格的宽度和高度。

（3）"表格打断"选项。用户可对表格打断的方式进行设置，例如"是否重复上部标签""是否手动位置""是否手动高度"等。

7.6.2.2　使用特性管理器编辑表格单元

在〖特性〗选项板中，点击选项板右下角的⊡按钮，会弹出特性对话框如图7-47所示，用户可以对表格单元进行编辑。

图7-46　特性对话框表格对象

图7-47　特性对话框表格单元对象

（1）"单元"选项。用户可以设置"单元样式""行样式""单元宽度""对齐方式"等操作。

（2）"内容"选项。可以对表格单元的内容进行编辑，例如进行"文字样式""文字高度""文字旋转""数据类型"等操作。

7.6.3　使用快捷菜单编辑

7.6.3.1　使用快捷菜单编辑表格

用户可以用快捷菜单编辑表格，将光标停留在表格边框上选中表格，然后右击鼠标会弹出快捷菜单，如图 7-48 所示。

从表格快捷菜单可以看到，不仅可以对表格进行剪切、复制、移动、缩放等简单操作，而且可以进行"均匀调整表格的行和列大小""删除所有特性替代"等操作。

7.6.3.2　使用快捷菜单编辑表格单元

用户也可以利用快捷菜单编辑表格单元。选中单元格，单击鼠标右键，系统会弹出表格单元格快捷菜单，如图 7-49 所示。

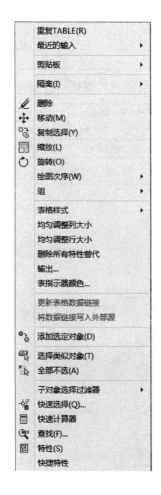

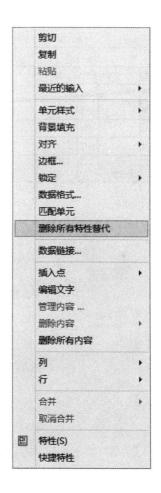

图 7-48　编辑表格快捷菜单　　　　　　　图 7-49　编辑单元格快捷菜单

（1）〖对齐〗选项用来设置表单元的对齐方式，例如左上、左下等。

（2）〖边框〗选项可设置单元格边框的线宽、颜色等特性。

（3）〖匹配单元〗选项用当前选中的表单元格式匹配其他表单元，此时光标指针变为刷子形状，单击目标对象即可进行匹配。

（4）〖插入点〗选项可以从中选择插入到表格中的块、字段和公式。

（5）〖合并〗选项可以对选中的多个连续的单元格进行全部、按列或按行合并单元格。

综 合 练 习

（1）在绘图过程中如何设置输入文字的字体及高度？

（2）文本标注中的单行文本标注与多行文本标注的区别是什么？

（3）如何在 AutoCAD 中调用外部的 Excel 表格？

（4）通过哪些方式可以对表格进行编辑？

（5）绘制如图 7-50 所示的图签。

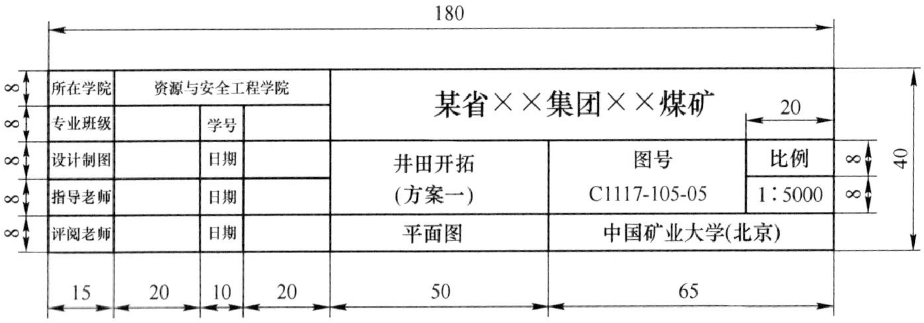

所在学院	资源与安全工程学院			某省××集团××煤矿		
专业班级		学号				
设计制图		日期		井田开拓	图号	比例
指导老师		日期		（方案一）	C1117-105-05	1：5000
评阅老师		日期		平面图	中国矿业大学(北京)	

图 7-50   标题栏

8 图块与外部参照

制作和使用图块是提高绘图效率的有效途径，图块运用的好坏直接影响绘图的速度。另外，用户还可以使用外部参照，提高绘图的效率。

8.1 AutoCAD 图块认识基础

在使用 AutoCAD 绘制工程图形时，经常需要重复绘制相同或类似的图形对象，势必会花费大量时间。对于这个问题，我们可以使用 AutoCAD 提供的图块功能解决。

使用图块功能，用户可以把经常需要重复绘制的图形创建成块，在需要时插入到当前图形文件中，从而减少重复绘制图形的时间，提高绘图的速度。虽然使用复制、阵列等编辑命令可以重复绘制某些相同的图形，但方法可能不是最佳的，而最佳的方法可能是使用图块的功能。

图块包含块名、块中几何图形、用于插入块时对齐块的基点位置和所有关联的属性数据。在工程制图中，对于标题栏、常用设备符号等常用对象，可以事先将它们生成块，并允许包含属性定义，以后在需要时可以采用插入块的方式来快速生成。用户可以对插入的块进行编辑处理，如分解和删除等。

8.1.1 图块绘图步骤

（1）根据绘图需要，确定需要重复使用并创建成块的图形对象，完成图形对象的绘制。

（2）需重复使用的图形对象绘制完成后，将其创建为内部块或外部块，并根据需要编辑块。

（3）在目标图形插入图块。

8.1.2 认识图块

在 AutoCAD 中，图块是一个或多个对象的集合。图块也是一种图形对象，和一般 AutoCAD 图形对象一样，用户可以对图块进行移动、复制、缩放、删除等修改操作，组成块的各个图形对象可以有自己的图层、线型和颜色等特性。

在 AutoCAD 中，图块分为内部块和外部块两类。"内部块"是指只能在制作块的图形 DWG 文件中使用，不能调用到其他图形 DWG 文件中的图块，其调用命令是"block"，命令缩写为"B"；"外部块"区别于内部块，外部块既可以在制作块的图形 DWG 文件中使用，也可以调用到其他图形 DWG 文件中使用，其调用命令是"wblock"，命令缩写为 W。

8.2 块 面 板

A 执行方式

功能区："默认"选项卡→"块"面板，如图8-1所示。

B 选项说明

（1）插入块。将块或者图形插入到当前图形之中。点击对应的图形符号，将打开下拉列表，如图8-2所示，用户可以直接选择列表中的图块，也可以点击〖更多选项〗，将打开"插入"对话框，如图8-3所示，用户可以指定要插入的块或图形的名称与位置。

建议插入块库中的块。块库可以是存储相关块定义的图形文件，也可以是包含相关图形文件的文件夹，每个文件夹均可作为块插入。无论使用何种方法，块均可标准化且可供多个用户访问。

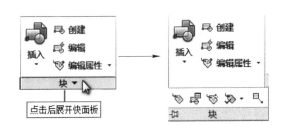

图8-1 块面板

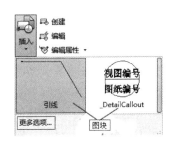

图8-2 插入下拉列表

图8-3 "插入"对话框

（2）创建块。通过选择对象指定插入点后为其命名，可创建块定义。点击以后系统打开"块定义"对话框，如图8-4所示。

（3）块编辑器。它是一个独立的环境，用于为当前图形创建和更改块定义，还可以使用块编辑器中添加动态行为。点击以后系统打开"编辑块定义"对话框，如图8-5所示。

图 8-4 "块定义"对话框

图 8-5 "编辑块定义"对话框

（4）单个编辑属性。编辑块中每个属性的值、文字选项和特性。点击后系统将提示：

命令：_eattedit

选择块：　　　　　　　　　//选择块后，系统打开"增强属性编辑器"对话框，如图 8-6 所示

（5）多个编辑属性。单个编辑或全局编辑块的可变属性。点击后提示将根据属性标记当前值或对象选择过滤要更改的属性。点击后系统将提示：

命令：_attedit

是否一次编辑一个属性？［是（Y）/否（N）］<Y>：Y

输入块名定义 < * >：引线

输入属性标记定义 < * >：

输入属性值定义 < * >：

选择属性：

（6）定义属性。创建用于在块中存储数据的属性定义。它是所创建的包含在块定

图 8-6 "增强属性编辑器"对话框

义中的对象，还可以存储数据。点击其后打开"属性定义"对话框，如图 8-7 所示。

图 8-7 "属性定义"对话框

（7）块属性管理器。管理选定的块的定义的属性。

这个命令控制选定块定义的所有属性特性和设置，对块定义中的属性所作的任何更改均反映在块参照中。点击后打开"块属性管理器"对话框，如图 8-8 所示。

图 8-8 "块属性管理器"对话框

（8）同步属性。使用指定块定义中的新属性和更改后的属性更新块参照。

使用该命令来更新包含属性的块的所有实例，该块曾经使用 BLOCK 或者 BEDIT 命令重定义。ATTSYNC 不更改现有块中指定给属性的任何值。

（9）保留属性显示。恢复每个块段属性的原始可见性设置。点击以后打开下拉列表，如图 8-9 所示。

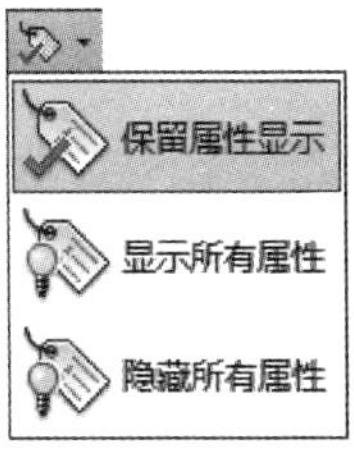

（10）显示所有属性。使所有块属性可见，从而替代原始可见性设置。

（11）隐藏所有属性。使所有属性不可见，从而替代原始可见性设置。

图 8-9 属性显示列表

（12）设置基点。设置当前图形的插入基点。

它是用当前 UCS 中的坐标来表示的，在向其他图形插入当前图形或将当前图形作为其他图形的外部参照时，此基点将被用作插入基点。

8.3 创建图块与写块

8.3.1 创建内部块

创建内部块是在"块定义"对话框中进行的，在"块定义"对话框中可以设置新建块名称，指定块的插入基点以及插入单位等特性，以及其他的设置和管理。

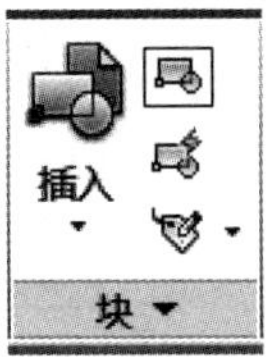

图 8-10 块选项板

    A　执行方式

    功能区：〖默认〗选项卡→"块"面板→"创建"按钮，如图 8-10 所示。

    菜单栏：〖绘图〗菜单→〖块〗选项→〖创建〗命令。

    命令行：输入"BLOCK 或 B"→按〖Enter〗或〖Space〗键。

    B　操作格式

命令：

BLOCK　　　　　//调用块定义命令，系统打开"块定义"对话框，如图 8-11 所示

C　选项说明

调用块定义命令后，系统打开图"块定义"对话框，用户可以在此定义块的名称及其特性。其对话框中各选项作用说明如下：

（1）名称。指定块的名称。

名称最多可以包含 255 个字符，包括字母、数字、空格，以及操作系统或程序未作他用的任何特殊字符。块名称及块定义保存在当前图形中。

（2）基点。指定块的插入基点。默认值是(0,0,0)。用户可以在屏幕上指定或拾取插入基点。

1）在屏幕上指定。关闭对话框时，将提示用户指定基点。

2）"拾取点"按钮。暂时关闭对话框以使用户能在当前图形中拾取插入基点。

图 8-11　"块定义"对话框

（3）对象。指定新块中要包含的对象，以及创建块之后如何处理这些对象，是保留还是删除选定的对象或者是将它们转换成块实例。

1）在屏幕上指定。关闭对话框时，将提示用户指定对象。

2）选择对象。暂时关闭"块定义"对话框，允许用户选择块对象。选择完对象后，按〖Enter〗键可返回到该对话框。

3）快速选择。显示"快速选择"对话框，如图 8-12 所示，该对话框定义选择集。

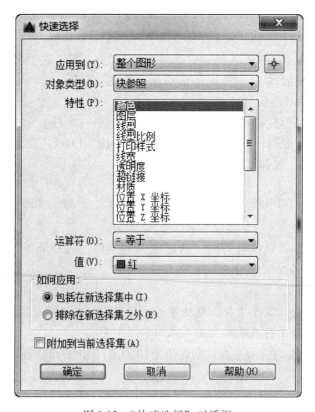

图 8-12　"快速选择"对话框

4）保留。创建块以后，将选定对象保留在图形中作为区别对象。

5）转换为块。创建块以后，将选定对象转换成图形中的块实例。

6）删除。创建块以后，从图形中删除选定的对象。

7）选定的对象。显示选定对象的数目。

（4）方式。指定块的行为方式。

1）注释性。指定块为注释性。

2）使块方向与布局匹配。指定在图纸空间视口中的块参照的方向与布局的方向匹配。

图 8-13 块单位下拉列表

如果未选择"注释性"选项，则该选项不可用。

3）按统一比例缩放。指定是否阻止块参照不按统一比例缩放。

4）允许分解。指定块参照是否可以被分解。

（5）设置。指定块的设置。

1）块单位。指定块参照插入单位。

用户可以在块单位下拉列表中选择所需单位，如图 8-13 所示，默认情况下，块单位是 mm。

2）超链接。打开"插入超链接"对话框，如图 8-14 所示，可以使用该对话框将某个超链接与块定义相关联。

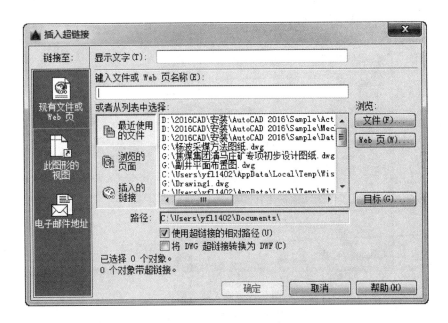

图 8-14 "插入超链接"对话框

（6）在块编辑器中打开。单击〖确定〗后，在块编辑器中打开当前的块定义，"块编辑器"对话框如图 8-15 所示。

（7）说明。该文本框可以输入对当前定义块的说明文字。

图 8-15　"块编辑器"对话框

D　功能示例

【例 8-1】　绘制采煤工作面基本图元连续采煤机，并创建为内部块。

（1）绘制连续采煤机示意图，如图 8-16 所示。

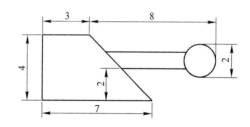

图 8-16　连续采煤机示意图

（2）执行 BLOCK 命令，打开"块定义"对话框，在"名称"文字框中输入块名称，如"连续采煤机"，如图 8-17 所示。

图 8-17　输入块名称

（3）在"基点"选项组中，单击"拾取点"按钮，"块定义"对话框暂时切换到绘图窗口，单击图 8-18 中的 O 点（可以为任意点，以方便插入块为原则），确定基点位置，基点坐标在 X、Y、Z 文字框中显示，如图 8-19 所示。

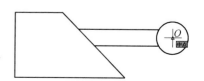

图 8-18　绘图窗口选定基点

图 8-19 选定基点

（4）在"对象"选项组中，单击"选择对象"按钮，在绘图区选择绘制好的连续采煤机，〖Enter〗或〖Space〗键结束选择，返回到"块定义"对话框，如图 8-20 所示。

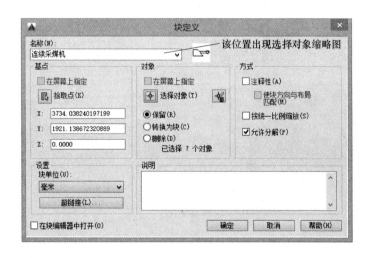

图 8-20 选择对象

（5）在"说明"文本框中输入"连续采煤机示意图"，如图 8-21 所示。

（6）单击"确定"按钮，完成内部图块"连续采煤机"的创建，如图 8-22 所示。

说明：通常情况下，块的基点都是选择对象的中心点或左下角点。虽然块由多个图形对象组成，但它是作为单个对象来处理的。

对相同块的使用可节省存储空间。块的定义越复杂，使用次数越多，越能体现块在这方面的优越性。

图 8-21   输入说明文本

图 8-22   单击〖确定〗按钮完成创建

8.3.2   创建外部块

创建外部块是在"写块"对话框中进行的。在"写块"对话框中,可以设置新建块名称将创建的块保留在磁盘中,指定块的插入基点以及插入单位等特性,以及其他的设置和管理。

A   执行方式

命令行:输入"WBLOCK 或 W"→按"Enter"或"Space"键。

B   操作格式

命令:

WBLOCK   //调用外部块定义命令,系统打开"写块"对话框,如图 8-23 所示

图 8-23　"写块"对话框

C　选项说明

调用外部块命令,系统打开"写块"对话框,用户在该对话框中可以将选定对象保存到指定的图形文件或将块转换为指定的图形文件。其各选项的作用说明如下:

(1)源。指定块和对象,将其另存为文件并指定插入点。

1)块。指定要另存为文件的现有块。从列表中选择名称。

2)整个图形。选择要另存为其他文件的当前图形。

3)对象。选择要另存为文件的对象。指定基点并选择下面的对象。

(2)基点。指定块的基点。默认值是(0,0,0)。

拾取点。暂时关闭对话框以使用户能在当前图形中拾取插入基点。

(3)对象。设置用于创建块的对象上的块创建的效果。

1)"选择对象"按钮。临时关闭该对话框以便可以选择一个或多个对象以保存至文件。

2)"快速选择"按钮。打开"快速选择"对话框,如图 8-24 所示,从中可以过滤选择集。

3)保留。将选定对象另存为文件后,在当前图形中仍保留它们。

4)转换为块。将选定对象另存为文件后,在当前图形中将它们转换为块。

5)从图形中删除。将选定对象另存为文件后,从当前图形中删除它们。

6)选定的对象。指示选定对象的数目。

(4)目标。指定文件的新名称和新位置以及插入块时所用的测量单位。

1)文件名和路径。指定文件名和保存块或对象的路径。

点击其后面的图标 ⋯,显示标准文件选择的对话框,如图 8-25 所示。

2)插入单位。指定从 DesignCenter™(设计中心)拖动新文件或将其作为块插入到使用不同单位的图形中时用于自动缩放的单位值。

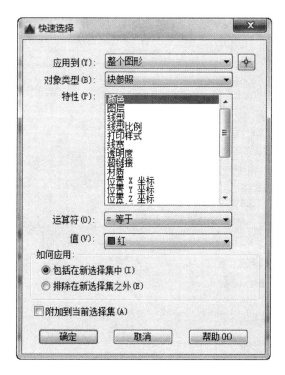

图 8-24   "快速选择" 对话框

图 8-25   标准文件选择

如果希望插入时不自动缩放图形，请选择"无单位"。

D   功能示例

【例 8-2】   绘制采煤工作面基本图元双滚筒采煤机，并创建为外部块。

（1）绘制双滚筒采煤机图元，如图 8-26 所示。

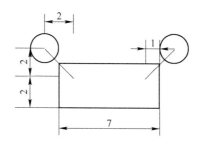

图 8-26　双滚筒采煤机图元

（2）执行"写块"命令，打开"写块"对话框如图 8-27 所示。该对话框主要由"源""基点""对象"和"目标"四个选项组构成。其中"基点"和"对象"选项组只有在"源"选项组中选定"对象"时可用。

图 8-27　"写块"对话框

（3）在"基点"选项组中，单击"拾取点"按钮，"写块"对话框暂时切换到绘图窗口。单击图形中的 O 点（可以为任意点，以方便插入块为原则），确定基点位置，基点坐标在 X、Y、Z 文字框中显示。

（4）在"对象"选项组中，单击"选择对象"按钮，在绘图区选择绘制好的双滚筒采煤机，〖Enter〗或〖Space〗结束选择，返回到"写块"对话框。

（5）在"目标"选项组，单击"显示标准文件选择"按钮，打开"浏览图形文件"对话框，选择"路径"并输入文件名"双滚筒采煤机"，如图 8-28 所示。

（6）单击〖保存〗按钮，保存该块并返回"写块"对话框，单击〖确定〗按钮，完成外部块创建操作。此时，在选择"路径"下会出现一个名称为"双滚筒采煤机.dwg"的图形文件，如图 8-29 所示。

图 8-28   命名外部块

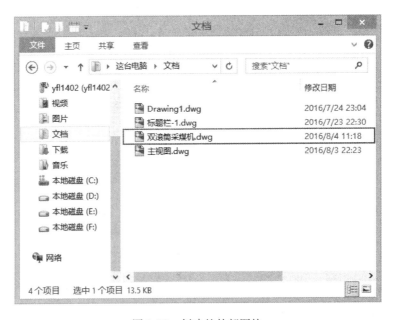

图 8-29   创建的外部图块

8.4   块   属   性

8.4.1   认识块属性

图块包含两种信息,图形信息和非图形信息。图形信息是和图形对象的几何特征直接相关的属性,如位置、图层、线型和颜色等。非图形信息不能通过图形表示,而是由文本标注的方法表现出来，例如标题栏中的文字信息。我们把这种附加的文字信息称为块属性。

块中的属性与一般的文本不同，具体表现在以下4个方面：

（1）属性包含属性值和属性标记名。

（2）在定义块之前定义块的属性。

（3）在定义块之前，可以使用 CHANGE 命令或 DDEDIT 命令修改块的属性。

（4）在插入块之前，系统会提示要求用户输入属性值，插入块后，在块上显示属性值。

8.4.2 图块属性应用步骤

（1）定义属性。要创建块属性，首先要创建描述属性特征的属性定义。属性特征包括标记、插入块时显示的提示、值的信息、文字格式、位置和可选块模式。

（2）通过将属性和图形文件一起定义或重新定义图块，将属性附着到图块。

（3）插入图块时，根据 AutoCAD 提示确定属性值。

8.4.3 定义块属性

定义属性是在"属性定义"对话框中进行的，在"属性定义"对话框中可以设置属性的模式、标记和文字样式等。

A　执行方式

功能区：〖默认〗选项卡→"块"面板→"定义属性"按钮。

菜单栏：〖绘图〗菜单→〖块〗选项→〖定义属性〗命令。

命令行：输入"ATTDEF"→按〖Enter〗或〖Space〗键。

B　操作格式

命令：

ATTDEF　　　　　　//调用属性定义命令，系统打开"属性定义"对话框，如图8-30所示

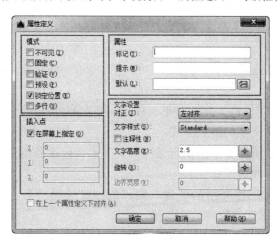

图 8-30　"属性定义"对话框

C 选项说明

调用图块属性定义命令，系统打开"属性定义"对话框，用户可根据需要进行属性定义。其各选项作用说明如下：

（1）模式。在图形中插入块时，设定与块关联的属性值选项。

1）不可见。指定插入块时不显示或打印属性值。使用该选项可以将属性提取到某个数据库而不在图中显示。

2）固定。在插入块时指定属性的固定属性值。

此设置用于永远不会更改的信息。

3）验证。插入块时提示验证属性值是否正确。

4）预设。插入块时，将属性设置为其默认值而无需显示提示。

5）锁定位置。锁定块参照中属性的位置。

解锁后，属性可相对于使用夹点编辑的块的其他部分移动，并可调整多行文字属性大小。反之，属性没有夹点，不能单独移动。

6）多行。属性值可包含多行文字，并允许用户指定属性的边界宽度。

勾选该选项，在"属性"选项区的"默认"选项后出现 ▣，点击后出现文字编辑器，如图 8-31 所示。

图 8-31   多行文字编辑器

（2）属性。设定属性数据。

1）标记。指定用来标识属性的名称，相当于数据库中的字段。

可使用任何字符组合（空格除外）输入属性标记。小写字母将自动转换成大写字母。

2）提示。设置在插入块时显示的提示。

3）默认。指定默认属性值。

当没有勾选"多行"复选框时，该选项后显示 ▣，点击后会弹出"字段"对话框，如图 8-32 所示，可以在其中插入一个字段作为属性的全部或部分的值。

（3）插入点。指定属性位置。

输入坐标值，或选择"在屏幕上指定"，并使用定点设备来指定属性相对于其他对象的位置。

在屏幕上指定。关闭对话框后将显示"起点"提示。使用定点设备来指定属性相对于其他对象的位置。

（4）文字设置。设定属性文字的对正、样式、高度和旋转。

1）对正。指定属性文字的对正方式。

2）文字样式。指定属性文字的预定义样式。显示当前加载的文字样式。

3）注释性。指定属性为注释性。

4）文字高度。指定属性文字的高度。输入值，或选择"高度"用定点设备指定高度。此高度为从原点到指定的位置的测量值。

如果选择有固定高度（任何非 0.0 值）的文字样式，或者在"对正"列表中选择了"对齐"，则"高度"选项不可用。

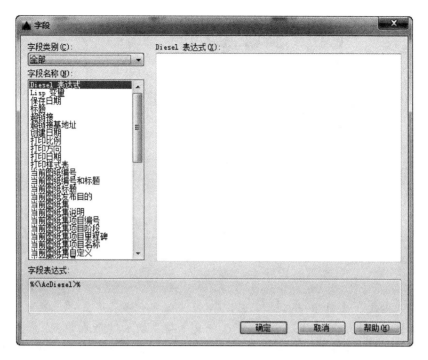

图 8-32 "字段"对话框

5）旋转。指定属性文字的旋转角度。输入值，或选择"旋转"用定点设备指定旋转角度。此旋转角度为从原点到指定的位置的测量值。

如果在"对正"列表中选择了"对齐"或"调整"，"旋转"选项不可用。

6）边界宽度。换行至下一行前，指定多行文字属性中一行文字的最大长度。

值 0.000 表示对文字行的长度没有限制。此选项不适用于单行属性。

（5）在上一个属性定义下对齐。将属性标记直接置于之前定义的属性的下面。

如果之前没有创建属性定义，则此选项不可用。

D 功能示例

【例 8-3】 为绘制的标题栏定义块属性。

（1）首先绘制出标题栏，如图 8-33 所示。

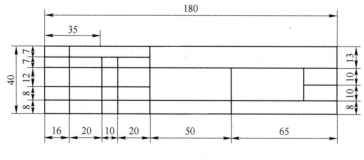

图 8-33 标题栏

（2）执行 ATTDEF 命令，打开"属性定义"对话框，如图 8-34 所示。

图 8-34　"属性定义"对话框

（3）在"模式"选项组中勾选"固定"和"锁定位置"；在"属性"选项组"标记"文本框中输入"所在学院"，在"默认"文本框中输入"所在学院"；在"插入点"选项组中确保勾选"在屏幕上指定"复选框；在"文字设置"选项组中设置文字对正方式、设置文字样式，设置文字高度，设置旋转角；如图 8-35 所示。

图 8-35　属性定义对话框设置

（4）单击〖确定〗按钮，并在图形中指定该属性的插入点，放置第一个属性的效果如图 8-36 所示。

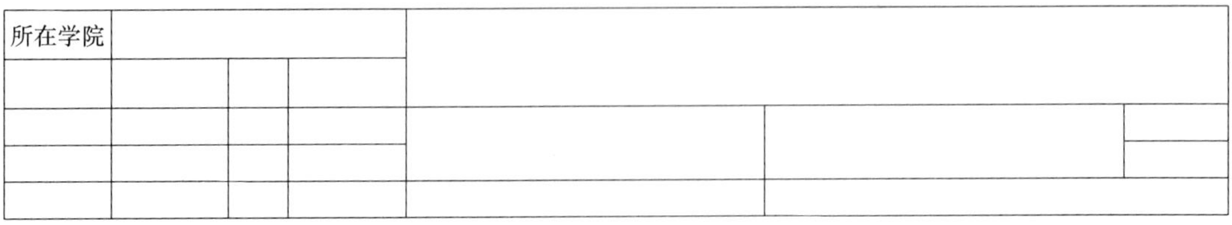

所在学院					

图 8-36　第一个属性定义

（5）重复步骤（3）、步骤（4），添加其他属性，如图8-37所示。

所在学院				
专业班级	学号			
设计制图	日期			比例
指导老师	日期			
评阅老师	日期		中国矿业大学（北京）	

图8-37　固定的属性定义

（6）继续定义属性，打开属性定义对话框，在"模式"选项组中勾选"锁定位置"；在"属性"选项组"标记"文本框中输入"A"，在"默认"文本框中输入"A"；在"插入点"选项组中确保勾选"在屏幕上指定"复选框；在"文字设置"选项组中设置文字对正方式、设置文字样式，设置文字高度，设置旋转角；如图8-38所示。

图8-38　属性定义对话框

（7）单击〖确定〗按钮，并在图形中指定该属性的插入点，放置A属性的效果如图8-39所示。

所在学院	A			
专业班级	学号			
设计制图	日期			比例
指导老师	日期			
评阅老师	日期			

图8-39　定义A属性后的标题栏

（8）重复步骤（6）、步骤（7），添加其他属性，如图8-40所示。

所在学院	A			（设计任务项目名称栏）		
专业班级	B	学号	F			
设计制图	C	日期	G	J	K	比例
指导老师	D	日期	H			L
评阅老师	E	日期	I	M	中国矿业大学（北京）	

图 8-40　定义其他属性后的标题栏

说明：上述标题栏示例是为了说明定义块属性的步骤，定义好块属性后，此时的图形还没有定义为块。标题栏中有两种类型属性：定义属性时，不需要修改的文字定义时，在"模式"选项组中勾选"固定"选项，例如，"所在学院""专业班级""比例"等的定义；需要修改的文字属性定义时，"模式"选项组中不勾选"固定"选项，例如，"（设计任务项目名称栏）"以及"A、B、…、F、G"这类属性文字的定义。

定义块属性是为了创建属性块或者为之前创建的图块附加属性。用户如果要创建定义属性的块，那么在定义块之前应先定义块的属性，然后再创建块。也可以为之前创建的块附加属性。当出现选择要包含到块定义中的对象的提示时，将要附着到块的所有属性包含到选择集中。

8.4.4　修改块属性

在将图形对象和属性一起定义为图块之前，可以对属性的定义加以修改，不仅可以修改属性标签，还可以修改属性提示和属性默认值。

A　执行方式

创建好属性定义后，用户如果想修改块属性定义，则可以通过"编辑属性定义"对话框来修改块属性。其打开方式如下：

双击属性定义对象，系统打开"编辑属性定义"对话框，如图 8-41 所示。

命令行：输入"TEXTEDIT"或"DDEIT"命令→"选择注释对象"。

图 8-41　"编辑属性定义"对话框

用户在"编辑属性定义"对话框中可以更改图形中标识属性的属性标记、插入包含该属性定义的块时显示的属性提示，以及设置或更改默认属性值。

8.4.5　创建属性块

属性块是附加属性的图块。创建属性块时需要完成图形的绘制和定义属性两方面的内容。创建属性块的一般步骤如下：

（1）完成图形的绘制。将创建为图块的图形中不变的部分完成绘制，这部分在插入属性块时不会发生改变。

（2）在绘制的图形中插入属性定义。在图形中指定位置插入定义好的块属性，这部分在插入属性块时会提示输入新的属性值。

（3）创建为属性块。

A　功能示例

【例8-4】　以采矿工程制图中的钻孔图形符号为例，如图8-42所示，说明属性块的创建过程。

（1）完成图形部分的绘制，如图8-43所示。

图8-42　钻孔图形符号　　　　　　　　图8-43　完成图形部分绘制

（2）在绘制的图形中插入属性定义。

命令：_ attdef　　　　　　　　//调用属性定义命令，系统打开"属性定义"对话框，如图8-44所示
指定起点：　　　　　　　　　//在属性定义对话框中进行属性和文字设置，插入点在屏幕上指定，
　　　　　　　　　　　　　　　然后，点击确定按钮，在屏幕上指定插入位置，如图8-45所示

图8-44　"属性定义"对话框

（3）重复使用属性定义命令，完成其他属性定义的插入，如图8-46所示。

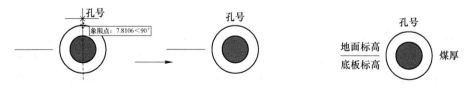

图8-45　属性定义插入位置　　　　　　　图8-46　完成属性定义

（4）将绘制的图形创建为属性块。

命令：_ block　　　　　　　　//调用创建块命令，系统打开"块定义"对话框，如图8-47所示
选择对象：指定对角点：找到8个

图 8-47 "块定义" 对话框

//块定义名称为 "钻孔"，点击 "选择对象" 按钮

选择对象：

指定插入基点：   //指定圆心为插入基点，如图 8-48 所示

正在重生成模型。   //指定插入点确定后，系统打开 "编辑属性" 对话框，如图 8-49 所示，用户可输入属性值

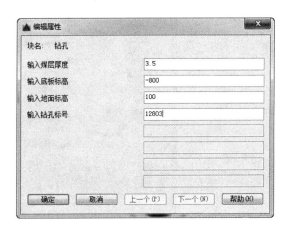

图 8-48 指定插入基点   图 8-49 "编辑属性" 对话框

命令：_ -bedit

输入块名或 [?]：钻孔

正在重生成模型。   //完成属性块的设置，如图 8-50 所示

说明：在进行属性定义时，一般情况下，属性提示先后顺序与定义属性的顺序一致。但是，如果在创建属性块时，使用窗交选择对象，则属性提示先后顺序与创建的属性的先后顺序不一致。例如，在上述示例中首先了定义 "孔号" 属性，然而，其属性提示却排在最后。

块属性提示顺序可以在块属性管理器中更改。

执行 WBLOCK 命令，打开 "写块" 对话框，按照【例 8-2】步骤将属性定义完成的标题栏创建为名称 "标题栏" 的外部图块并保存，方便以后绘图调用。

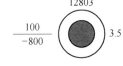

图 8-50 插入钻孔属性块

8.5 图块的插入与编辑

8.5.1 插入图块

图块的插入是指将图块或其他图形插入到当前图形。插入块的方法与插入图形文件的方法基本相同，需要分别指定插入点、比例和旋转角度。

插入操作既可以插入图形文件中的块，即内部块，也可以插入写块，即外部块。通常可以使用"插入"命令和"设计中心"命令插入需要的图块。

8.5.1.1 使用"插入"命令

用户可以使用"插入"命令将所需的图块按一定的比例和角度插入到指定位置。

A 执行方式

功能区：〖默认〗选项卡→"块"面板→"插入"按钮；或〖插入〗选项卡→"块"面板→"插入"按钮。

菜单栏：〖插入〗菜单→〖块〗命令。

命令行：输入"INSERT"命令→按〖Enter〗或〖Space〗键。

B 操作格式

（1）执行插入命令，打开"插入"对话框，如图 8-51 所示。

图 8-51 "插入"对话框

（2）通过对话框中"名称"下拉框输入或选择内部块名称；或者通过〖浏览〗按钮，选择外部块的位置。

（3）在屏幕上指定插入点或输入插入图块中基点对准位置，通过"比例"和"旋转"选项组可以设置图块插入时图形缩放比例和旋转角度。如果选择了"分解"按钮，则图块插入后，自动分解成组成图块的对象。

在 AutoCAD 2016 中，用户也可以在单击功能区"插入"按钮后，从打开的下拉菜单中直接选取要插入的块，然后根据命令行提示指定插入点等，即可快速地完成插入块的操作。

C 选项说明

（1）名称。用户可以点击打开名称下拉列表，从中选择之前定义的要插入的块的名称，或者指定要作为块插入的图形文件的名称。

可以直接在文本框中输入文件名称，或者单击〖浏览〗按钮，会弹出"选择图形文件"对话框，如图 8-52 所示，从中选择要插入的图形。

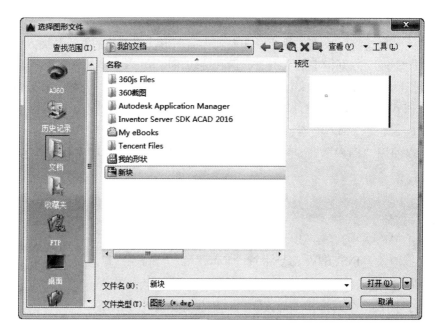

图 8-52　"选择图形文件"对话框

（2）路径。用于显示插入外部块的路径。

（3）插入点。用户可以直接在 X、Y 和 Z 编辑框中输入基点的坐标值，也可以勾选"在屏幕上指定"复选框，在绘图区拾取点作为块的插入点。

（4）比例。用户可以在三个坐标轴方向上采用不同的缩放比例，也可采用相同的比例。

如果勾选"统一比例"复选框，则在三个方向上采用相同的缩放比例。

（5）旋转。用户可以指定块插入时的旋转角度。块可以按任意需要的旋转角度插入。

如果勾选了"在屏幕上指定"复选框，则要求用户直接用鼠标在绘图区拾取点来指定角度。

（6）分解。用于确定是将块作为单一整体还是离散对象来插入。

如果勾选该选项，则将块分解成组块前的离散对象插入。

D　功能示例

【例 8-5】　在 A3 图框线图形中插入标题栏块。

（1）绘制 A3 图框线图形，如图 8-53 所示。

（2）执行 INSERT 命令，打开"插入"对话框。

（3）在"插入"对话框中，从"名称"下拉列表中选择"标题栏 – 1"块名，并在"插入点"选项组中勾选"在屏幕上指定"复选框；"比例"和"旋转"选项组均不勾选"在屏幕上指定"复选框，统一比例为 1，旋转角度设为 0，取消勾选"分解"复选框，

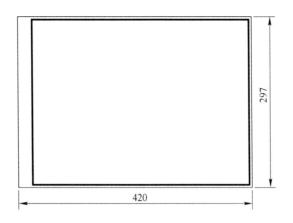

图 8-53 已有 A3 图框线图形

设置完成，单击〖确定〗按钮，如图 8-54 所示。

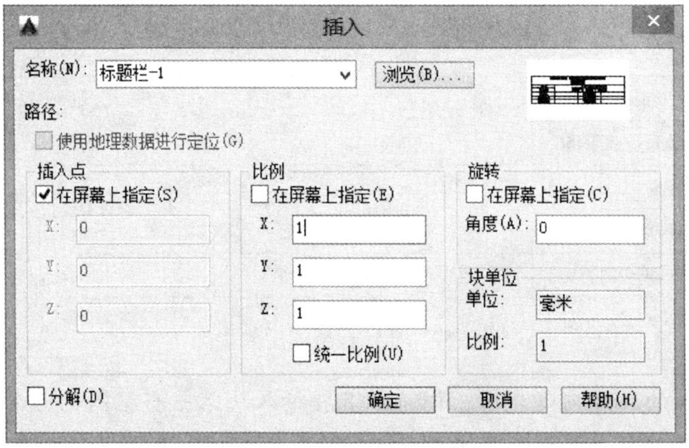

图 8-54 "插入"对话框设置

（4）在"指定插入点或［基点（B）/比例（S）/X/Y/Z/旋转（R）］:"提示下选择图 8-55 所示端点作为该块插入点。

所在学院	A			（设计任务项目名称）		
专业班级	B	学号	F			
设计制图	C	日期	G	J	K	比例
指导老师	D	日期	H			L
评阅老师	E	日期	I	M	中国矿业大学（北京）	

图 8-55 指定插入点

（5）指定插入点后，AutoCAD 自动弹出"编辑属性"对话框，如图 8-56 所示。根据提示信息在对应的文本框中输入相应内容。

（6）在"编辑属性"对话框中单击〖确定〗按钮，完成插入标题栏块操作，效果如图 8-57 所示。

图 8-56　编辑属性

所在学院	资源与安全工程学院			某省某集团某煤矿		
专业班级	2017-1	学号	123456			
设计制图	张三	日期	2017.9.1	井田开拓	图号 C1117-105-01	比例
指导老师	李四	日期	2017.9.1			1：5000
评阅老师	王五	日期	2017.9.1	平面图	中国矿业大学（北京）	

图 8-57　插入标题栏后效果图

说明：当插入的块是内部块时，则可以直接输入块名；当插入的是外部块时，则需要指定块文件的路径。如果图块在插入时选中了"分解"复选框，插入图块会分解成单个的对象，其特性（例如颜色、线型等）将恢复为生成块之前对象具有的特性。

当外部块插入图形后，其包含的所有块定义也将插入图形，并生成同名的内部块。当外部块包含的块定义与当前图形中已有的块定义同名时，则当前图形中的块定义将覆盖外部块包含的块定义。

8.5.1.2　使用"设计中心"命令

用户可以利用设计中心将一个图块插入到图形中。当图块插入图形时，包含的块定义就被复制到图形数据库中。如果原来的图块被修改，则插入到图形的图块也将随之改变。

A　执行方式

菜单栏：〖工具〗菜单→〖选项板〗选项→〖设计中心〗命令。

命令行：输入"ADCENTER 或 ADC"命令→按"Enter"键。

B　操作格式

命令：

ADCENTER　　　　//调用设计中心命令，系统打开"设计中心"选项板，如图 8-58 所示

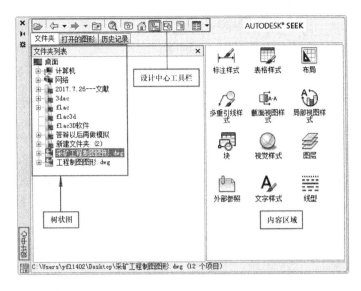

图 8-58 "设计中心"选项板

C 选项说明

"设计中心"选项板主要分为三个部分,"设计中心工具栏"、"树状图"及"内容区域"。

设计中心工具栏。使用设计中心顶部的工具栏按钮可以显示和访问选项。

8.5.2 编辑图块

在图块创建完成后使用的过程中,图块往往需要进行必要的修改以满足不同的绘图要求。对于已经插入到图形文件内的块,用户可以使用"编辑块定义"对话框(图 8-59)对图块进行编辑修改,修改完成保存退出后,已经定义的同名块就会随之更新。

A 执行方式

功能区:〖默认〗选项卡→"块"面板→"编辑"按钮;或者〖插入〗选项卡→"块"面板→"块编辑器"按钮。

菜单栏:〖工具〗菜单→〖块编辑〗命令。

命令行:输入"BEDIT"→按〖Enter〗或〖Space〗键。

图 8-59 "编辑块定义"对话框

B 操作格式

命令:

BEDIT //调用块编辑命令,系统打开"编辑块定义"对话框,如图 8-59 所示

C 选项说明

(1) 名称列表。显示保存在当前图形中的块列表,从该名称列表中选择某个块名称

时，其名称将显示在"要创建或编辑的块"文本框中。

（2）"预览"框。用于显示选定块的预览。

（3）"说明"框。用于显示选定块的说明文字。

在"编辑块定义"对话框的"名称列表"中选择某一个图块名称后，单击〖确定〗按钮，则此块将在〖块编辑器〗选项卡中打开，如图8-60所示。

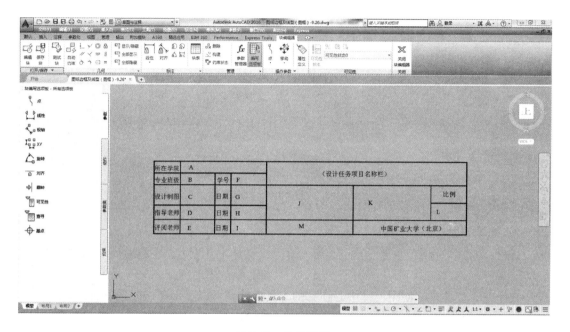

图 8-60　块编辑器

"块编辑器"选项卡界面包括"打开/保存""几何""标注""管理""操作参数""可见性""关闭"共7个选项板。各选项板功能介绍如下：

（1）"打开/保存"选项板。用于编辑、保存和测试当前块。

（2）"几何"选项板。用于约束组成当前块的各对象间的几何位置关系，其主要功能与参数化制图一致。

（3）"标注"选项卡。用于对当前块的尺寸进行标注，也可根据需要将某些标注用于编辑器中的注释，但在使用块的文档中不显示该内容。

（4）"管理"与"操作参数"参数化制图相似。

（5）"可见性"选项板。用于创建、删除或修改动态块的可见性状态。

说明：除"块编辑器"和"块编辑选项卡"中显示的各项功能外，在编辑块的状态下，AutoCAD程序自带的各选项卡的功能均可使用。

在"块编辑器"窗口中包含一个特殊的编写区域（相当于绘图区），在该区域中可以像在绘图区域中一样绘制和编辑几何图形（例如绘制直线等），同时可以在块编辑器中添加参数和动作，以定义自定义特性和动态行为。

使用块编辑器中对块相关编辑操作后，可以单击〖保存块〗按钮保存块定义，然后单击〖关闭块编辑器〗按钮来关闭块编辑器。

8.6 块属性的编辑与管理

在 AutoCAD2016 中，当块属性被定义到图块中，甚至图块被插入到图形中之后，用户还可以对块属性进行编辑。用户不仅可以对指定图块的属性值进行修改，而且还可以对属性的位置、文本等其他设置进行编辑。

8.6.1 编辑块属性值

要编辑和图形文件一起创建为图块的属性值，常用的方法有以下 4 种：

（1）按住〖Ctrl〗并双击需要编辑的属性，然后编辑属性值。

（2）打开"特性"选项板，选择需要编辑的块，然后在"属性"选项组编辑相关属性值，如图 8-61 所示。

（3）打开"编辑属性"对话框，在对话框中输入属性值。

（4）打开"增强属性编辑器"对话框，使用"增强属性编辑器"对话框编辑块属性值。

说明：使用方法（1）~（3）只能修改图块属性的属性值，不能修改属性值文本的格式；使用方法（4），通过"增强属性编辑器"不仅可以修改图块属性值，同时可以修改属性值文本格式，如图 8-62 所示。

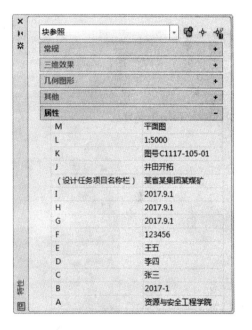

图 8-61 图块特性选项卡

8.6.1.1 一般属性编辑

A 执行方式

命令行：输入"ATTEDIT"→按〖Enter〗键。

B 操作格式

命令：

ATTEDIT　　　　//调用编辑属性命令

选择块参照：　　//选择要编辑属性值的块对象，系统打开"编辑属性"对话框，如图 8-63 所示

C 选项说明

"编辑属性"对话框中显示所选图块中包含的属性值。当属性值超过 8 个时，显示前 8 个，点击"上一个"和"下一个"选项，可查看全部定义属性值，用户可对这些属性值进行修改。

8.6.1.2 增强属性编辑

A 执行方式

功能区：〖默认〗选项卡→"块"选项板→"单个"按钮；或者〖插入〗选项卡→〖编

图 8-62 "增强属性编辑器"对话框

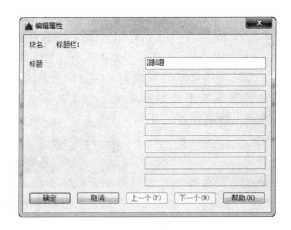

图 8-63 "编辑属性"对话框

辑属性〗按钮,如图 8-64 所示。

菜单栏:〖修改〗菜单→〖对象〗选项→〖属性〗选项→〖单个〗按钮。

命令行:输入"EATTEDIT"→按〖Enter〗或〖Space〗键。

B 操作格式

命令:

EATTEDIT   //调用"编辑属性单个"命令

选择块: //选择包含属性定义的块,系统打开"增强属性编辑器"对话框,如图 8-65 所示

C 选项说明

(1)〖属性〗选项卡。用于显示块中每个属性的标记名称、提示和值。在列表框中选择某一属性后,在"值"文本框中将显示该属性对应的属性值,可以通过它来修改属

图 8-64 〖编辑属性〗按钮

图 8-65 "增强属性编辑器"对话框

性值。

（2）〖文字选项〗选项卡。用于编辑属性值文字格式。包括文字样式、对正、高度、旋转、反向、颠倒、宽度比例和倾斜角度等，如图 8-66 所示。

图 8-66 "增强属性编辑器"对话框〖文字选项〗选项卡

（3）〖特性〗选项卡。用于设置属性所在图层、线型、线宽、颜色及打印样式等，如图 8-67 所示。

图 8-67 "增强属性编辑器"对话框〖特性〗选项卡

D 功能示例

【例 8-6】 将标题栏块比例属性值修改为 1∶2000。

(1) 打开插入标题栏块的 A3 图框线图形,双击标题栏图块,打开"增强属性编辑器"对话框,如图 8-68 所示。

图 8-68 "增强属性编辑器"对话框

(2) 在"增强属性编辑器"对话框〖属性〗选项板的选项列表中,单击比例属性值的标记名称 L,然后在"值"文本框中将 1∶5000 修改为 1∶2000,如图 8-69 所示。

(3) 在"增强属性编辑器"对话框中,单击〖确定〗按钮,完成属性编辑。

所在学院	资源与安全工程学院			某省某集团某煤矿		
专业班级	2017-1	学号	123456			
设计制图	张三	日期	2017.9.1	井田开拓	图号 C1117-105-01	比例
指导老师	李四	日期	2017.9.1			1∶2000
评阅老师	王五	日期	2017.9.1	平面图	中国矿业大学(北京)	

图 8-69 修改后标题栏

8.6.2 管理块属性定义

块属性管理器可以对当前图形中所有块定义中的属性进行管理。在 AutoCAD2016 中，用户要编辑和图形文件一起创建为图块的属性值，即块属性值，可以使用"增强属性编辑器"来实现。

对块属性定义（包括标记、提示、默认值、模式、属性值文本显示和其他特性）的编辑，则需要使用"块属性管理器"对话框。

A　执行方式

功能区：〖插入〗选项卡→"块定义"面板→"管理属性"按钮。

菜单栏：〖修改〗菜单→〖对象〗选项→〖属性〗选项→〖块属性管理器〗按钮。

命令行：输入"BATTMAN"命令→按〖Enter〗键。

B　操作格式

命令：

BATTMAN 　　　//调用块属性管理器命令，系统打开"块属性管理器"对话框，如图 8-70 所示

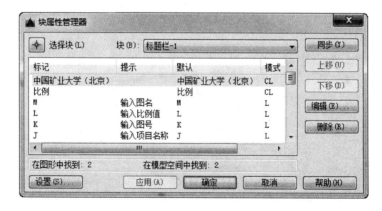

图 8-70　"块属性管理器"对话框

C　选项说明

（1）〖同步〗按钮。用于更新包含当前定义的属性特性的选定块的全部实例，但同步后属性特性修改前块中赋给属性的值不会改变。

（2）〖删除〗按钮。用于块定义属性列表中删除选定的属性。

（3）〖上移〗和〖下移〗按钮。用于更改选定属性在提示列表中的顺序，即更改在带属性的块插入图形文件时提示出现的顺序；另外，对于固定模式的属性即长亮属性，该两按钮不可用。

（4）〖编辑〗按钮。单击该按钮，可以打开用于修改选定属性的"编辑属性"对话框，如图 8-71 所示。

（5）〖设置〗按钮。单击该按钮，可以打开"块属性设置"对话框，用于设置"块属性管理器"中显示的属性信息种类。

例如，在块属性设置对话框勾选宽度因子复选框，则在"块属性管理器"对话框列表中会出现属性宽度因子项信息。

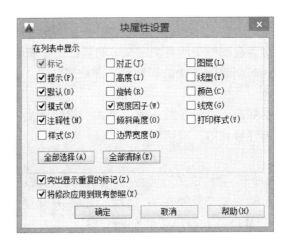

图 8-71   "块属性设置"对话框中勾选宽度因子

1）"突出显示重复的标记"复选框。默认勾选，用于显示列表中重复属性项，此时重复属性项信息会显示为红色，如图 8-72 所示。

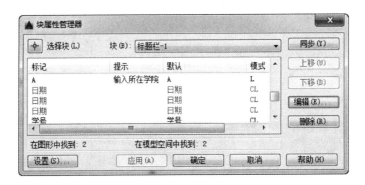

图 8-72   勾选突出显示重复的标记效果

2）"将修改应用到现有参照"复选框。用于指定是否更新当前属性修改块的所有实例。

8.7   外 部 参 照

8.7.1   认识外部参照

8.7.1.1   外部参照的概念

所谓外部参照就是把一个图形文件附加到当前工作的图形中，被插入的图形文件信息并不直接加到当前的图形文件中，当前图形只是记录了引用关系。

插入的参照图形与外部的原参照图形保留着一种"链接"关系，即外部的原参照图形如果发生了改变，被插入到当前图形中的参照图形也将作相应的改变，此内容适用于正在进行中的项目的分工协同合作。

8.7.1.2 外部参照与图块的区别

外部参照与图块命令功能类似，但有着实质的区别：

当一个图形被作为块插入当前图形时，块定义和所有关联的几何图形都将存储在当前图形数据库中，并且修改原图形后，当前图形中的块不会随之更新。

当一个图形文件被作为外部参照插入到当前图形中时，外部参照中的每个图形的数据仍分别保存在各自的源图形文件中，当前图形文件中所保存的只是外部参照的名称和路径。

外部参照图形是以调用的形式插入到当前图形中的图形文件。在 AutoCAD 中，A 图作为外部参照被 B 图引用，则称 A 图为外部参照图形，B 图为宿主图形。外部参照图形和宿主图形共同构成当前图形。

在外部参照图形中所作的修改和保存等操作，将会及时的反映在当前图形中。另外，使用外部参照不会明显地增加当前图形文件大小，当前图形文件大小基本与宿主图形大小一致。这是因为当用户保存一个含有外部参照的当前图形文件时，系统仅会储存外部参照的名称和路径而不会将外部参照作为当前图形文件数据进行储存；当用户打开一个含有外部参照的图形文件时，系统仅会按照记录的名称和路径去搜索显示外部参照文件。

在当前图形文件中，用户可以对外部参照进行比例缩放、移动、复制、镜像或旋转等操作，还可以控制外部参照的显示状态，但这些操作都不会影响到外部参照的源图文件。

8.7.2 插入外部参照

A 执行方式

功能区：〖插入〗选项卡→"参照"面板→〖附着〗按钮，如图 8-73 所示。

菜单栏：〖插入〗菜单→根据外部参照类型选择对应命令（例如〖DWG 参照〗），如图 8-74 所示。

图 8-73 参照选项板　　　　　　　　　　图 8-74 插入菜单

命令行：输入"ATTACH 或 XATTACH（XA）"命令→按〖Enter〗或〖Space〗键，选择需要插入的外部参照图形→单击〖打开〗按钮。

B 操作格式

命令：

ATTACH　//调用外部参照命令，系统打开"选择参照文件"对话框，如图 8-75 所示

附着外部参照"采矿工程制图图形"：　　　　//在对话框中选择外部参照图形
C：\Users\yfl1402\Desktop\
采矿工程制图图形.dwg　　　　　　　　//显示外部参照图形的文件名及位置

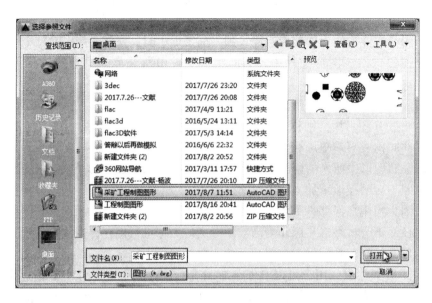

图 8-75　"选择参照文件"对话框

"采矿工程制图图形"已加载。　　　　　　//选择图形后点击"打开"，系统打开"附着外部参
　　　　　　　　　　　　　　　　　　　　　　照"对话框，如图 8-76 所示，设置后点"确定"
　　　　　　　　　　　　　　　　　　　　　　完成加载
指定插入点或
[比例(S)/X/Y/Z/旋转(R)/
预览比例(PS)/PX(PX)/PY(PY)/
PZ(PZ)/预览旋转(PR)]：　　　　　　　//在绘图区指定插入点

C　选项说明

调用外部参照命令后，系统打开"选择参照文件"对话框，用户可以从中选择外部
参照图形文件。其部分选项作用说明如下：

(1)"位置"列表。提供对预定义位置的快速访问。通过将"位置"列表中的图标
拖至新位置来对图标重新排序。要向"位置"中添加新图标，请从该列表中拖动文件夹。
对"位置"列表所做的修改将会影响所有标准文件选择对话框。

(2)搜索。该选项对应的图形符号为 ，用于显示当前文件夹或驱动器。

单击箭头查看文件夹路径的层次结构并浏览路径树、其他驱动器、网络连接、FTP 位
置或者 Web 文件夹（"Web 文件夹"或"我的网络位置"，取决于用户的操作系统版本）。
可以在 Windows 资源管理器中创建 Web 文件夹。

在"选择参照文件"对话框中选择外部参照图形后，点击〖打开〗按钮，系统将打
开"附着外部参照"对话框，其选项作用说明如下：

(1)名称。标识已选定要进行附着的 DWG。

(2)浏览。用于显示"选择参照文件"对话框（标准文件选择对话框），从中可为

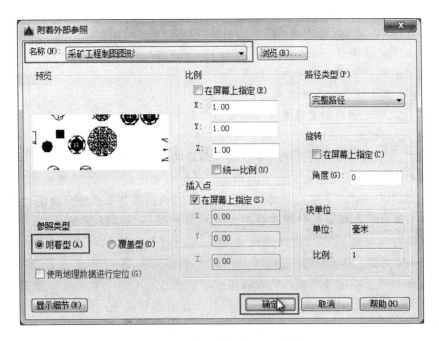

图 8-76 "附着外部参照"对话框

当前图形选择新的外部参照。

（3）预览。用于显示已选定要进行附着的 DWG。

（4）参照类型。用于指定外部参照为附着还是覆盖。

1）附着型。该类型外部参照可以进行多级附着。

如果 A 图中附着了 B 图，那么将 A 图附着到 C 图时，在 C 图中既可以看到 A 图，也可以看到 B 图。

2）覆盖型。该类型外部参照不可以进行多级附着。

如果 A 图中覆盖引用了 B 图，当 A 图再被 C 图附着时，在 C 图中，将不在关联 B 图，即 C 图中只能看到 A 图，不再显示 B 图。

说明：覆盖和附着的区别在于如何处理嵌套的参照。嵌套是在一个外部参照图形中包含另一个外部参照图形的情况。一个外部参照（不论它是附着的或覆盖的）中的附着参照在当前图形中总是可见的，而覆盖参照总是不可见的。

（5）使用地理数据进行定位。使用地理数据的图形附着为参照。

（6）比例。用于指定比例因子。

1）在屏幕上指定。允许用户在命令提示下或通过定点设备输入。

2）统一比例。将 Y 和 X 比例因子设定为与 Z 一样。

（7）插入点。用于指定外部参照的插入点。

在屏幕上指定。允许用户在命令提示下或通过定点设备输入。

（8）路径类型。用于选择完整（绝对）路径、外部参照文件的相对路径或"无路径"、外部参照的名称（外部参照文件必须与当前图形文件位于同一个文件夹中）。

完整路径格式：E：\文档\左视图.dwg

相对路径格式：.\左视图.dwg

无路径格式：左视图.dwg

指定相对文件夹路径的符号约定如下：

"\"：查看宿主图形所在硬盘驱动器的根文件夹。

"路径"：从宿主图形的文件夹中，按照指定的路径查找。

"\路径"：从根文件夹中，按照指定的路径查找。

".\路径"：从宿主图形的文件夹中，按照指定的路径查找。

"..\路径"：从宿主图形的文件夹，向上移动一层文件夹并按照指定的路径查找。

"..\..\路径"：从宿主图形的文件夹，向上移动两层文件夹并按照指定的路径查找。

注意：如果包含参照文件的图形被移动或保存到另一个路径、另一个本地硬盘驱动器，则必须编辑所有相对路径，使其适应宿主图形的新位置，或者必须重新定位参照文件。

（9）旋转。用于指定外部参照的旋转角度。

1）在屏幕上指定。如果选择此选项，则可在退出该对话框后用定点设备或在命令提示下旋转对象。

2）角度。如果未选择"在屏幕上指定"选项，则可以在对话框里输入旋转角度值。

（10）块单位。用于显示有关块单位的信息。

D　功能示例

【例8-7】　使用外部参照绘制水平放倒圆筒主视图和左视图。

（1）绘制圆筒左视图，并命名保存为"左视图.dwg"；然后绘制圆筒主视图，并命名保存为"主视图.dwg"，如图8-77所示。

（2）打开"主视图.dwg"文件作为宿主图形，执行xattach命令，打开"选择参照文件"对话框，选择"左视图.dwg"文件为参照文件如图8-78所示。

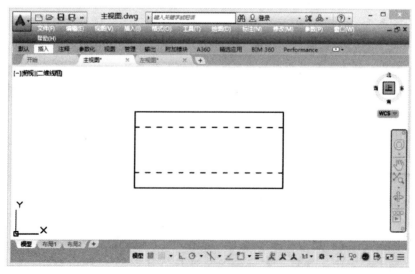

(a) 主视图

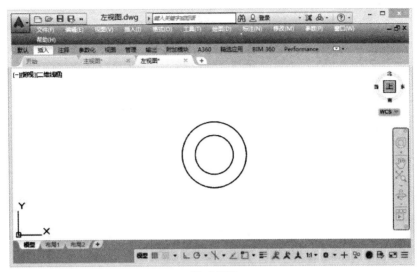

(b) 左视图

图 8-77 圆筒视图

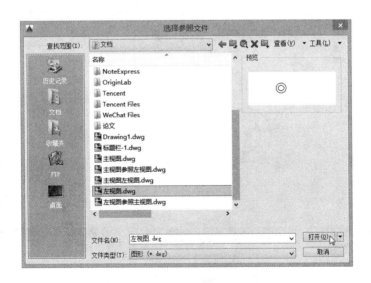

图 8-78 选择左视图为参照文件

（3）单击〖打开〗按钮，打开"附着外部参照"对话框，选择"参照类型"为"附着型"，选择"插入点"为"在屏幕上指定"，单击〖确定〗按钮，窗口切换到当前窗口，指定参照插入位置，如图 8-79 所示。

（4）在主视图中单击外部参照左视图插入位置，完成外部参照插入，效果如图 8-80所示。

（5）单击另存为，命名为"主视图—参照左视图"进行保存。

说明：AutoCAD 外部参照命令还具有插入参考底图的功能，该功能与附着外部参照作用类似。当绘制的一套图纸包括多张平面图形时，为了绘制方便且保证图纸的准确性和

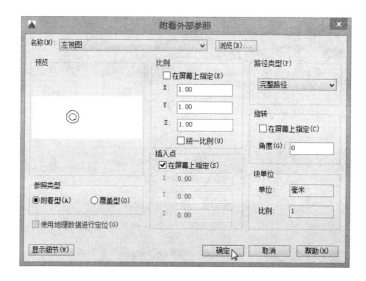

图 8-79　"附着外部参照"对话框

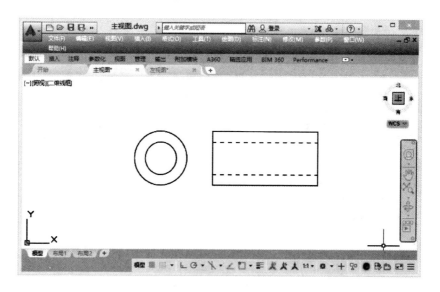

图 8-80　主视图中使用外部参照效果

统一性，通常需要设置一个参考底图。参考底图的格式包括"PDF""DWF""DGN"三种。

　　DWF 格式文件是一种由 DWG 文件创建的压缩文件格式，该文件易于在 Web 上发布和查看，它是以矢量格式为基础创建的压缩文件，用户打开和传输压缩 DWF 文件要比 DWG 格式的要快得多。DWF 文件支持实时平移和缩放以及对图层显示和命令视图显示的控制。

　　DGN 文件是 MicroStation 绘图软件生成的文件，DGN 文件格式不限制精度、层数及文件和单元的大小，其中的数据是经过快速优化、校验并压缩到 DGN 文件中的，这有利于节省网络宽带和存储空间。

8.7.3 外部参照的管理

在 AutoCAD 中，用户可以在"外部参照"对话框中对外部参照进行编辑和管理。外部参照的引用并非越多越好，应结合实际需要进行选择。例如，暂时用不到的参照可以先"卸载"，下次使用时再重新加载即"重载"，无继续使用价值的参照应"拆离"。

8.7.3.1 外部参照对话框

通过"外部参照"对话框，可以附着、覆盖、列出、绑定、拆离、重载、卸载和重命名当前图形中的外部参照以及修改其路径。

A 执行方式

功能区：选中外部参照图形对象→功能区〖外部参照〗选项卡→单击〖外部参照〗按钮，如图 8-81 所示。

菜单栏：〖插入〗菜单→〖外部参照〗命令。

图 8-81 外部参照选项板

命令行：输入"XREF"命令→按〖Enter〗或〖Space〗键。

B 操作格式

命令：

XREF   //调用外部参照命令，系统打开"外部参照"对话框，如图 8-82 所示

图 8-82 "外部参照"对话框

C 选项说明

"外部参照"对话框用于组织、显示并管理参照文件。其包含的选项作用说明如下：

（1）附着。将文件附着到当前图形。从列表中选择一种格式以显示"选择参照文件"对话框。

（2）刷新。刷新列表显示或重新加载所有参照以显示在参照文件中可能发生的任何更改。

（3）更改路径。修改选定文件的路径。用户可以将路径设置为绝对或相对。

（4）文件参照。以"列表视图"或"树状图"的形式显示文件参照的信息。

参照文件列表。在当前图形中显示参照的列表，包括状态、大小和创建日期等信息。

双击文件名以对其进行编辑；双击"类型"下方的单元以更改路径类型（仅限DWG）；右击列表中的文件，系统打开快捷菜单，该菜单各选项作用说明如下：

1）"打开"。用于在新建窗口中打开选定的外部参照进行编辑。

2）"附着"。用于打开选择参照文件对话框，从中选择需要插入到当前空间的参照文件。

3）"卸载"。用于从当前图形中移走不需要的外部参照文件，移走后仍保留该文件的路径，当再次参照该图形时，单击对话框中的"重载"按钮即可。

4）"重载"。可以在不退出当前图形的情况下，更新外部参照文件。

5）"拆离"。可以从当前图形中移去不需要的外部参照文件。

6）"绑定"。通过绑定将依赖外部参照的命名对象合并到图形中后，可以像使用图形自身的命名对象一样使用它们。

（5）详细信息。显示选定参照的信息或预览图像。

预览。显示在"文件参照"下选定的文件的缩略图图像。

8.7.3.2　绑定外部参照

"绑定"功能用于使当前图形中的外部参照图形成为当前图形的永久部分。绑定后，当前图形中外部参照图形和源文件不再相互关联。

比如有 A、B 两图，A 作为参照插入到 B 图里，修改 A，在 B 图里也会有更新，在 B 图里在位修改，A 同样也会改变，但是绑定后，修改就互不关联。

A　执行方式

菜单栏：〖修改〗菜单→〖对象〗选项→〖外部参照〗选项→〖绑定〗命令。

命令行：输入"Xbind 或 Xb"→按〖Enter〗或〖Space〗键。

外部参照管理器：在"文件参照"列表中，右键单击需要绑定的外部参照，选择〖绑定〗命令，如图 8-83 所示。

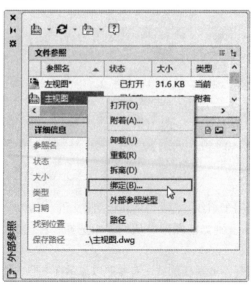

图 8-83　右键单击参照名菜单

B　操作格式

执行〖绑定〗命令，打开"外部参照绑定"对话框；在"外部参照"列表中选择绑定对象，然后单击〖添加〗按钮，将参照对象添加到"绑定定义"区，单击〖确定〗按钮完成外部参照绑定，如图 8-84 所示。

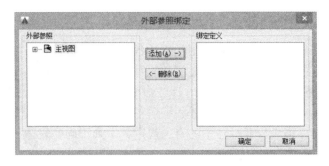

图 8-84　"外部参照绑定"对话框

8.7.3.3　拆离和卸载

"拆离"用于删除外部参照和所有相关联信息。"卸载"用于卸载当前图形中暂时不需要使用的外部参照。卸载的图形不显示和打印，只显示图像边界。二者区别是：前者是永久删除外部参照，后者只是暂时停止加载外部参照，下次需要使用时可以重新加载。

综 合 练 习

（1）什么是图块，图块可分为几类，图块的使用给具体实际绘图过程带来哪些便利？

（2）什么是块属性，如何定义、修改并创建块属性？

（3）块属性中具体的块属性值怎么编辑？

（4）说明外部参照与块属性的区别。

（5）绘制图 8-85 所示的图形，并将它创建成块。

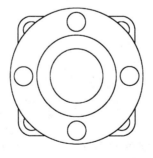

图 8-85　绘制图形并创建块

9 标注样式与标注

在采矿工程制图中，图形的主要作用是表达各巷道的连接关系与各巷道、硐室的位置和结构，巷道和硐室的真实距离和他们之间的相对位置只能通过尺寸标注来实现。

AutoCAD 2016 提供了一套完整的尺寸标注命令，并且提供"标注样式管理器"命令来控制尺寸标注的样式，可以方便的设置和编辑各种类型的尺寸样式。在设置尺寸样式和标注样式时，必须遵循煤炭行业标注中的有关规定，做到正确、完整、清晰和合理地标注尺寸，以满足煤炭生产实际的相关要求。

9.1 尺寸标注的规则与组成

9.1.1 尺寸标注的规则

在制图中，为了保证不会因为误解而造成差错，尺寸标注必须要遵守相应行业统一的规则标准和方法。

在采矿制图中，尺寸标注应符合下列规定：

(1) 视图标注的尺寸数据应与比例尺度量相符。

(2) 视图中的尺寸，以毫米或米为单位时，可不标注计量单位的名称或符号。当采用其他单位时，应注明相应的计量单位的名称或符号，并应在图纸附注中注明单位。

(3) 视图尺寸宜只标注一次，并应标注在反应该结构的图形上，仅在特殊情况下或实际需要时可重复标注。

(4) 规划图、开拓平面图、剖面图等图中尺寸宜以米为单位。施工图中除高程外，宜以毫米为单位。

9.1.2 尺寸标注的组成

尺寸标注一般包括尺寸界线、尺寸线、尺寸线终端（箭头或斜线）和尺寸数字，如图 9-1 所示。AutoCAD 通常将这四部分作为一个对象。

(1) 尺寸界线。尺寸界线用细实线绘制。为了标注清晰，通常用尺寸界线将标注的尺寸引出被标注对象之外，有时也用轮廓线、对称中心线、轴线作为尺寸界线（图 9-1 的尺寸界线用的是轮廓线）。尺寸界线一般与尺寸线垂直，必要时才允许与尺寸线倾斜。

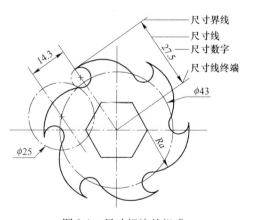

图 9-1 尺寸标注的组成

（2）尺寸线。尺寸线用细实线绘制，用来表示标注的范围。

（3）尺寸线终端。尺寸线的终端可以有箭头或45°细倾斜线两种形式，用于标记标注的起始和终止位置。只有当尺寸线和尺寸界线相互垂直时，尺寸线的终端才采用细倾斜线这种形式。但要注意，在同一张图样中，当尺寸线和尺寸界线相互垂直时，尺寸线的终端只能采用一种形式。

（4）尺寸数字。尺寸数字是标记尺寸实际大小的字符串，既可以反应基本尺寸，也可以为标注文字附加前缀、后缀和尺寸公差。尺寸数字一般应标写在尺寸线的上方，也允许注写在尺寸线的中断处，必要时还允许尺寸数字注写在引出线处。

9.2 尺寸标注创建的基本步骤

在 AutoCAD 2016 中，用户对绘制的图形进行标注时，首先需要完成尺寸标注的创建。其创建的基本步骤如下所述：

（1）为尺寸标注创建一个图层。尺寸标注是用户绘制图形的组成部分，为了方便区分和管理，用户需要单独创建一个图层，在该图层上创建尺寸标注。

（2）为尺寸标注设置文字样式。在"文字样式"对话框中创建一种文字样式，将其应用于尺寸标注。

（3）创建尺寸标注样式。在"标注样式管理器"对话框中创建并设置标注样式。

（4）保存样板文件。为避免每次绘图时都进行设置，可以将设置好的图层、文字样式和标注样式等保存为样板文件，以便下次调用。

9.3 尺寸标注样式

在进行尺寸标注之前，首先应该创建所需的标注样式。由于专业的不同，对图纸的尺寸标注有不同的要求，绘制采矿工程制图时，尺寸标注有自己的要求。AutoCAD 2016 可以把不同类型图纸对尺寸标注的要求设置成不同的尺寸标注样式，并保留下来，以备后用。

9.3.1 标注样式的创建

标注样式是通过"标注样式管理器"对话框来设置的。

A 执行方式

功能区：〖默认〗选项卡→"注释"面板→"标注样式"按钮 。

命令行：输入"DIMSTYLE"→按〖Enter〗或〖Space〗键。

B 操作格式

命令：

DIMSTYLE   //调用标注样式命令，系统打开"标注样式管理器"对话框，如图9-2所示

C 选项说明

"标注样式管理器"对话框用于创建新样式、设定当前样式、修改样式、设定当前样式的替代以及比较样式。各选项作用说明如下：

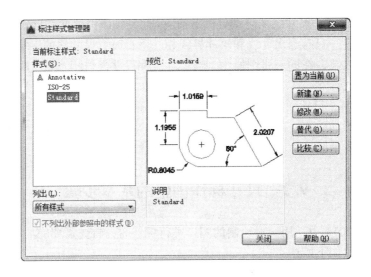

图 9-2　"标注样式管理器"对话框

（1）当前标注样式。显示当前标注样式的名称。

（2）样式。列出图形中的标注样式，当前样式被亮显。

（3）列出。在"样式"列表中控制样式显示。

（4）不列出外部参照中的样式。如果选择此选项，在"样式"列表中将不显示外部参照图形的标注样式。

（5）预览。显示"样式"列表中选定样式的图示。

（6）说明。说明"样式"列表中与当前样式相关的选定样式。

（7）置为当前。将在"样式"下选定的标注样式设定为当前标注样式。当前样式将应用于所创建的标注。

（8）新建。显示"创建新标注样式"对话框，如图 9-3 所示，从中可以定义新的标注样式。点击继续选项，系统打开"新建标注样式"对话框，如图 9-4 所示。

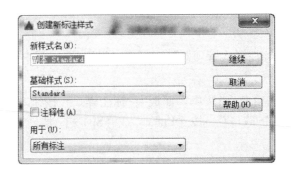

图 9-3　"创建新标注样式"对话框

（9）修改。显示"修改标注样式"对话框，如图 9-5 所示，从中可以修改标注样式。对话框选项与"新建标注样式"对话框中的选项相同。

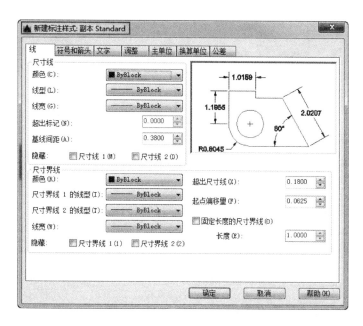

图9-4 "新建标注样式"对话框

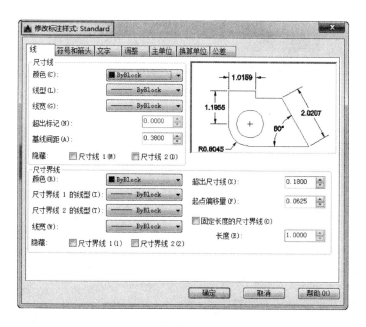

图9-5 "修改标注样式"对话框

（10）替代。显示"替代当前样式"对话框，如图9-6所示，从中可以设定标注样式的临时替代值。

对话框选项与"新建标注样式"对话框中的选项相同；替代将作为未保存的更改结果显示在"样式"列表中的标注样式下。

（11）比较。显示"比较标注样式"对话框，如图9-7所示，从中可以比较两个标注

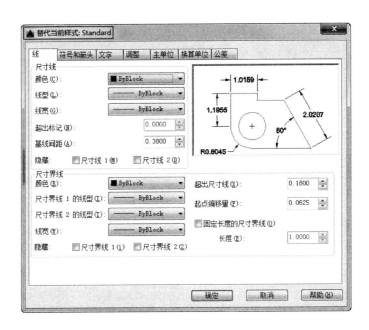

图 9-6 "替代当前样式"对话框

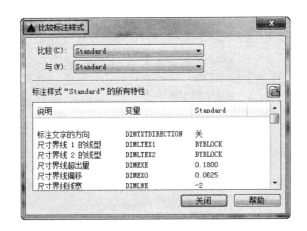

图 9-7 "比较标注样式"对话框

样式或列出一个标注样式的所有特性。

D 功能示例

（1）功能区〖默认〗选项卡，选择"注释"面板中的"标注样式"按钮，如图 9-8 所示。

（2）系统弹出"标注样式管理器"对话框，如图 9-9 所示。

（3）在"标注样式管理器"对话框中单击〖新建〗按钮，弹出"创建新标注样式"对话框，如图 9-10 所示。把"新样式名"由"副本 ISO-25"改为"采矿制图"，"基础样式"默认为"ISO-25"，默认用于所有标注，然后单击〖继续〗。

图9-8 注释面板单击工具

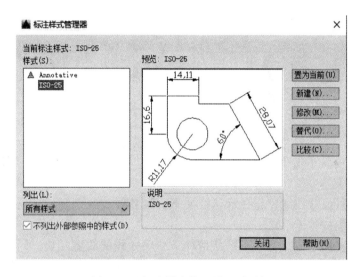

图9-9 "标注样式管理器"对话框

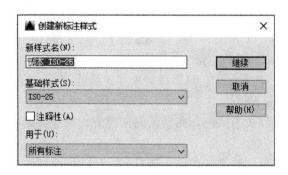

图9-10 "创建新标注样式"对话框

(4) 弹出"新建标注样式：采矿制图"对话框，默认〖线〗选项卡，如图9-11所示。

1) 在"尺寸线"选项区中，可以设置尺寸线的颜色、线性、线宽、超出标记及基线

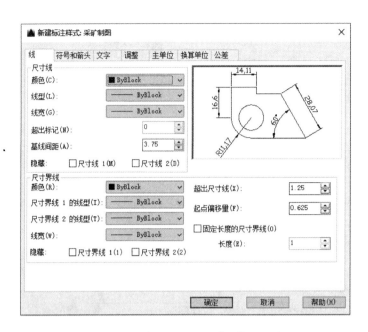

图 9-11   新建标注样式之〖线〗选项卡

间距等属性。

① 颜色。设置尺寸线颜色，在默认的情况下，尺寸线的颜色随块。同时也可以单击下拉菜单，选择颜色。

② 线型。设置尺寸线线型，在默认情况下，尺寸线的线型随块。同时也可以单击下拉菜单，选择线型。

③ 线宽。设置尺寸线线宽，在默认情况下，尺寸线的线宽随块。同时也可以单击下拉菜单，选择线宽。

④ 超出标记。当尺寸线的终端采用倾斜、建筑标记、小点、积分或无标记等样式时，可以微调尺寸线超出尺寸界线的长度。

⑤ 基线间距。进行基线尺寸标注时，设置各尺寸线之间的距离。

⑥ 隐藏。通过选择"尺寸线 1"或"尺寸线 2"复选框，可以隐藏第一段或第二段及其相应的终端（箭头或斜线），如图 9-12 所示。

2）在"尺寸界线"选项区中，可以设置尺寸界线的颜色、线宽、超出尺寸线的长度和起点偏移量，隐藏控制等属性。

① 颜色。设置尺寸界线的颜色，在默认的情况下，尺寸界线的颜色随块。同时也可以单击下拉菜单，选择颜色。

② 线宽。设置尺寸界的线宽，在默认情况下，尺寸界线的线宽随块。同时也可以单击下拉菜单，选择线宽。

③ 超出尺寸线。设置尺寸界线超出尺寸线的距离，如图 9-13 所示。

④ 起点偏移量。用于设置尺寸界线的起点与标注定义点的距离，如图 9-14 所示。

⑤ 隐藏。通过选择"尺寸界线 1"或"尺寸界线 2"复选框，可以隐藏尺寸界线，如图 9-15 所示。

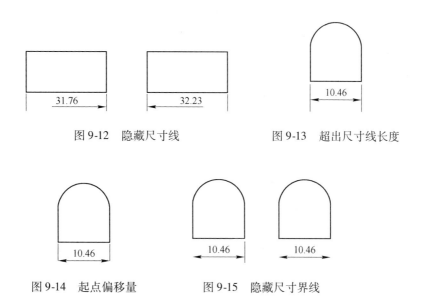

图 9-12　隐藏尺寸线　　　　　　图 9-13　超出尺寸线长度

图 9-14　起点偏移量　　　　图 9-15　隐藏尺寸界线

（5）在"新建标注样式：采矿制图"对话框中，切换到〖符号和箭头〗选项卡，如图 9-16 所示。

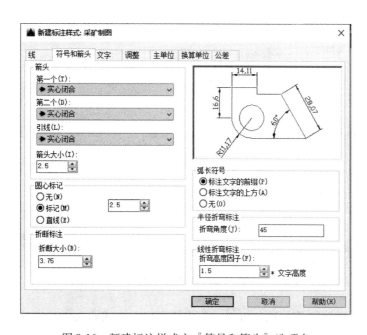

图 9-16　新建标注样式之〖符号和箭头〗选项卡

1）在"箭头"选项区中，可以设置箭头的类型及尺寸大小，一般情况下，尺寸线的箭头应一致。

① 第一个。设置第一条尺寸线的箭头，可以通过下拉菜单选择。

② 第二个。设置第二条尺寸线的箭头，可以通过下拉菜单选择。

③ 引线。设置引线箭头，可以选择下拉菜单选择。

④ 箭头大小。显示和设置箭头的大小。

2）在"圆心标记"选项区，可以设置圆
心标记的类型和大小。

① 无。不创建圆心标记或中心线。

② 标记。对圆或圆弧绘制圆心标志。

③ 直线。对圆或圆弧绘制中心线。

3）在"弧长符号"选项区，控制弧长标
注中圆弧符号的显示，如图 9-17 所示。

① 标注文字的前缀。将圆弧符号放在标注文字的前面。

② 标注文字的上方。将圆弧符号放在标注文字的上方。

③ 无。不显示圆弧符号。

图 9-17　弧长符号

（6）在"新建标注样式：采矿制图"对话框中，切换到〖文字〗选项卡，如图 9-18
所示。

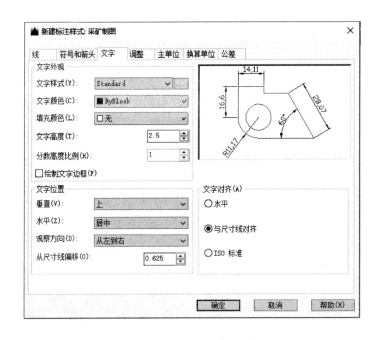

图 9-18　新建标注样式之〖文字〗选项卡

1）在"文字外观"选项区，可以设置标注文字的格式和大小。

① 文字样式。显示和设置当前标注文字样式。

② 文字颜色。设置标注文字的颜色，可以通过下拉菜单选择。

③ 填充颜色。设置标注文字背景的颜色，可以通过下拉菜单选择。

④ 文字高度。设置当前标注文字样式的高度。

⑤ 分数高度比例。设置相对于标注文字的分数比例。

⑥ 绘制文字边框。如果选择此选项，将在标注文字周围绘制一个边框，如图 9-19
所示。

2）在"文字位置"选项区，可以设置标注文字的位置，如图9-20所示。

① 垂直。控制标注文字相对于尺寸线的垂直位置。

② 水平。控制标注文字相对于尺寸线的水平位置。

③ 从尺寸线偏移。设置当前文字间距，文字间距是指当尺寸线断开以容纳标注文字时文字周围的距离。

3）在"文字对齐"选项区中，可以设置标注文字放在尺寸线外边或里边时的方向是保持水平还是与尺寸线平行，如图9-21所示。

① 水平。表示水平放置文字。

② 与尺寸线对齐。表示文字与尺寸线对齐。

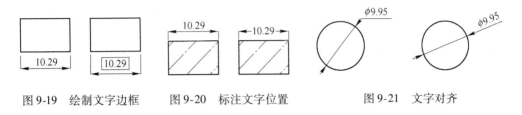

图9-19　绘制文字边框　　　图9-20　标注文字位置　　　　图9-21　文字对齐

（7）在"新建标注样式：采矿制图"对话框中，切换到〖调整〗选项卡，如图9-22所示。

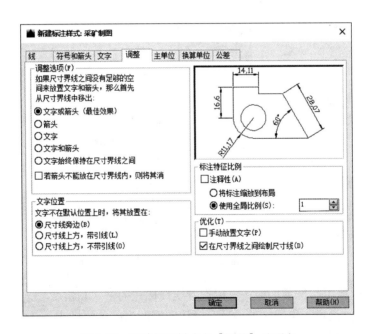

图9-22　新建标注样式之〖调整〗选项卡

1）在"调整选项"选项区中，可以设置基于尺寸线之间可用空间的文字和箭头的位置。

① 箭头。先将箭头移到尺寸线外部，然后移动文字。

② 文字。先将文字移动到尺寸线外部，然后移动箭头，当尺寸线的间距足够放置箭

头和文字时，文字和箭头都放在尺寸界线内。

③ 文字和箭头。当尺寸界线间距不足以放下文字和箭头时，文字和箭头都将移动到尺寸界线外。

④ 文字始终保持在尺寸线之间。始终将文字放在尺寸界线之间，若不能放在尺寸线内，或者尺寸界线内设有足够的空间，则隐藏箭头。

2）在"文字位置"选项区中，可以设置标注文字默认位置。

3）在"标注特征比例"选项区中，可以设置全局标准比例值或图纸空间比例。

4）在"优化"选项区中，可以对标准文本和尺寸线进行细微调整。

① 手动放置位置。选中该复选框，则忽略标注文字的水平设置，在标注时可将标注文字放置在指定的位置。

② 在尺寸界线之间绘制尺寸线。选中该复选框，当尺寸箭头放置在尺寸界线之外时，也可在尺寸界线之内绘制出尺寸线。

（8）在"新建标注样式：采矿制图"对话框中，切换到〖主单位〗选项卡，如图9-23 所示。

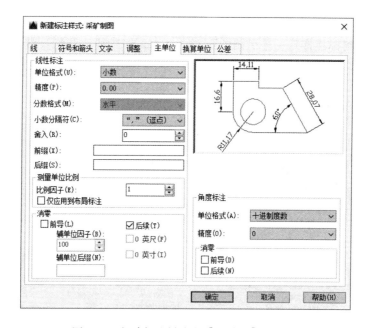

图 9-23　新建标注样式之〖主单位〗选项卡

1）在"线性标注"选项区中，可以设置线性标注的格式和精度。

① 单位格式。设置除角度之外的所有标注类型的当前单位格式。

② 精度。显示和设置标注文字中的小数位数。

③ 分数格式。设置分数格式。

④ 小数分隔符。设置用于十进制格式的分隔符。

⑤ 舍入。为除角度之外的所有标注类型设置标注测量值的舍入规则，如图 9-24 所示。

⑥ 前缀。在标注文字中包含前缀。

⑦ 后缀。在标注文字中包含后缀。

2）在“测量单位比例尺”选项区中，定义线性比例选项。

① 比例因子。可以设置测量尺寸的缩放比例。

② 仅应用到布局标注。可以设置该比例关系仅适用于布局。

(a) 默认设置为0　(b) 设置为0.5

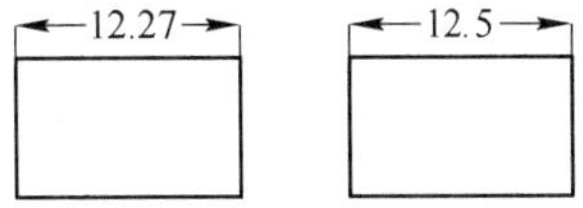

图 9-24　舍入值设置

3）“消零”选项区中，可以设置是否显示尺寸标注中的“前导”和“后续”零。

如果不显示十进制标注中的前导零，则 0.500 将表示为 .500；如果不显示后续零，则 0.500 将表示为 0.5；用户可以不显示前导零和后续零，这样 0.5000 将表示为 .5,0.0000将表示为 0.。

4）在“角度标注”选项区中，显示和设置角度标注的当前角度格式。

① 单位格式。设置角度单位格式。

② 精度。设置角度标注的小数位数。

（9）在“新建标注样式：采矿制图”对话框中，切换到〖换算单位〗选项卡，如图 9-25 所示。

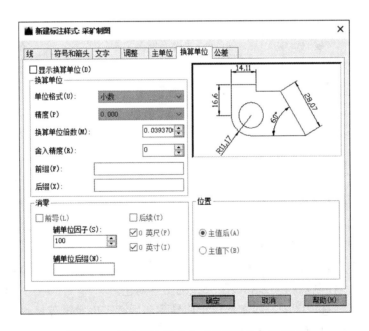

图 9-25　新建标注样式之〖换算单位〗选项卡

1）显示换算单位。向标注文字添加换算测量单位。

2）在“换算单位”选项区中，显示和设置除角度之外的所有标注类型的当前换算单位格式，如图 9-26 所示。

图 9-26　换算单位标注

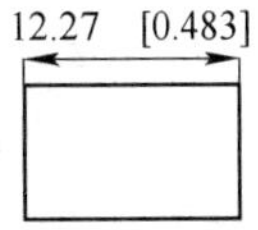

① 单位格式。设置换算单位的格式。

② 精度。设置换算单位中的小数位数。

③ 舍入精度。设置除角度之外的所有标注类型的换算单位的舍入规则。

④ 前缀。在换算标注文字中包含前缀。

⑤ 后缀。在换算标注文字中包含后缀。

3）在"位置"选项区中，可以设置标注文字中换算单位的位置。

（10）在"新建标注样式：采矿制图"对话框中，切换到〖公差〗选项卡，如图9-27 所示。

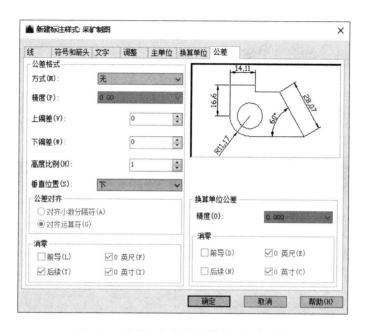

图9-27　新建标注样式之〖公差〗选项卡

1）在"公差格式"选项区中，设置公差格式，如图 9-28 所示。

① 方式。设置计算公差的方法。

② 上偏差。设置最大公差或上偏差。

③ 下偏差。设置最小公差和下偏差。

④ 高度比例。设置公差文字的当前高度。

⑤ 垂直位置。控制对称公差和极限公差的文字对正。

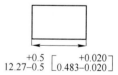

图9-28　公差格式设置

2）在"消零"选项区中，控制不输出前导零和后续零以及零英尺和零英寸部分。

① 前导。不输出所有十进制标注中的前导零。

② 后续。不输出所有十进制标注中的后续零。

9.3.2　标注样式的修改、替代和比较

9.3.2.1　标注样式的修改

执行"标注样式"命令，弹出"标注样式管理器"对话框。选择要修改的标注样式名称后，在"标注样式管理器"对话框中单击〖修改〗按钮，则可弹出"修改标准样式"对话框，如图9-29 所示。该对话框的选项卡和"创建新标准样式"对话框的使用方法基本一致。

图 9-29 "修改标注样式"对话框

9.3.2.2 标注样式的替代

执行"标注样式"命令，弹出"标注样式管理器"对话框。选择要替代的标注样式名称后，在"标注样式管理器"对话框中单击〖替代〗按钮，则可弹出"替代当前样式"对话框，如图 9-30 所示。该对话框的选项卡和"创建新标准样式"对话框的使用方法基本一致。

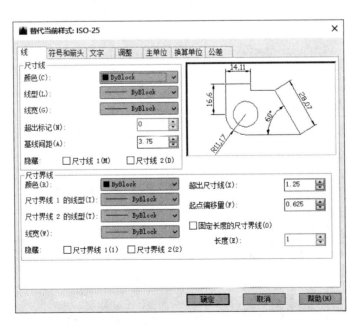

图 9-30 "替代当前样式"对话框

9.3.2.3 标注样式的比较

执行"标注样式"命令，弹出"标注样式管理器"对话框。选择要修改或替代的标注样式名称后，在"标注样式管理器"对话框中单击〖比较〗按钮，则可弹出"比较标注样式"对话框，如图9-31所示。该对话框中"比较"列表用于指定要进行比较的第一个标准样式，"与"列表指定第二个标准样式。

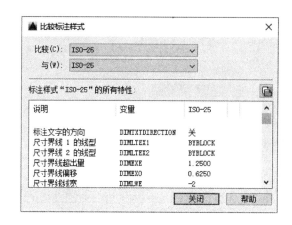

图9-31 "比较标注样式"对话框

9.4 尺寸标注

尺寸标注的类型主要有线性标注、对齐标注、弧长标注、坐标标注、半径标注、折弯标注、直径标注、角度标注、基线标注、连续标注、快速标注。

9.4.1 线性标注

A 执行方式

功能区：〖默认〗选项卡→"注释"面板→"线性"按钮┠┤。

菜单栏：〖标注〗菜单→〖线性〗选项。

命令行：输入"DIMLINEAR"→按〖Enter〗或〖Space〗键。

B 操作格式

命令：DIMLINEAR　　　　　　　　　　　　//调用线性标注命令

指定第一个尺寸界线原点或<选择对象>：　　//指定第一个点

指定第二条尺寸界线原点：　　　　　　　　//指定第二个点

指定尺寸线位置或[多行文字(M)/文字(T)/

角度(A)/水平(H)/垂直(V)/旋转(R)]：　　//指定尺寸线位置或选其他选项

标注文字 = 18.0758

C 选项说明

(1)"多行文字"。选择此选项时，打开文字编辑器以用来编辑标注文字。

(2)"文字"。选择此选项时，则在命令提示下自定义标注文字，生成的标注测量值显示在尖括号中。

(3)"角度"。选择此选项时,修改标注文字的角度。

(4)"水平"。选择此选项时,将创建水平线性标注。

(5)"垂直"。选择此选项时,将创建垂直线性标注。

(6)"旋转"。选择此选项时,将创建旋转线性标注。

D　功能示例

命令:DIMLINEAR

指定第一个尺寸界线原点或<选择对象>:　　　　　　//指定第一个点为"1"处

指定第二条尺寸界线原点:　　　　　　　　　　　　//指定第一个点为"2"处

指定尺寸线位置或[多行文字(M)/文字(T)/

角度(A)/水平(H)/垂直(V)/旋转(R)]:　　　　　　//指定恰当的尺寸线位置

标注文字=50

完成线性标注如图9-32所示。

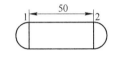

图9-32　线性标注示例

9.4.2　对齐标注

A　执行方式

功能区:〖默认〗选项卡→"注释"面板→"对齐"按钮。

菜单栏:〖标注〗菜单→〖对齐〗选项。

命令行:输入"DIMALIGNED"→按〖Enter〗或〖Space〗键。

B　操作格式

命令:DIMALIGNED　　　　　　　　　　　　　　//调用对齐标注命令

指定第一个尺寸界线原点或<选择对象>:　　　　　　//指定第一个点

指定第二条尺寸界线原点:　　　　　　　　　　　　//指定第二个点

指定尺寸线位置或

[多行文字(M)/文字(T)/角度(A)]:　　　　　　　//指定尺寸线位置或选择其他选项

标注文字=5.8007

C　选项说明

(1)"多行文字"。选择此选项时,打开文字编辑器以用来编辑标注文字。

(2)"文字"。选择此选项时,则在命令提示下自定义标注文字,生成的标注测量值显示在尖括号中。

(3)"角度"。选择此选项时,修改标注文字的角度。

D　功能示例

命令:DIMALIGNED

指定第一个尺寸界线原点或<选择对象>:　　　　　　//指定第一个点为"1"处

指定第二条尺寸界线原点： 　　　　　　　　　　//指定第一个点为"2"处

指定尺寸线位置或[多行文字(M)/

文字(T)/角度(A)]： 　　　　　　　　　　　//指定恰当的尺寸线位置

标注文字 = 40

完成线性标注如图 9-33 所示。

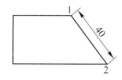

图 9-33　对齐标注示例

9.4.3　弧长标注

弧长标注用于测量圆弧或多段线圆弧上的距离。弧长标注的尺寸界线可以正交或径向。在标注文字的上方或前面将显示圆弧符号。

A　执行方式

功能区：〖默认〗选项卡→"注释"面板→"弧长"按钮 。

菜单栏：〖标注〗菜单→〖弧长〗选项。

命令行：输入"DIMARC"→按〖Enter〗或〖Space〗键。

B　操作格式

命令：DIMARC 　　　　　　　　　　　　　//调用弧长标注命令

选择弧线段或多段线圆弧段： 　　　　　　　//选择标注对象

指定弧长标注位置或[多行文字(M)/

文字(T)/角度(A)/部分(P)/引线(L)]： 　　//指定弧长标注位置或选择其他选项

标注文字 = 2.9101

C　选项说明

（1）多行文字。选择此选项时，打开文字编辑器以用来编辑标注文字。

（2）文字。选择此选项时，则在命令提示下自定义标注文字，生成的标注测量值显示在尖括号中。

（3）角度。选择此选项时，修改标注文字的角度。

（4）部分。缩短弧长标注的长度。

（5）引线。添加引线对象。仅当圆弧（或圆弧段）大于 90°时才会显示此选项。引线是按径向绘制的，指向所标注圆弧的圆心。

D　功能示例

命令：DIMARC

选择弧线段或多段线圆弧段： 　　　　　　　//选择弧长线段

指定弧长标注位置或[多行文字(M)/

文字(T)/角度(A)/部分(P)]： 　　　　　　//选择恰当的弧长标注位置

标注文字 = 46.31

完成线性标注如图 9-34 所示。

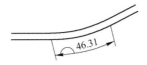

图 9-34　弧长标注示例

9.4.4　坐标标注

A　执行方式

功能区：〖默认〗选项卡→"注释"面板→"坐标"按钮。

菜单栏：〖标注〗菜单→〖坐标〗选项。

命令行：输入"DIMORDINATE"→按〖Enter〗或〖Space〗键。

B　操作格式

命令：DIMORDINATE	//调用坐标标注命令
指定点坐标：	//指定点的坐标
指定引线端点或[X 基准（X）/Y 基准（Y）/多行文字（M）/文字（T）/角度（A）]：	//指定引线端点或选择其他选项
标注文字 = 2060.7598	//标注值

C　选项说明

（1）引线端点。使用点坐标和引线端点的坐标差可确定它是 X 坐标标注还是 Y 坐标标注。

（2）X 基准。测量 X 坐标并确定引线和标注文字的方向。

（3）Y 基准。测量 Y 坐标并确定引线和标注文字的方向。

（4）多行文字。显示在位文字编辑器，可用它来编辑标注文字。用控制代码和 Unicode 字符串来输入特殊字符或符号。

（5）文字。在命令提示下，自定义标注文字。生成的标注测量值显示在尖括号中。

（6）角度。修改标注文字的角度。

D　功能示例

命令：DIMORDINATE	
指定点坐标：	//选择圆心
指定引线端点或[X 基准（X）/Y 基准（Y）/多行文字（M）/文字（T）/角度（A）]：	//输入"Y",确定 Y 轴坐标
标注文字 = 22163797.32	
命令：DIMORDINATE	
指定点坐标：	//选择圆心
指定引线端点或[X 基准（X）/Y 基准（Y）/多行文字（M）/文字（T）/角度（A）]：	//输入"X",确定 X 轴坐标
标注文字 = 242970260.88	

完成坐标标注如图 9-35 所示。

图 9-35　坐标标注示例

9.4.5　半径标注

半径标注为圆或圆弧创建半径标注。测量选定圆或圆弧的半径，并显示前面带有半径符号的标注文字。可以使用夹点轻松地重新定位生成的半径标注。

A　执行方式

功能区：〖默认〗选项卡→"注释"面板→"半径"按钮。

菜单栏：〖标注〗菜单→〖半径〗选项。

命令行：输入"DIMRADIUS"→按〖Enter〗或〖Space〗键。

B　操作格式

命令：DIMRADIUS	//调用半径标注命令
选择圆弧或圆：	//选择标注对象
标注文字 = 0.1692	
指定尺寸线位置或[多行文字(M)/文字(T)/角度(A)]：	//指定标注位置或选择其他选项

C　选项说明

（1）多行文字。显示在位文字编辑器，可用它来编辑标注文字。

（2）文字。在命令提示下，自定义标注文字。生成的标注测量值显示在尖括号中。

（3）角度。修改标注文字的角度。

D　功能示例

命令：DIMRADIUS	
选择圆弧或圆：	//选择圆
标注文字 = 20	
指定尺寸线位置或[多行文字(M)/文字(T)/角度(A)]：	//指定恰当的尺寸线位置

完成半径标注如图 9-36 所示。

图 9-36　半径标注示例

9.4.6　折弯标注

折弯标注（也称为缩放半径标注）为圆和圆弧创建折弯标注。测量选定对象的半径，并显示前面带有一个半径符号的标注文字。可以在任意合适的位置指定尺寸线的原点。当圆弧或圆的中心位于布局之外并且无法在其实际位置显示时，将创建折弯半径标注。可以在更方便的位置指定标注的原点（这称为中心位置替代）。

A　执行方式

功能区：〖默认〗选项卡→"注释"面板→"折弯"按钮。

菜单栏：〖标注〗菜单→〖折弯〗选项。

命令行：输入"DIMJOGGED"→按〖Enter〗或〖Space〗键。

B　操作格式

命令：DIMJOGGED　　　　　　　　　　　　//调用折弯标注命令

选择圆弧或圆：　　　　　　　　　　　　//选择标注对象

指定图示中心位置：　　　　　　　　　　//指定位置

标注文字 = 17.3714

指定尺寸线位置或[多行文字(M)/文字(T)/角度(A)]：　　//指定标注位置或选择其他选项

指定折弯位置：

C　选项说明

（1）中心位置。指定折弯半径标注的新圆心，以用于替代圆弧或圆的实际圆心。

（2）尺寸线位置。确定尺寸线的角度和标注文字的位置。

（3）多行文字。显示在位文字编辑器，可用它来编辑标注文字。

（4）文字。在命令提示下，自定义标注文字。生成的标注测量值显示在尖括号中。

（5）角度。修改标注文字的角度。

（6）指定折弯位置。指定折弯的中点。

D　功能示例

命令：DIMJOGGED

选择圆弧或圆：　　　　　　　　　　　　//选择巷道的内圆弧

指定图示中心位置：　　　　　　　　　　//指定中心位置

标注文字 = 100

指定尺寸线位置或[多行文字(M)/文字(T)/角度(A)]：　　//指定恰当的尺寸线位置

指定折弯位置：　　　　　　　　　　　　//指定恰当的折弯位置

完成折弯标注如图9-37所示。

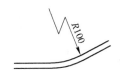

图9-37　折弯标注示例

9.4.7　直径标注

直径标注为圆或圆弧创建直径标注。测量选定圆或圆弧的直径，并显示前面带有直径符号的标注文字。可以使用夹点轻松地重新定位生成的直径标注。

A 执行方式

功能区：〖默认〗选项卡→"注释"面板→"直径"按钮◎。

菜单栏：〖标注〗菜单→〖直径〗选项。

命令行：输入"DIMDIAMETER"→按〖Enter〗或〖Space〗键。

B 操作格式

命令：DIMDIAMETER   //调用直径标注命令

选择圆弧或圆：   //选择标注对象

标注文字 = 34.7428

指定尺寸线位置或[多行文字(M)/文字(T)/角度(A)]：   //指定尺寸线位置或选择其他选项

C 选项说明

（1）尺寸线位置。指定一个点以确定尺寸线的角度和标注文字的位置。

（2）多行文字。显示在位文字编辑器，可用它来编辑标注文字。

（3）文字。在命令提示下，自定义标注文字。

（4）角度。修改标注文字的角度。

D 功能示例

命令：DIMDIAMETER

选择圆弧或圆：   //选择圆弧

标注文字 = 60

指定尺寸线位置或[多行文字(M)/文字(T)/角度(A)]：   //指定恰当的尺寸线位置

完成直径标注如图 9-38 所示。

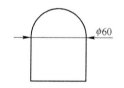

图 9-38　直径标注示例

9.4.8　角度标注

A 执行方式

功能区：〖默认〗选项卡→"注释"面板→"角度"按钮△。

菜单栏：〖标注〗菜单→〖角度〗选项。

命令行：输入"DIMANGULAR"→按〖Enter〗或〖Space〗键。

B 操作格式

命令：DIMANGULAR   //调用角度标注命令

选择圆弧、圆、直线或<指定顶点>：   //选择标注对象

指定标注弧线位置或[多行文字(M)/

文字(T)/角度(A)/象限点(Q)]：   //指定标注位置或选择其他选项

标注文字 = 161

C　选项说明

（1）选择圆弧。使用选定圆弧或多段线弧线段上的点作为三点角度标注的定义点，如图 9-39 所示。

圆弧的圆心是角度的顶点。圆弧端点成为尺寸界线的原点。在尺寸界线之间绘制一条圆弧作为尺寸线。尺寸界线从角度端点绘制到尺寸线交点。

（2）选择圆。将选择点作为第一条尺寸界线的原点，如图 9-40 所示。

圆的圆心是角度的顶点。第二个角度顶点是第二条尺寸界线的原点，且无需位于圆上。

（3）选择直线。使用两条直线或多段线线段定义角度，如图 9-41 所示。

程序通过将每条直线作为角度的矢量，将直线的交点作为角度顶点来确定角度；尺寸线跨越这两条直线之间的角度；如果尺寸线与被标注的直线不相交，将根据需要添加尺寸界线，以延长一条或两条直线；圆弧总是小于 180°。

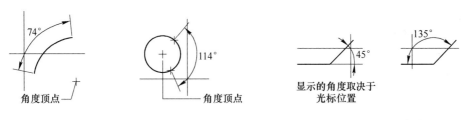

图 9-39　选择圆弧　　　图 9-40　选择圆　　　图 9-41　选择直线

（4）指定三点。创建基于指定三点的标注，如图 9-42 所示。

角度顶点可以同时为一个角度端点。如果需要尺寸界线，那么角度端点可用作尺寸界线的原点。在尺寸界线之间绘制一条圆弧作为尺寸线。尺寸界线从角度端点绘制到尺寸线交点。

（5）标注圆弧线位置。指定尺寸线的位置并确定绘制尺寸界线的方向。

（6）象限点。指定标注应锁定到的象限。

D　功能示例

命令：DIMANGULAR
选择圆弧、圆、直线或 <指定顶点>：　　　　//选择直线 AB
选择第二条直线：　　　　//选择直线 BC
指定标注弧线位置或 [多行文字(M)/
文字(T)/角度(A)/象限点(Q)]：　　　　//指定恰当的标注弧线位置
标注文字 =50
完成角度标注如图 9-43 所示。

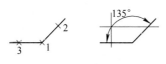
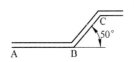

图 9-42　指定三点　　　　图 9-43　角度标注示例

9.4.9　基线标注

基线标注用于产生一系列基于同一条尺寸界线的尺寸标注，适用于长度尺寸标注、角度标注和坐标标注等。在使用基线标注之前，应该先标注出一个相关的尺寸，即在首次创建基线标注之前必须先进行线性标注。

A　执行方式

功能区：〖注释〗选项卡→"标注"面板→"基线"按钮 。

菜单栏：〖标注〗菜单→〖基线〗选项。

命令行：输入"DIMBASELINE"→按〖Enter〗或〖Space〗键。

B　操作格式

命令：DIMBASELINE　　　　　　　　　　　//调用基线标注命令

指定第二个尺寸界线原点或

［选择(S)/放弃(U)］<选择>:S　　　　　//选择"选择"选项

选择基准标注：

需要线性、坐标或角度关联标注。

选择基准标注：

指定第二个尺寸界线原点或

［选择(S)/放弃(U)］<选择>:　　　　　　//指定第二点或选择其他选项

标注文字 = 115

C　选项说明

(1) 基线标注。从上一个标注或选定标注的基线处创建线性标注、角度标注或坐标标注。

(2) 第二条尺寸界线原点。如果基准标注是线性标注或角度标注，将显示此提示。

默认情况下，使用基准标注的第一条尺寸界线作为基线标注的尺寸界线原点；可以通过显式地选择基准标注来替换默认情况，这时作为基准的尺寸界线是离选择拾取点最近的基准标注的尺寸界线；选择第二点之后，将绘制基线标注并再次显示"指定第二条尺寸界线原点"提示，若要结束此命令，请按〖Esc〗键。

若要选择其他线性标注、坐标标注或角度标注用作基线标注的基准，请按〖Enter〗键。

(3) 选择基准标注。指定线性标注、坐标标注或角度标注。否则，程序将跳过该提示，并使用上次在当前任务中创建的标注对象。

(4) 选择。AutoCAD 提示选择一个线性标注、坐标标注或角度标注作为基线标注的基准。

(5) 放弃。放弃在命令任务期间上一次输入的基线标注。

D　功能示例

命令：DIMLINEAR

指定第一个尺寸界线原点或<选择对象>:　　//指定第一个原点 A

指定第二条尺寸界线原点：　　　　　　　　//指定第二个原点 B

指定尺寸线位置或［多行文字(M)/文字(T)/

角度(A)/水平(H)/垂直(V)/旋转(R)]:   //指定恰当的尺寸线位置

标注文字 = 30

命令：DIMBASELINE

指定第二个尺寸界线原点或

[选择(S)/放弃(U)] <选择>:   //指定 C 点

标注文字 = 60

指定第二个尺寸界线原点或

[选择(S)/放弃(U)] <选择>:   //连续按〖Enter〗键结束命令

完成基线标注如图 9-44 所示。

图 9-44　基线标注示例

9.4.10　连续标注

　　连续标注用于产生一系列连续的尺寸标注，后一个尺寸标注均把前一个标注的第二条尺寸界线作为它的第一条尺寸界线。适用于长度型尺寸标注、角度型标注和坐标标注。

　　在使用连续标注方式之前，应该先标注出一个相关的尺寸，即在首次使用连续标注之前必须先进行线性标注。

　　A　执行方式

　　功能区：〖注释〗选项卡→"标注"面板→"连续"按钮︱︱︱。

　　菜单栏：〖标注〗菜单→〖连续〗选项。

　　命令行：输入"DIMCONTINUE"→按〖Enter〗或〖Space〗键。

　　B　操作格式

命令：DIMCONTINUE   //调用连续标注命令

指定第二个尺寸界线原点或

[选择(S)/放弃(U)] <选择>:S   //选择"选择"选项

选择连续标注：

指定第二个尺寸界线原点或

[选择(S)/放弃(U)] <选择>:   //指定第二个点

标注文字 = 33

　　C　选项说明

　　(1) 选择连续标注。指定线性标注、坐标标注或角度标注。

　　(2) 第二条尺寸界线原点。如果基准标注是线性标注或角度标注，将显示此提示。

　　(3) 点坐标。如果基准标注是坐标标注，将显示此提示。

　　将基准标注的端点作为连续标注的端点，系统将提示指定下一个点坐标。选择点坐标之后，将绘制连续标注并再次显示"指定点坐标"提示，若要结束此命令，请按〖Esc〗

键；若要选择其他线性标注、坐标标注或角度标注用作连续标注的基准，请按〖Enter〗键。

（4）放弃。放弃在命令任务期间上一次输入的连续标注。

（5）选择。AutoCAD 提示选择线性标注、坐标标注或角度标注作为连续标注。

　　D　功能示例

【例9-1】　以图 9-45 所示标注为例介绍连续标注的一般步骤。

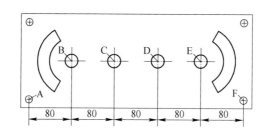

图 9-45　连续标注示例

（1）首先，在 A、B 两点使用线性标注。

命令：DIMLINEAR

指定第一个尺寸界线原点或＜选择对象＞：　　　　//指定第一个原点 A

指定第二条尺寸界线原点：　　　　　　　　　　//指定第二个原点 B

指定尺寸线位置或〔多行文字（M）/文字（T）/

角度（A）/水平（H）/垂直（V）/旋转（R）〕：　　//指定恰当的尺寸线位置

标注文字＝80

（2）在〖注释〗选项卡中"标注"面板上单击"连续"按钮，然后根据命令行进行操作：

命令：_dimcontinue

指定第二个尺寸界线原点

或〔选择（S）/放弃（U）〕＜选择＞：　　　　　//连续标注的起始点为 B 点，则第二个点为 C 点

标注文字 ＝ 80

指定第二个尺寸界线原点或〔选择（S）/放弃（U）〕＜选择＞：

标注文字 ＝ 80

指定第二个尺寸界线原点或〔选择（S）/放弃（U）〕＜选择＞：

标注文字 ＝ 80

指定第二个尺寸界线原点或〔选择（S）/放弃（U）〕＜选择＞：

标注文字 ＝ 80

指定第二个尺寸界线原点或〔选择（S）/放弃（U）〕＜选择＞：

完成连续标注如图 9-45 所示。

9.4.11　快速标注

快速标记用于选定对象快速创建一系列标注，要创建系列基线或连续标注，或者为一系列圆或圆弧创建标注时，此命令特别有用。

A 执行方式

功能区：〖注释〗选项卡→"标注"面板→"快速"按钮。

菜单栏：〖标注〗菜单→〖快速标注〗选项。

命令行：输入"QDIM"→按〖Enter〗或〖Space〗键。

B 操作格式

命令：QDIM   //调用快速标注命令

关联标注优先级 = 端点

选择要标注的几何图形:找到 1 个

选择要标注的几何图形：

指定尺寸线位置或[连续(C)/并列(S)/

基线(B)/坐标(O)/半径(R)/直径(D)/

基准点(P)/编辑(E)/设置(T)] <连续>：   //指定位置或选择其他选项

C 选项说明

(1) 选择要标注的几何图形。选择要标注的对象或要编辑的标注。

(2) 指定尺寸线的位置。指定尺寸线的位置。

(3) 连续。创建一系列连续标注，其中线性标注线端对端地沿同一条直线排列。

(4) 并列。创建一系列并列标注，其中线性尺寸线以恒定的增量相互偏移。

(5) 基线。创建一系列基线标注，其中线性标注共享一条公用尺寸界线。

(6) 坐标。创建一系列坐标标注，其中元素将以单个尺寸界线以及 X 或 Y 值进行注释。相对于基准点进行测量。

(7) 半径。创建一系列半径标注，其中将显示选定圆弧和圆的半径值。

(8) 直径。创建一系列直径标注，其中将显示选定圆弧和圆的直径值。

(9) 基准点。为基线和坐标标注设置新的基准点。

(10) 编辑。在生成标注之前，删除出于各种考虑而选定的点位置。

(11) 设置。为指定尺寸界线原点（交点或端点）设置对象捕捉优先级。

D 功能示例

命令：QDIM

关联标注优先级 = 端点

选择要标注的几何图形:指定对角点:找到 6 个   //选择图形

选择要标注的几何图形：   //按〖Enter〗键

指定尺寸线位置或[连续(C)/并列(S)/基线(B)/坐标(O)/半径(R)/直径(D)/基准点(P)/编辑
(E)/设置(T)] <连续>：   //指定恰当的尺寸线位置

完成快速标注如图 9-46 所示。

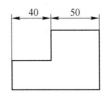

图 9-46 快速标注示例

9.4.12 形位公差标注

创建公差标注，表示特征的形状、轮廓、方向、位置和跳动的允许偏差，如图 9-47 所示。

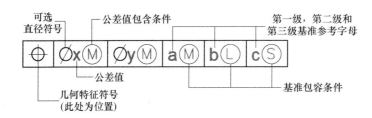

图 9-47 形位公差标注

A 执行方式

功能区：〖注释〗选项卡→"标注"面板→"公差"按钮。

菜单栏：〖标注〗菜单→〖公差〗选项。

命令行：输入"TOLERANCE"→按〖Enter〗或〖Space〗键。

B 操作格式

命令：TOLERANCE　　　//调用形位公差命令，系统打开"形位公差"对话框，如图 9-48 所示

输入公差位置：　　　　//指定公差位置

图 9-48 "形位公差"对话框

C 选项说明

（1）符号。显示从"符号"对话框中选择的几何特征符号。选择一个"符号"框时，显示该对话框。

（2）公差 1。创建特征控制框中的第一个公差值。公差值指明了几何特征相对于精确形状的允许偏差量。可在公差值前插入直径符号，在其后插入包容条件符号。

1）第一个框：在公差值前面插入直径符号。单击该框插入直径符号。

2）第二个框：创建公差值。在框中输入值。

3）第三个框：显示"附加符号"对话框，从中选择修饰符号。这些符号可以作为几何特征和大小可改变的特征公差值的修饰符。

（3）公差 2。在特征控制框中创建第二个公差值。以与第一个相同的方式指定第二个公差值。

（4）基准1：在特征控制框中创建第一级基准参照。基准参照由值和修饰符号组成。基准是理论上精确的几何参照，用于建立特征的公差带。

1）第一个框：创建基准参照值。

2）第二个框：显示"附加符号"对话框，从中选择修饰符号。这些符号可以作为基准参照的修饰符。

（5）基准2。在特征控制框中创建第二级基准参照，方式与创建第一级基准参照相同。

（6）基准3。在特征控制框中创建第三级基准参照，方式与创建第一级基准参照相同。

（7）高度。创建特征控制框中的投影公差零值。

（8）投影公差带。在延伸公差带值的后面插入延伸公差带符号。

（9）基准标识符。创建由参照字母组成的基准标识符。

D　功能示例

【例9-2】　介绍公差标注的一般步骤。

（1）在〖注释〗选项卡中"标注"面板上单击"公差"按钮 。

（2）弹出"形位公差"对话框，如图9-49所示。

（3）单击"符号"后，弹出"特征符号"选项框，选择"⊥"，如图9-50所示（"特征符号"选项框一共提供了14种形位公差的符号，这里选择垂直度）。

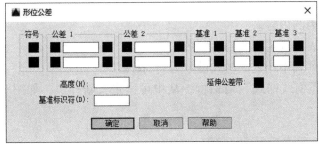

图9-49　"形位公差"对话框

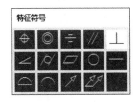

图9-50　"特征符号"选项框

（4）在"形位公差"对话框"公差1"中的3个条件框中分别单击输入相应数值后单击〖确定〗按钮。

（5）在绘图区内进行需要点的指定。

9.5　多重引线样式

9.5.1　多重引线样式的创建

A　执行方式

功能区：〖默认〗选项卡→"注释"面板下拉箭头→"多重引线样式"按钮 。

命令行：输入"MLEADERSTYLE"→按〖Enter〗或〖Space〗键。

B 操作格式

命令: MLEADERSTYLE   ∥调用多重引线样式命令,系统打开"多重引线样式管理器"对话框,如图9-51所示

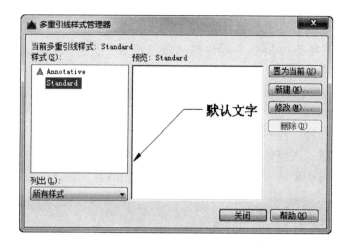

图9-51 "多重引线样式管理器"对话框

C 选项说明

(1)当前多重引线样式。显示您创建的样式的名称。默认的样式为"标准"。

(2)样式。显示样式列表。当前样式被亮显。

(3)列出。控制"样式"列表的内容。

(4)预览。显示"样式"列表中选定样式的预览图像。

(5)置为当前。将"样式"列表中选定的样式设定为当前样式。

(6)新建。显示"创建新多重引线样式"对话框,从中可以定义新样式,如图9-52所示。

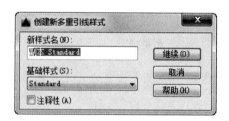

图9-52 "创建新多重引线样式"对话框

(7)修改。显示"修改多重引线样式"对话框,从中可以修改样式,如图9-53所示。

(8)删除。删除"样式"列表中选定的样式。不能删除图形中正在使用的样式。

D 功能示例

【例9-3】 创建多重引线样式。

(1)在功能区〖默认〗选项卡,选择"注释"面板中的"多重引线样式"按钮 ,如图9-54所示。

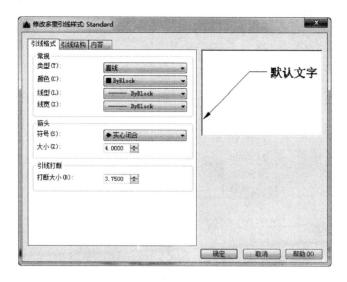

图 9-53 "修改多重引线样式"对话框

图 9-54 注释面板单击工具

（2）系统弹出"多重引线样式管理器"对话框，如图 9-55 所示。

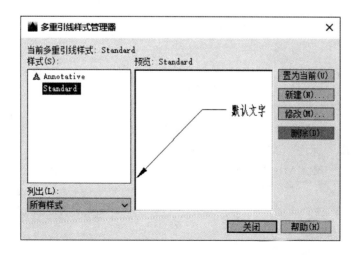

图 9-55 "多重引线样式管理器"对话框

（3）在"多重引线样式管理器"对话框中单击〖新建〗按钮，弹出"创建新多重引线样式"对话框，如图9-56所示。把"新样式名"由"副本Standard"改为"采矿"，"基础样式"默认为"Standard"，然后单击〖继续〗。

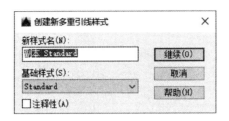

图9-56 "创建新多重引线样式"对话框

（4）系统弹出"修改多重引线样式：采矿"对话框，如图9-57所示。该对话框包含引线格式、引线结构和内容三个选项卡，可以分别进行设置。

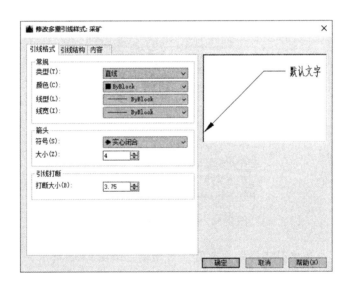

图9-57 "修改多重引线样式：采矿"对话框

9.5.2 多重引线标注的创建

A 执行方式

功能区：〖默认〗选项卡→"注释"面板下拉箭头→"引线"按钮。

菜单栏：选择〖标注〗菜单→〖多重引线〗选项。

命令行：输入"MLEADER"→按〖Enter〗或〖Space〗键。

B 操作格式

命令：MLEADER   //调用多重引线标注命令

指定引线箭头的位置或

［引线基线优先(L)/内容优先(C)/选项(O)］＜选项＞：   //指定位置或选择其他选项

指定引线基线的位置：   //指定基线位置

C 选项说明

多重引线对象通常包含箭头、水平基线、引线或曲线和多行文字对象或块。多重引线可创建为箭头优先、引线基线优先或内容优先。

（1）引线箭头位置/第一个。指定多重引线对象箭头的位置。

（2）引线基线位置/第一个。指定多重引线对象的基线的位置。

（3）内容优先。指定与多重引线对象相关联的文字或块的位置。

点选择。将与多重引线对象相关联的文字标签的位置设定为文本框。

（4）选项。指定用于放置多重引线对象的选项。

（5）引线类型。指定如何处理引线。

1）直线。创建直线多重引线。

2）样条曲线。创建样条曲线多重引线。

3）无。创建无引线的多重引线。

（6）引线基线。指定是否添加水平基线。

（7）内容类型。指定要用于多重引线的内容类型。

1）块。指定图形中的块，以与新的多重引线相关联。

2）多行文字。指定多行文字包含在多重引线中。

3）无。指定没有内容显示在引线的末端。

（8）最大节点数。指定新引线的最大点数或线段数。

（9）第一个角度。约束新引线中的第一个点的角度。

（10）第二个角度。约束新引线中的第二个角度。

D 功能示例

命令：MLEADER

指定引线箭头的位置或［引线基线优先（L）/内容优先（C）/选项（O）］＜选项＞：

//指定引线箭头的位置为"A"点，如图9-58所示

指定引线基线的位置：   //指定引线基线位置

完成多重引线标注如图9-58所示。

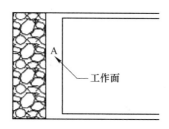

图9-58 多重引线示例

9.5.3 多重引线标注的编辑

A 执行方式

菜单栏：〖修改〗菜单→〖对象〗选项→〖多重引线〗选项→〖添加引线〗/〖删除引线〗/〖对齐〗/〖合并〗，如图9-59所示。

命令行:"AIMLEADEREDITADD"命令→按〖Enter〗或〖Space〗键(添加多重引线);

"AIMLEADEREDITREMOVE"命令→按〖Enter〗或〖Space〗键(删除多重引线);

"MLEADERALIGN" 命令→按 〖Enter〗 或 〖Space〗 键 (对齐多重引线);

"MLEADERCOLLECT" 命令→按 〖Enter〗 或 〖Space〗 键 (合并多重引线)。

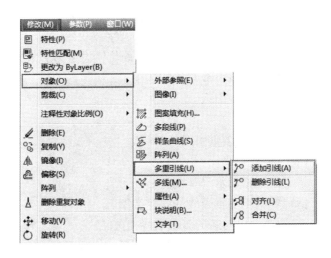

图 9-59 　多重引线选项

B　操 作 格 式

(1) 添加多重引线。在〖修改〗菜单或命令行调用添加多重引线命令:

命令:AIMLEADEREDITADD　　　　　　　　　　　　//调用添加多重引线命令

选择多重引线:　　　　　　　　　　　　　　　　//选择引线对象

找到1个

指定引线箭头位置或[删除引线(R)]:　　　　　　//指定位置或删除引线

(2) 删除多重引线。在〖修改〗菜单或命令行调用删除多重引线命令:

命令:AIMLEADEREDITREMOVE　　　　　　　　　　//调用删除多重引线命令

选择多重引线:　　　　　　　　　　　　　　　　//选择引线对象

找到1个

指定要删除的引线或[添加引线(A)]:　　　　　　//指定要删除的对象或添加引线

(3) 对齐多重引线。在〖修改〗菜单或命令行调用对齐多重引线命令:

命令:MLEADERALIGN　　　　　　　　　　　　　　//调用对齐多重引线命令

选择多重引线:找到1个

选择多重引线:找到1个,总计2个　　　　　　　//选择引线对象

选择多重引线:

当前模式:使用当前间距　　　　　　　　　　　　//显示当前间距

选择要对齐到的多重引线或[选项(O)]:O　　　　//选择"选项"

输入选项[分布(D)/使引线线段平行(P)/

指定间距(S)/使用当前间距(U)]<使用当前间距>:U　　//选择"使用当前间距"选项

选择要对齐到的多重引线或 [选项(O)]:　　　　//选择对齐的参照对象

指定方向:　　　　　　　　　　　　　　　　　　//指定方向

（4）合并多重引线。将包含块的选定多重引线整理到行或列中，并通过单引线显示结果。在〖修改〗菜单或命令行调用合并多重引线命令：

命令：MLEADERCOLLECT　　　　　　　　　　　//调用合并多重引线命令

选择多重引线:找到 1 个

选择多重引线:找到 1 个,总计 2 个

选择多重引线:找到 1 个,总计 3 个　　　　　　//选择要合并的引线个数

选择多重引线:

指定收集的多重引线位置或

［垂直(V)/水平(H)/缠绕(W)］< 水平 >:　　　//指定位置或选择其他选项

C　选项说明

多重引线的编辑工具主要有"添加引线""删除引线""对齐"以及"合并"，它们有各自应用。

（1）"添加引线"按钮。可以将引线添加到选定的多重引线对象，操作为：

单击"添加引线"按钮，再选择多重引线，然后指定新引线箭头位置即可，同时也可以连续指定多个引线箭头位置，根据光标的位置，新引线将添加到选定多重引线的左侧或右侧。

（2）"删除引线"按钮。添加引线后，如果觉得不满意，则可以单击"删除引线"按钮，将该引线从现有的多重引线对象中删除。操作为：

单击"删除引线"按钮，选择多重引线，再指定要删除的引线，最后按确定键。

（3）"对齐"按钮。"对齐"是将选定多重引线对象对齐并按一定间距排序。操作为：

单击"对齐"按钮，选择多重引线，并指定所有其他多重引线要与之对齐的多重引线。

（4）"合并"按钮。"合并"用于包含块的选定多重引线阵列到行或列中，并通过单引线显示结果。可以合并的多重引线对象，其样式内容为"多重引线类型"选项为"块"。操作为：

单击"合并"按钮，选择要合并的多重引线，最后指定收集多重引线位置。

9.6　编辑尺寸标注

编辑尺寸标注是指，对已经标注的尺寸标注位置、文字位置、文字内容、标注样式等做出改变的过程。

9.6.1　TEXTEDIT 命令

TEXTEDIT 命令（基本替代了 DDEDIT 命令）用于选定的多行文字或单行文字，或标注对象上的文字。

命令: TEXTEDIT

选择注释对象:　　　　　　//选择"半径尺寸",如图 9-60(a)所示

在尺寸前添加"2×"前缀以表示数量,单击"关闭文字编辑器"按钮,或单击空白处,编辑结果如图 9-60(b) 所示。

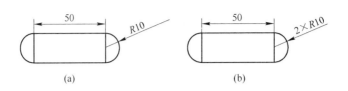

图 9-60　编辑尺寸标注

9.6.2　对齐文字

A　执行方式

功能区：〖注释〗选项卡→"标注"面板下拉箭头，如图 9-61 所示。

菜单栏：〖标注〗菜单→〖对齐文字〗选项。

命令行：输入"DIMTEDIT"→按〖Enter〗或〖Space〗键。

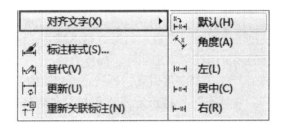

图 9-61　〖对齐文字〗选项

B　操作格式

命令：DIMTEDIT　　　　　　　　　　　　　　　//调用对齐文字命令

选择标注：　　　　　　　　　　　　　　　　　//选择对象

为标注文字指定新位置或

[左对齐(L)/右对齐(R)/居中(C)/默认(H)/角度(A)]：　//指定新位置或选择其他选项

C　选项说明

（1）左对齐。使尺寸文本沿尺寸线左对齐。

（2）右对齐。使尺寸文本沿尺寸线右对齐。

（3）居中。把尺寸文本放在尺寸线的中间位置。

（4）默认。把尺寸文本按默认位置放置。

（5）角度。改变尺寸文本行的倾斜角度。

D　功能示例

命令：DIMTEDIT

选择标注：　　　　　　　　　　　　　　　　//选择标注为"100"的，如图 9-62(a)所示

为标注文字指定新位置或[左对齐(L)/

右对齐(R)/居中(C)/默认(H)/角度(A)]：　　//选择左对齐，结果如图 9-62(b)所示

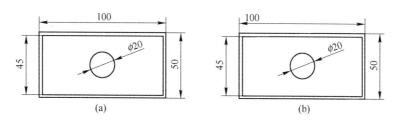

图 9-62　编辑文字对齐方式

9.6.3　倾斜尺寸界线

A　执行方式

功能区：〖注释〗选项卡→"标注"面板下拉箭头→单击"倾斜"按钮┥。

菜单栏：〖标注〗菜单→〖倾斜〗选项。

命令行：输入"DIMEDIT"→按〖Enter〗或〖Space〗键。

B　操作格式

命令：DIMEDIT　　　　　　　　　　　　　//调用倾斜尺寸界限命令

输入标注编辑类型

［默认(H)/新建(N)/旋转(R)/倾斜(O)］＜默认＞:O　//选择倾斜选项

选择对象:找到1个　　　　　　　　　　//选择修改对象

选择对象:

输入倾斜角度(按 ENTER 表示无):60　　//指定倾斜角度

C　选项说明

（1）默认。按尺寸标注样式中设置的默认位置和方向放置尺寸文本。

（2）新建。执行此选项，AutoCAD 打开多行文字编辑器，可利用此编辑器对尺寸文本进行修改。

（3）旋转。把尺寸文本放在尺寸线的中间位置。

（4）角度。改变尺寸文本行的倾斜角度。

D　功能示例

命令：DIMEDIT

输入标注编辑类型［默认(H)/

新建(N)/旋转(R)/倾斜(O)］＜默认＞:　//选择倾斜

选择对象:找到1个　　　　　　　　　　//选择对象,如图 9-63(a)所示

选择对象:　　　　　　　　　　　　　//按〖Enter〗键

输入倾斜角度(按 ENTER 表示无):60　//输入"60"

完成倾斜如图 9-63（b）所示。

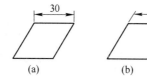

图 9-63　倾斜尺寸界线

9.6.4　圆心标记

A　执行方式

功能区：〖注释〗选项卡→"标注"面板→"圆心标记"按钮⊕。

菜单栏：〖标注〗菜单→〖圆心标记〗选项。

命令行：输入"DIMCENTER"→按〖Enter〗或〖Space〗键。

B　操作格式

命令：DIMCENTER　　　　　　　　　　//调用圆心标记命令

选择圆弧或圆：　　　　　　　　　　　//选择标记对象

C　选项说明

（1）调用圆心标记命令，会将所选圆或圆弧对象的圆心标记。

（2）可以选择圆心标记或中心线，并在设置标注样式时指定它们的大小。

还可以使用 DIMCEN 系统变量修改圆心标记的设置。

D　功能示例

命令：DIMCENTER

选择圆弧或圆：　　　　　　　　　　　//选择圆心,如图 9-64 所示

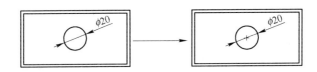

图 9-64　圆心标记过程

9.6.5　标注间距调整

可以自动调整图形中现有的平行线性标注和角度标注，以使其间距相等或在尺寸线处相互对齐。

A　执行方式

功能区：〖注释〗选项卡→"标注"面板→"调整间距"按钮。

菜单栏：〖标注〗菜单→〖标注间距〗选项。

命令行：输入"DIMSPACE"→按〖Enter〗或〖Space〗键。

B　操作格式

命令：DIMSPACE　　　　　　　　　　//调用调整间距命令

选择基准标注：　　　　　　　　　　　//选择标注基准

选择要产生间距的标注:找到 1 个

选择要产生间距的标注:找到 1 个,总计 2 个

选择要产生间距的标注:找到 1 个,总计 3 个　　//选择标注对象

选择要产生间距的标注：　　　　　　　//选择要产生间距的标注

输入值或[自动(A)]<自动>:A　　　　//指定间距值

C　选项说明

（1）DIMBASELINE（基线标注）命令使用 DIMDLI 系统变量创建等间距标注，但放

置标注后，更改该系统变量的值不会影响已创建标注的间距。

（2）如果用户更改标注的文字大小或调整标注的比例，而标注保留在原来位置，则将会导致尺寸线和文字重叠的问题。

（3）使用 DIMSPACE 命令可以将重叠或间距不等的线性标注和角度标注隔开。

（4）选择的标注必须是线性标注或角度标注并属于同一类型（旋转或对齐标注）、相互平行或同心并且在彼此的尺寸界线上。也可以通过使用间距值"0"对齐线性标注和角度标注。

D　功能示例

命令：DIMSPACE

选择基准标注：　　　　　　　　　　　　　　　//选择基准为"标注50"

选择要产生间距的标注：找到 1 个　　　　　　　//选择"标注40"

选择要产生间距的标注：　　　　　　　　　　　//按〖Enter〗键

输入值或［自动(A)］<自动>:0　　　　　　　　//输入"0"，结果如图 9-65 所示

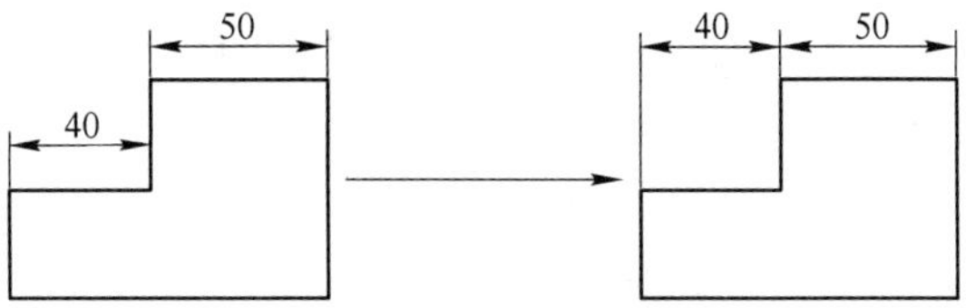

图 9-65　调整间距过程

9.6.6　标注打断

A　执行方式

功能区：〖注释〗选项卡→"标注"面板→"打断"按钮。

菜单栏：〖标注〗菜单→〖标注打断〗选项。

命令行：输入"DIMBREAK"→按〖Enter〗或〖Space〗键。

B　操作格式

命令：DIMBREAK　　　　　　　　　　　　　　//调用标注打断命令

选择要添加/删除折断的标注或［多个(M)］：　　//选择标注对象

选择要折断标注的对象或

［自动(A)/手动(M)/删除(R)］<自动>:M　　　//选择"手动"选项

指定第一个打断点：　　　　　　　　　　　　//指定第一个打断点

指定第二个打断点：　　　　　　　　　　　　//指定第二个打断点

1 个对象已修改

C　选项说明

（1）自动。自动将折断标注放置在与选定标注相交的对象的所有交点处。

（2）删除。选项用于从选定的标准中删除所有折断标注。

（3）手动。选项用于手动放置折断标注（为折断位置指定标准、延伸线或引线上的两点）。

D　功能示例

命令：DIMBREAK

选择要添加/删除折断的标注或［多个（M）］：　　　　//选择"标注 40"

选择要折断标注的对象或

［自动（A）/手动（M）/删除（R）］＜自动＞：　　　//按〖Enter〗键,结果如图 9-66 所示

1 个对象已修改

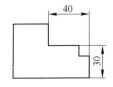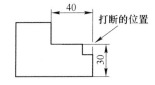

图 9-66　打断过程

9.6.7　折弯线性标注

在线性标注或对齐标注中添加或删除折弯线。标注中的折弯线表示所标注的对象中的折断。标注值表示实际距离，而不是图形中测量的距离。

A　执行方式

功能区：〖注释〗选项卡→"标注"面板→"折弯标注"按钮 ∿。

菜单栏：〖标注〗菜单→〖折弯线性〗选项。

命令行：输入"DIMJOGLINE"→按〖Enter〗或〖Space〗键。

B　操作格式

命令：DIMJOGLINE　　　　　　　　　　　　//调用折弯线性标注命令

选择要添加折弯的标注或［删除（R）］：　　　　//选择折弯对象或删除

指定折弯位置（或按〖Enter〗键）：　　　　//指定折弯位置

C　选项说明

（1）添加折弯。指定要向其添加折弯的线性标注或对齐标注。

（2）删除。指定要从中删除折弯的线性标注或对齐标注。

D　功能示例

命令：DIMJOGLINE

选择要添加折弯的标注或［删除（R）］：　　　　//选择要添加折弯的标注,如图 9-67 所示

指定折弯位置：　　　　　　　　　　　　//按〖Enter〗键

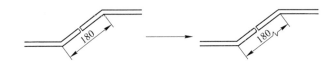

图 9-67　折弯过程

9.6.8　检验标注

检验标注可以有效地检查制造的部件的频率，从而确保标注值和部件公差处于指定范

围内。检验标准由边框和文字组成，边框由两条平行线组成，末端呈圆形或方形，文字值用垂直线隔开。检验标准最多可以包含三种不同的信息字段，即检验标签、标准值和检验率。

A 执行方式

功能区：〖注释〗选项卡→"标注"面板→"检验"按钮。

菜单栏：〖标注〗菜单→〖检验〗选项。

命令行：输入"DIMINSPECT"→按〖Enter〗或〖Space〗键。

B 操作格式

命令：DIMINSPECT

选择标注:找到 1 个

选择标注:

C 选项说明

"检验标注"对话框可让用户在选定的标注中添加或删除检验标注，如图9-68所示。

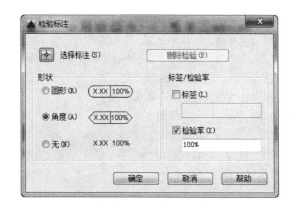

图9-68 "检验标注"对话框

（1）选择标注。指定应在其中添加或删除检验标注。

（2）删除检验。从选定的标注中删除检验标注。

（3）形状。控制围绕检验标注的标签、标注值和检验率绘制的边框的形状。

1）圆形。使用两端点上的半圆创建边框，并通过垂直线分隔边框内的字段。

2）角度。使用在两端点上形成90°角的直线创建边框，并通过垂直线分隔边框内的字段。

3）无。指定不围绕值绘制任何边框，并且不通过垂直线分隔字段。

（4）标签/检验率。为检验标注指定标签文字和检验率。

1）标签。打开和关闭标签字段显示。

2）标签值。指定标签文字。选择"标签"复选框后，将在检验标注最左侧部分中显示标签。

3）检验率。打开和关闭比率字段显示。

4）检验率值。指定检验部件的频率，值以百分比表示，有效范围从 0 到 100%。

D 功能示例

检验标注的一般步骤：

（1）在〖注释〗选项卡，选择"标注"面板中的"检验"按钮。

（2）弹出"检验标注"对话框，单击选择标注，选择要检验的标注并按〖Enter〗键，则返回"检验标注"对话框。

（3）在"形状"选项组中可以选择"圆形"单选按钮、"角度"单选按钮或"无"单选按钮。

（4）在"标签/检验率"选项组中设定是否选用"标签""检验率"，以及设置所需的标签、检验率，最后单击〖确定〗按钮。

综 合 练 习

（1）如果显示的标注对象小于被标注对象的实际长度，应采用（   ）。

     A. 折弯标注   B. 打断标注   C. 替代标注   D. 检验标注

（2）下列标注中共用一条基线的是（   ）。

     A. 基线标注   B. 连续标注   C. 公差标注   D. 引线标注

（3）将图和已标注的尺寸同时放大 4 倍，其结果是（   ）。

     A. 尺寸值是原尺寸的 4 倍   B. 尺寸值不变，字高是原尺寸的 4 倍

     C. 尺寸箭头是原尺寸的 4 倍   D. 原尺寸不变

（4）尺寸公差中的上下偏差可以在线性标注的哪个选线中堆叠起来？（   ）

     A. 多行文字   B. 文字   C. 角度   D. 水平

（5）请按图 9-69 所示标注尺寸。要求：

1）建立标注层（dim），本层的颜色为红色，线型为细实线；

2）尺寸文字的大小和箭头要求设置恰当。

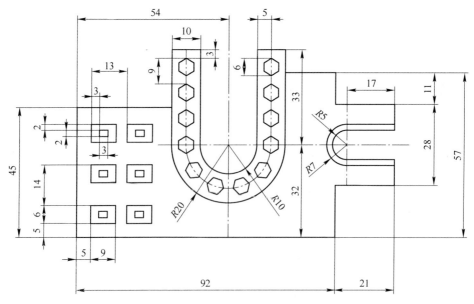

图 9-69 标注尺寸参照图

10 三维视图基础知识

三维坐标系与视图基础知识，包括用户坐标系（UCS）的建立与管理，三维图形的分类和厚度的概念，视口、视点和视图在三维建模时的应用，三维动态观察器的使用方法和技巧；同时介绍三维多段线、面域、三维面与二维填充曲面、三维网格面、三维实体对象的基础知识，以及三维实体的编辑（Solidedit），包括在三维空间中编辑实体对象时常用的命令，如三维阵列（3Darray）、三维镜像（Mirror3d）、三维旋转（Rotate3d）、三维对齐（Align）、在三维空间中进行剪切和延伸的操作。在三维实体编辑中，对边的着色、复制及面的复制、拉伸、移动等命令将做详细阐述。在实体对象的修改中，将介绍实体对象的布尔运算及对象的剖切、分割、干涉、压印、清除、抽壳、倒角与倒圆角命令。

10.1 三维坐标系

10.1.1 三维坐标

三维坐标的表示方法与二维坐标一样，分别有绝对坐标表示法与相对坐标表示法。

10.1.1.1 绝对坐标

输入三维绝对坐标的坐标值（x，y，z）与输入二维坐标值（x，y）相类似。在输入点的提示下，使用（x，y，z）这种格式来进行坐标的输入。这里的坐标系可以是世界坐标系（WCS），也可以是用户坐标系（UCS），这两个坐标系后续会介绍。图 10-1 中 a 点坐标为（4，5，6），在当前坐标系下输入坐标值；当需要基于上一个坐标点来定义这一点坐标时，与二维坐标系相同，可利用符号"@"来进行相对坐标的输入。

相对坐标是指相对于前一个点的坐标位置的坐标，当需要基于上一个坐标点来定义这一点坐标时，与二维坐标系相同，可利用符号"@"来进行相对坐标的输入。相对坐标分为柱面坐标与球面坐标。

10.1.1.2 相对坐标

A　柱面坐标

设 $M(x,y,z)$ 为空间内一点，并设点 M 在 XOY 面上的投影 P 的极坐标为 r，θ，则这样的三个数 r，θ，z 就叫点 M 的柱面坐标。柱面坐标输入在 XY 平面中相当于二维极坐标的输入。在 XY 平面中，通过指定某点与坐标系原点的距离、与 X 轴所成角度及其 Z 值来定位该点。其格式如下：

$$X[距离当前坐标系原点的距离] < [与 X 轴所成角度]，Z$$

在图 10-2 中，坐标（5 < 60，6）表示距离当前坐标系原点距离为 5 个单位、在 XY 平面内与 X 轴成 60°角、沿 Z 轴延伸 6 个单位的点。若基于上一点定义该点时，相对柱坐

标按"@5＜60，6"格式输入可得到同样结果。

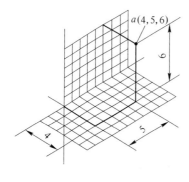

图 10-1 绝对坐标表示法

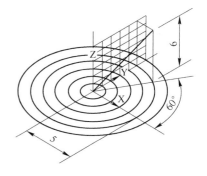

图 10-2 柱面坐标表示法

B 球面坐标

球面坐标系是表示三维空间中某一点的另一种方式。它也要求三个数值，其中两个是角度，第三个是距离。想象一条来自原点的射线（线段），它的两个角度可以决定该射线的方向。三维中的球面坐标输入与二维中的极坐标输入相类似，通过指定某点距离当前坐标系原点距离、在 XY 平面内与 X 轴所成的角度以及与 XY 平面所成的角度来定位点。其格式如下：

X[距离当前 UCS 原点的距离]＜[与 X 轴所成的角度]＜[与 XY 平面所成的角度]

在图 10-3 中，坐标（6＜60＜45）表示在 XY 平面内距离 UCS 原点 5 个单位距离、在 XY 平面内与 X 轴所成角度为 60°以及相对 XY 平面与 Z 轴正向成 45°角的

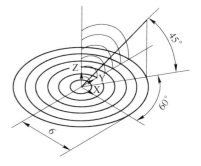

图 10-3 球面坐标

点。若基于上一点定义该点时，相对柱坐标按"@6＜60＜45"格式输入可得到同样结果。

10.1.1.3 世界坐标系（WCS）与用户坐标系（UCS）

世界坐标系是系统的绝对坐标系，在没有建立用户坐标系之前画面上所有点的坐标都是以该坐标系的原点来确定各自的位置的。世界坐标系用于图形转换的起始坐标空间。最大尺寸是 2^32 单位高和 2^32 单位宽。支持缩放、平移、旋转、变形、投射等转换操作。世界坐标系统（WCS）是 AutoCAD 的基本坐标系。绘图期间，原点和坐标轴保持不变。世界坐标系由三个互相垂直并相交的坐标轴 X，Y，Z 组成。默认情况下，X 轴正向为屏幕水平向右，Y 轴正向为垂直向上，Z 轴正向为垂直屏幕平面指向使用者。坐标原点在屏幕左下角。

在三维图形中，AutoCAD 允许建立自己的坐标系（即用户坐标系）。用户坐标系的原点可以放在任意位置上，坐标系也可以倾斜任意角度。由于绝大多数二维绘图命令只在 XY 或与 XY 平行的面内有效，在绘制三维图形时，经常要建立和改变用户坐标系来绘制不同基本面上的平面图形。

用户坐标系（UCS）为 AutoCAD 软件中可移动坐标系。移动 UCS 可以使设计者处理图形的特定部分变得更加容易，例如，对于创建完成的长方体，将 UCS 与要编辑的每一条边对其来渐变地编辑六个面中的每一条边和每一个面，如图 10-4 所示。旋转 UCS 可以帮助用户在三维或旋转视图中指定点。用户可以任意定义用户坐标系的坐标原点，也可以使 UCS 与 WCS（世界坐标系）相重合。

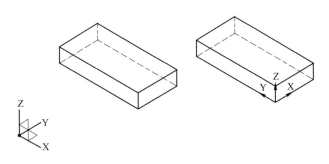

图 10-4　创建新的 UCS

10.1.1.4　右手规则

在三维坐标系当中，若已知 X 轴与 Y 轴的正方向，可利用右手规则来判断 Z 轴的正方向，还可以使用右手规则来确定三维空间中绕坐标轴旋转的正方向，如图 10-5 所示。让右手拇指指向 X 轴的正方向，食指指向 Y 轴的正方向，则中指向内弯曲 90° 所指为 Z 轴的正方向。

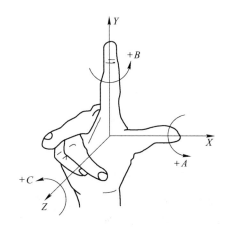

图 10-5　右手规则

10.1.2　用户坐标系（UCS）

通过 UCS 图标命令可以实现打开或关闭用户坐标系（UCS）图标显示。

A　执行方式

菜单栏：〖视图〗→〖显示〗→〖UCS 图标〗菜单项，如图 10-6 所示。

命令行：输入"Ucsicon"（不区分大小写）→按〖Enter〗键。

图 10-6　〖UCS 图标〗菜单项

B　选项说明

（1）"开/关"用于显示或关闭 UCS 图标。

（2）"全部"项可对图标的修改应用到所有活动视口。

（3）"非原点"项可实现在视口的左下角显示坐标系图标。

（4）"原点"项在当前坐标系的原点（0，0，0）。

（5）"特性"项能够显示"UCS 图标"对话框，如图 10-7 所示，可以控制 UCS 图标的样式参数。

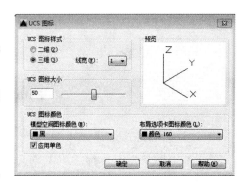

图 10-7　"UCS 图标"对话框

10.1.3　管理用户坐标系

显示和修改已经定义但并没有命名的用户坐标系或恢复命名的用户坐标系。

A　执行方式

菜单栏：〖工具〗→〖命名 UCS〗菜单项。

命令行：输入"Ucsman"→按〖Enter〗键。

10.1.4　UCS 对话框及相关操作

"UCS"对话框包括〖命名 UCS〗、〖正交 UCS〗以及〖设置〗三个选项卡，如图 10-8 所示。

（1）〖命名 UCS〗选项卡。该选项卡可列出用户坐标系并设置当前 UCS，其中：

1）"当前 UCS"区域显示的是当前 UCS 的名称。

2）"用户坐标系"区能够列出当前图形中已经定义的坐标系。

3）〖置为当前〗项可恢复选定的坐标系，也可在用户坐标系下拉列表当中双击所选坐标系来恢复此坐标系，或者在所选坐标系名称上

图 10-8　"UCS"对话框

单击右键选择〖置为当前〗。

4)〖详细信息〗项可显示"UCS 详细信息"对话框，也可通过单击所选坐标系右键选择〖详细信息〗项来查看选定坐标系的详细信息，如图 10-9 所示。

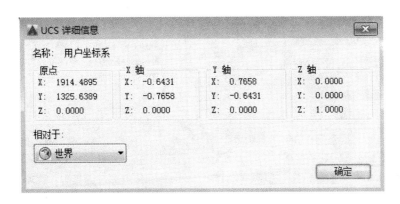

图 10-9 "UCS 详细信息"对话框

（2）〖正交 UCS〗选项卡。该选项卡可将用户自定义的 UCS 设置为正交 UCS，如图 10-10 所示，其中：

1)"当前 UCS"界面显示当前 UCS 的名称。如果该 UCS 未被保存和命名，则显示为"未命名"或者显示为"世界"。

2)"名称"列表区列出 6 种正交坐标系，这 6 种坐标系是相对"相对于"列表中指定的 UCS 进行定义的。在列出的坐标系名称上单击鼠标右键弹出快捷菜单，其中的〖深度〗用于指定正交 UCS 的 XY 平面与通过由 UCSBASE 系统变量指定的坐标系原点的平行平面之间的距离。

3)〖置为当前〗项可恢复选定的坐标系，也可在列表中双击坐标系名称来恢复此坐标系，或在坐标系名称上单击鼠标右键再选〖置为当前〗。

4)〖详细信息〗项可显示"UCS 详细信息"对话框，也可在坐标系名称上单击鼠标右键再选择〖详细信息〗来查看所选定的坐标系的详细信息。

5)"相对于"列表项指定用于定义正交 UCS 的基准坐标系，一般世界坐标系（WCS）是基准坐标系。在下拉列表中会显示当前图形中所有已命名的 UCS。只要选择"相对于"项，选定正交 UCS 原点就会恢复到默认位置。为了区别于预定义的正交坐标系，将图形中的正交坐标系保存为视口配置的一部分，或者从"相对于"列表中选择了其他设置而不是"世界"，则正交坐标系的名称将变为"未命名"。

（3）〖设置〗选项卡。该选项卡显示和修改与视口一起保存的 UCS 图标设置和 UCS 设置（图 10-11），其中：

1)"UCS 图标设置"区用于指定当前视口的 UCS 图标显示设置，大家可以在实际的操作中选择各开关来观察实际效果。它包括 4 个选项："开"显示当前视口中的 UCS 图标，可以通过选中该框而使得绘图区的 UCS 图标显示；"显示于 UCS 原点"在当前视口中当前坐标系的原点处显示 UCS 图标；"应用到所有活动视口"将 UCS 图标设置应用到当前图形中的所有活动视口；"允许选择 UCS 图标"控制当光标移到 UCS 图标上时该图标是否亮显，以及是否可以通过单击选择它并访问 UCS 图标夹点。

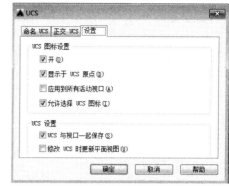

图 10-10　〖正交 UCS〗选项卡　　　　　　图 10-11　〖设置〗选项卡

2）"UCS 设置"区用于指定更新 UCS 设置时 UCS 的动作。它包含 2 个选项："UCS 与视口一起保存"可将坐标系设置与视口一起保存；"修改 UCS 时更新平面视图"即修改视口中的坐标系时恢复平面视图。

10.1.4.1　新建 UCS

A　执行方式

菜单栏：〖工具〗→〖新建 UCS〗菜单项。

B　选项说明

（1）"原点"项通过移动当前 UCS 的原点，保持其 X、Y 和 Z 轴方向不变，从而定义新的 UCS。

命令：ucs ↵	//执行 UCS 命令
当前 UCS 名称：＊世界＊	
指定 UCS 的原点或［面(F)/命名(NA)/对象(OB)/上一个(P)/	
视图(V)/世界(W)/X/Y/Z/Z 轴(ZA)］＜世界＞：n↵	//n 为新建选项
指定新 UCS 的原点或［Z 轴(ZA)/三点(3)/对象(OB)/面(F)/	
视图(V)/X/Y/Z］＜0,0,0＞：↙	

在绘图区指定新的原点输入坐标值，如果不给新原点指定 Z 坐标值，此选项将使用当前标高。

（2）"Z 轴"项用特定的 Z 轴正半轴定义 UCS。

命令：ucs ↵	//执行 UCS 命令
当前 UCS 名称：＊世界＊	
指定 UCS 的原点或［面(F)/命名(NA)/对象(OB)/上一个(P)/	
视图(V)/世界(W)/X/Y/Z/Z 轴(ZA)］＜世界＞：za↵	//选"Z 轴"项
指定新原点＜0,0,0＞：↙	//在绘图区指定新的原点
在正 Z 轴范围上指定点＜1013.2546,594.6549,1.0000＞	//输入坐标点

（3）"三点"项指定新 UCS 原点及 X 和 Y 轴的正方向，Z 轴方向由右手规则确定。

命令：ucs ↵	//执行 UCS 命令
当前 UCS 名称：＊世界＊	

输入选项:3 ↵   //选"三点"项
指定新原点 <0,0,0>:↙   //指定点1
在正 X 轴范围上指定点 <当前>:↙   //指定点2
在 UCSXY 平面的正 Y 轴范围上指定点 <当前>:↙   //指定点3

第一点指定新 UCS 的原点，第二点定义了 X 轴的正方向，第三点定义了 Y 轴的正方向。第三点可以位于新 UCS XY 平面的正 Y 轴范围上的任何位置，如图 10-12 所示。

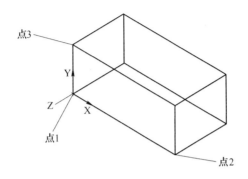

图 10-12 三点定义 UCS

（4）"对象"项根据选定三维对象定义新的坐标系。新 UCS 的拉伸方向（Z 轴正方向）与选定对象的一样，如图 10-13 所示。

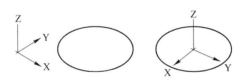

图 10-13 选择对象定义 UCS

命令:ucs ↵   //执行 UCS 命令
当前 UCS 名称:＊世界＊
指定 UCS 的原点或[面(F)/命名(NA)/对象(OB)/上一个(P)/
视图(V)/世界(W)/X/Y/Z/Z 轴(ZA)] <世界>:za ↵   //选"对象"项
选择对其 UCS 的对象:↙   //拾取圆的边

注意：此选项不能用于下列对象：三维实体、三维多段线、三维网格、视口、多线、面域、样条曲线、椭圆、射线、构造线、引线、多行文字。

常用的通过选择对象来定义 UCS 的方法，如表 10-1 所示。

表 10-1 常用的通过选择对象来定义 UCS 的方法

对　象	确定 UCS 的方法
圆弧	圆弧的圆心成为新 UCS 的原点，新 X 轴通过距离选择点最近的圆弧端点
圆	圆的圆心成为新 UCS 的原点，新 X 轴通过选择点
标注	标注文字的中点成为新 UCS 的原点，新 X 轴的方向平行于当绘制该标注时生效的 UCS 的 X 轴
直线	离选择点最近的端点成为新 UCS 的原点。AutoCAD 选择新 X 轴使该直线位于新 UCS 的 XZ 平面上，该直线的第二个端点在新坐标系中 Y 坐标为零

对　象	确定 UCS 的方法
点	该点成为新 UCS 的原点
二维多段线	多段线的起点成为新 UCS 的原点，新 X 轴沿从起点到下一顶点的线段延伸
实体	二维实体的第一点确定为新 UCS 的原点，新 X 轴沿前两点之间的连线方向
宽线	宽线的起点成为新 UCS 的原点，新 X 轴沿宽线的中心线方向
三维面	取第一点作为新 UCS 的原点，新 X 轴沿前两点的连线方向，新 Y 轴的正方向取自第一点和第四点，新 Z 轴由右手规则确定
图形、文字、块参照、属性定义	该对象的插入点成为新 UCS 的原点，新 X 轴由对象绕其拉伸方向旋转定义。用于建立新 UCS 的对象在新 UCS 中的旋转角度为零

（5）"面"项将 UCS 与实体对象的选定面对齐，选择一个面时，在该面的边界内或面的边上单击，被选中的面将虚显，UCS 的 X 轴将与找到的第一个面上的最近的边对齐。

命令:ucs ↵　　　　　　　　　　　　　　　　　//执行 UCS 命令

当前 UCS 名称: *世界*

输入选项:n ↵　　　　　　　　　　　　　　　　//选"新建"项

指定 UCS 的原点或［面(F)/命名(NA)/对象(OB)/上一个(P)/

视图(V)/世界(W)/X/Y/Z/Z 轴(ZA)］<世界>:f ↵　　//选"面"项

选择实体对象的面:↙　　　　　　　　　　　　　//拾取左前面

输入选项［下一个(N)/X 轴反向(X)/Y 轴反向(Y)］<接受>:↵ //按〖Enter〗键结束命令

操作结果如图 10-14 所示。

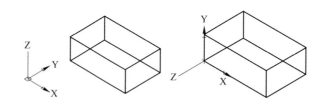

图 10-14　选择面定义 UCS

各选项含义为："下一个"将 UCS 定位于邻接的面或选定边的后向面；"X 轴反向"将 UCS 绕 X 轴旋转 180°；"Y 轴反向"将 UCS 绕 Y 轴旋转 180°；"接受"指如果按〖Enter〗键，则接受该位置，否则将重复出现提示，直到接受位置为止。

（6）"视图"项以垂直于观察方向（平行于屏幕）的平面为 XY 平面，建立新的坐标系，UCS 原点保持不变。

（7）〖X/Y/Z〗项绕指定轴 X、Y、Z 旋转当前 UCS。

命令:ucs ↵　　　　　　　　　　　　　　　　　//执行 UCS 命令

当前 UCS 名称: *世界*

指定 UCS 的原点或［面(F)/命名(NA)/对象(OB)/上一个(P)/

视图(V)/世界(W)/X/Y/Z/Z 轴(ZA)]<世界>:x↵　　　　//选"X"项
指定绕 X 轴的旋转角度<90>:60↵　　　　　　　　　//输入角度并按〖Enter〗键

10.1.4.2　移动 UCS

通过平移当前 UCS 的原点或修改其 Z 轴深度来重新定义 UCS。

A　执行方式

命令行：输入"UCS"→按〖Enter〗键→输入"移动（M）"项。

B　选项说明

（1）"新原点"用于修改 UCS 原点位置。

（2）"Z 向深度"用于指定 UCS 原点在 Z 轴上移动的距离。

C　功能示例

命令:ucs↵　　　　　　　　　　　　　　　//执行 UCS 命令
当前 UCS 名称:∗世界∗　　　　　　　　　//当前设置
输入选项:m↵　　　　　　　　　　　　　//选"移动"项
指定新原点或[Z 项深度(Z)]<0,0,0>:z↵　//选"Z 向深度"项
指定 Z 项深度<0>:30↵　　　　　　　　//输入 Z 向深度值并按〖Enter〗键

10.1.4.3　正交 UCS

通过正交可指定 AutoCAD 提供的 6 个正交 UCS 之一。

A　执行方式

命令行：输入"UCS"→按〖Enter〗键→输入"正交（G）"项。

B　选项说明

（1）"俯视"将当前 UCS 转变为俯视状态的坐标系。

（2）"仰视"将当前 UCS 转变为仰视状态的坐标系。

（3）"前视"将当前 UCS 转变为前视状态的坐标系。

（4）"后视"将当前 UCS 转变为后视状态的坐标系。

（5）"左视"将当前 UCS 转变为左视状态的坐标系。

（6）"右视"将当前 UCS 转变为右视状态的坐标系。

各坐标系状态如图 10-15 所示。

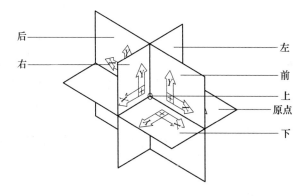

图 10-15　正交 UCS 示意

C　功能示例

命令：ucs ↵　　　　　　　　　　　　　　　　　　　//执行 UCS 命令

当前 UCS 名称：＊没有名称＊

输入选项:g ↵　　　　　　　　　　　　　　　　　　　//选"正交"项

输入选项［俯视（T）/仰视（B）/前视（F）/后视（BA）/

左视（L）/右视（R）］＜俯视＞:t ↵　　　　　　　　//选"俯视"项

10.1.4.4　上一个 UCS

恢复上一个 UCS。

A　执行方式

菜单栏：〖工具〗→〖新建 UCS〗→〖上一个〗菜单项。

命令行：输入"UCS"→按〖Enter〗键→输入"上一个（P）"项。

10.1.4.5　恢复 UCS

恢复已保存的 UCS 使它成为当前 UCS。

A　执行方式

命令行：输入"UCS"→按〖Enter〗键→输入"恢复（R）"项。

B　选项说明

"名称"选项用于指定一个已命名的 UCS。

C　功能示例

命令：ucs ↵　　　　　　　　　　　　　　　　　　　//执行 UCS 命令

当前 UCS 名称：＊没有名称＊

输入选项:r ↵　　　　　　　　　　　　　　　　　　　//选"恢复"项

输入要恢复的 UCS 名称或［?］:? ↵　　　　　　　　//输入名称或输入?

10.1.4.6　保存 UCS

把当前定义的 UCS 按指定名称保存。

A　执行方式

命令行：输入"UCS"→按〖Enter〗键→输入"保存（S）"项。

B　选项说明

在"名称"选项提示下可使用指定的名称保存当前 UCS。

C　功能示例

命令：ucs ↵　　　　　　　　　　　　　　　　　　　//执行 UCS 命令

当前 UCS 名称:世界

输入选项:s ↵　　　　　　　　　　　　　　　　　　　//选"保存"项

输入保存当前 UCS 的名称或［?］: ↵　　　　　　　//输入名称或输入?

输入保存当前 UCS 的名称或［?］:u－左视 ↵　　　//输入名称

在实际操作中，命名 UCS 时应尽量用有意义的名称以提高工作效率，避免命名多个 UCS 后发生混淆。

10.1.4.7　删除 UCS

从已保存的用户坐标系列表中删除指定的 UCS。

A 执行方式

命令行：输入"UCS"→按〖Enter〗键→输入"删除（D）"项。

B 功能示例

命令：ucs ↵   //执行 UCS 命令

当前 UCS 名称：世界

输入选项：d ↵   //选"删除"项

输入要删除的 UCS 名称＜无＞：u－左视 ↵   //输入要删除的 UCS 名称

10.1.4.8 应用 UCS

将当前 UCS 设置应用到指定的视口或所有活动视口。

A 执行方式

命令行：输入"UCS"→按〖Enter〗键→输入"应用（A）"项。

B 选项说明

"视口"与"所有"选项分别为将 UCS 应用到指定视口或所有活动视口并结束命令。

C 功能示例

命令：ucs ↵   //执行 UCS 命令

当前 UCS 名称：ucsl

输入选项：a ↵   //选"应用"项

拾取要应用当前 UCS 的视口或［所有(A)］＜当前＞：a ↵   //选"所有"项

10.1.5 世界坐标系（WCS）

将当前用户坐标系设置为世界坐标系或回到 WCS 状态。

A 执行方式

菜单栏：〖工具〗→〖新建 UCS〗→〖世界〗菜单项。

命令行：输入"UCS"→按〖Enter〗键→输入"世界（W）"项。

B 功能示例

命令：ucs ↵   //执行 UCS 命令

当前 UCS 名称：ucsl

输入选项：w ↵   //选"世界"项

10.2 三维视图与动态观察

10.2.1 视口对话框及视点预设对话框

视口时显示创建模型的不同视图的区域。在大型或复杂的图形中，为同一模型显示不同的视图可以缩短在单一视图中缩放或平移的时间。但是，在一个视图中所犯的错误可能会在其他视图中也表现出来。在模型空间中，可以将图形区域拆分成一个或多个相邻的矩形视图，成为模型视口；也可以在布局空间中创建视口，可以移动这些视口并且可以调整其大小，也可以对显示进行更多的控制。

在模型空间中创建的视口充满整个绘图区域并且相互之间不重叠。在一个视口中做出修改后，其他视口也会立即更新。使用模型视口，可以实现以下功能：

（1）平移、缩放、设置捕捉栅格和改变 UCS 图标模式以及恢复命名视图。

（2）在某一单独的视口中保存用户坐标系方向。

（3）执行命令时，从一个视口绘制到另一个视口。

（4）为视口排列命名，以便在模型空间上重复使用或者将其应用到布局空间上。

活动视口的数目和布局及其相关设置成为"视口配置"，"视口"命令决定模型空间和布局空间（布局）环境的视口配置。

10.2.1.1　视口命令

创建或者修改当前模型空间和布局空间的视口配置。

A　执行方式

命令行：输入"-Vports"→按〖Enter〗键。

B　选项说明

（1）"保存"选项使用指定的名称保存当前视口配置。

（2）"恢复"选项恢复以前保存的视口配置，输入要恢复的视口配置名称或输入"?"列出所有保存过的视口配置。

（3）"删除"选项删除命名的视口配置。

（4）"合并"选项可将两个邻接的视口合并为一个较大的视口。

（5）"单一"选项可将图形返回到单一视口的视图中，该视图使用当前视口的视图。

（6）"?"选项可列表显示视口配置，显示活动视口的标识号和屏幕位置。输入要列出的视口配置名称或按回车键，首先列出当前视口，视口的位置是通过它的左下角点和右上角点定义的。对于这些角点，AutoCAD 使用（0.0，0.0）（用于绘图区域的左下角点）和（1.0，1.0）（用于右上角点）之间的值。

"2"选项可将当前视口拆分为相等的 2 个视口，其中包括水平（H）和垂直（V）2 个选项。

"3"选项可将当前视口拆分为 3 个视口，其中包括水平（H）、垂直（V）、上（A）、下（B）、左（L）和右（R）6 个选项。

"4"选项可将当前视口拆分为大小相同的 4 个视口。

C　功能示例

在这里仅列出"保存"视口选项的使用步骤，其他参数的使用方式与此类似。

```
命令：ucs ↵                                        //执行 UCS 命令
输入选项［保存(S)/恢复(R)/删除(D)/合并(J)/
单一(SI)/? /2/3/4］<3>:s ↵                          //选"保存"项
输入新视口配置的名称或［?]:? ↵                      //输入? 列出已保存视口配置
输入要列出的视口配置的名称<＊>:↵                    //列出已保存的视口配置
配置"＊Active"：
0.0000,0.0000 1.0000,1.0000
配置"3 垂直"：
0.0000,0.0000 0.3333,1.0000
```

0.3333,0.0000 0.6667,1.0000

0.6667,0.0000 1.0000,1.0000

输入新视口配置的名称或[?]:3↵　　　　　　　　　　　　　　　//按〖Enter〗键结束命令

10.2.1.2　视口对话框

显示"视口"对话框,以完成创建新的视口配置或命名和保存模型视口配置。

A　执行方式

菜单栏:〖视图〗→〖视口〗菜单项。

工具栏:"视点"工具栏→"显示视口对话框"工具按钮。

命令行:输入"Vports"→按〖Enter〗键。

B　"模型"空间"视口"对话框

在"模型"空间执行"视口"命令,弹出"视口"对话框,如图10-16所示。该对话框中各项含义如下:

(1)"新建视口"选项卡,用于显示标准视口配置列表并配置模型视口。其中,"新名称"为新建的模型视口配套指定名称;"标准视口"列出并设置标准视口配置,包括当前配置;"预览"显示所选视口配置的预览图像,以及在配置中指定给每个单独视口的默认视图和视觉样式;"应用于"将模型视口配置应用到整个显示窗口或当前视口。"显示"将视口配置应用到整个"模型"空间,该选项是默认设置,"当前视口"仅将视口配置应用到当前视口。"设置"指定二维或三维设置,如果选择二维,新的视口配置将通过所有视口中的当前视图来创建,如果选择三维,一组标准正交三维视图将被应用到配置中的视口。"修改视图"从列表中选择的视图替换选定视口中的视图。

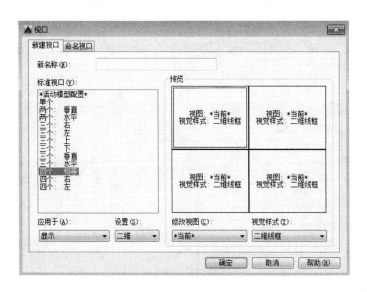

图10-16　"模型"空间"视口"对话框

(2)"命名视口"选项卡,用于显示图形中已保存的视口配置,如图10-17所示。其中,"当前名称"显示当前视口配置的名称;"命名视口"显示视口名称,在视口名称上单击鼠标右键可以完成重命名和删除操作。

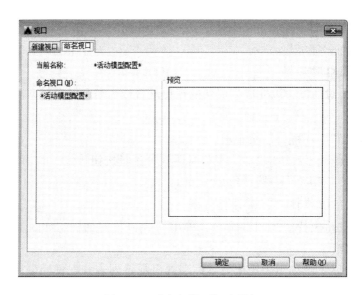

图 10-17   "命名视口" 选项卡

     C   "布局" 空间 "视口" 对话框

     在 "布局" 空间执行 "视口" 命令，弹出 "视口" 对话框，如图 10-18 所示。该对话框中各项含义如下：

    （1）"新建视口" 选项卡。其中，"当前名称" 显示当前布局视口配置的名称；"标准视口" 显示标准视口配置列表并配置布局视口；"视口间距" 指定要在配置的布局视口之间应用的间距；"预览" 显示所选视口配置的预览图形，以及在配置中指定给每个单独视口的默认视图；"设置" 指定二维或三维设置；"修改视图" 用于列表中选择的视图替换选定视口中的视图。

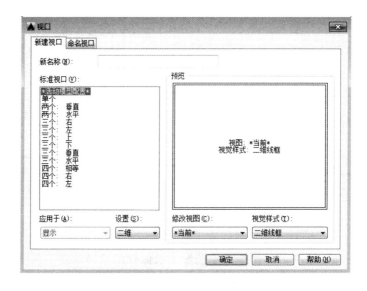

图 10-18   "布局" 空间 "视口" 对话框

（2）"命名视口"选项卡。用于显示任意已保存的和已命名的模型视口配置，以便在当前布局中使用。

10.2.1.3 视点命令

新定义一个观察角度和方向。

A 执行方式

菜单栏：〖视图〗→〖三维视图〗→〖视点〗菜单项。

工具栏："视点"工具栏→"显示视口对话框"工具按钮。

命令行：输入"Vpoint"→按〖Enter〗键。

B 选项说明

"视点"选项使用输入的 X、Y 和 Z 坐标，创建定义观察视图方向的矢量。按照约定，不同坐标值所表示的视图如表 10-2 所示。

表 10-2　AutoCAD 2010 中约定不同坐标值所示的视图

X、Y、Z 坐标值	对应的视图	X、Y、Z 坐标值	对应的视图
0，0，1	俯视图	1，1，1	东北等轴侧视图
0，-1，0	主视图	-1，-1，1	西南等轴侧视图
1，0，0	右视图	-1，1，1	西北等轴侧视图
-1，0，0	左视图	1，-1，1	东南等轴侧视图

C 功能示例

（1）"视点"选项应用如下：

命令：vpoint ↵　　　　　　　　　　　　　　　　　　//执行视点命令

当前视图方向：VIEWDIR = -1.0000，-1.0000，1.0000

指定视点或［旋转（R）］<显示坐标球和三轴架>:25,25,15 ↵　　//输入视点坐标

操作结果如图 10-19 所示。

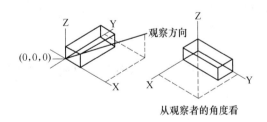

图 10-19　"视点"命令的应用

（2）"选择"选项可使用两个角度指定新的观察方向，第一个角度指定的大小为在 XY 平面中与 X 轴的夹角，第二个角度指定的大小为与 XY 平面的夹角，位于 XY 平面的上方或下方，如图 10-20 所示。选项应用如下：

命令：vpoint ↵　　　　　　　　　　　　　　　　　　//执行视点命令

当前视图方向：VIEWDIR = 0.0000，0.0000，46.7707

指定视点或［旋转（R）］<显示坐标球和三轴架>:r ↵　　//选"旋转"项

输入 XY 平面中与 X 轴的夹角 <0>:45 ↵　　　　　　　//输入与 X 轴夹角

输入与 XY 平面的夹角 <90> :90 ↵　　　　　　　　　　　　　　//输入与 *XY* 平面夹角

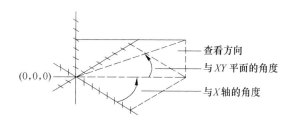

图 10-20　观察方向

（3）"显示坐标球和三轴架"选项用于显示坐标球和三轴架，在视口中用坐标球和三轴架定义观察方向。选项应用如下：

命令：vpoint ↵　　　　　　　　　　　　　　　　　　　//执行视点命令

当前视图方向:VIEWDIR = −1.0000，−1.0000,1.0000

指定视点或 [旋转（R）] <显示坐标球和三轴架> :↵　　　//按【Enter】键使用默认参数

10.2.1.4　视点预设对话框

"视点预设"对话框包括"设置观察角度"区和〖设置为平面视图〗按钮，如图 10-21 所示。

A　执行方式

命令行：输入"Ddvpoint"→按〖Enter〗键。

B　选项说明

（1）"绝对于 WCS"用于指定 *X* 轴观察角度和 *XY* 平面观察。

（2）"相对于 UCS"用于指定 *X* 轴观察角度和 *XY* 平面观察角度相对于 UCS 观察。

（3）"自"用于指定查看角度。其中，"*X* 轴"指定与 *X* 轴的角度；"*XY* 平面"指定与 *XY* 平面的角度。用户也可以使用对话框中样例图像来指定查看角度。如图 10-21 所示，黑针指示新角度，通过选择圆或半圆的内部区域来指定一个角度；如果选择了边界外面的区域，那么就将该角度四舍五入到在该区域显示的角度值，这种方法比较直观并且准确。

（4）〖设置为平面视图〗按钮用于设置观察角度以相对于选定坐标系显示平面视图（*XY* 平面）。

C　功能示例

命令行:ddvpoint ↵　　　　　　　　　　　　　　　　//执行视点预设命令

选择绝对于 Wcs,自 X 角度:270,XY 角度:45 ↵　　　　//输入新角度

操作结果如图 10-22（a）所示。若在图 10-22（a）的情况下，在"视点预设"对话框中选择设为平面视图，结果如图 10-22（b）所示。

10.2.1.5　视图及视图管理器

按一定比例、观察位置和角度显示的图形称为视图。视图时图形的一部分，它显示在视口中。在实际操作中，某个对象的某些视图需要经常使用，或者由于当退出当前绘制命令时，将不保留先前的视图，我们可以按名称保存和恢复特定的视图，以便于调用。视图

分别可以保存在模型空间和布局空间中。保存视图和恢复视图可以通过"视图管理器"对话框和"视图"命令来完成。

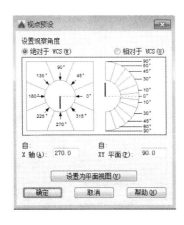

图 10-21 "视点预设"对话框

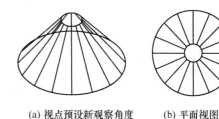

(a) 视点预设新观察角度　　　(b) 平面视图

图 10-22 "视点预设"的应用

10.2.1.6 视图管理器对话框

命名保存、删除或列出图形中保存的所有视图及其相关信息。

A 执行方式

菜单栏：〖视图〗→〖视图管理器〗菜单项。

命令行：输入"View"或"Ddview"→按〖Enter〗键。

B 选项说明

执行"视图"命令后，弹出"视图管理器"对话框，如图 10-23 所示。该对话框用来创建、设置、重命名和删除命名视图，其中各项参数含义如下：

（1）"当前视图"区用来显示当前视图的名称。"视图管理器"对话框第一次显示时，当前视图列为"当前"。

（2）〖置为当前〗按钮用于把某一视图置为当前，可以单击鼠标左键选定此视图，然

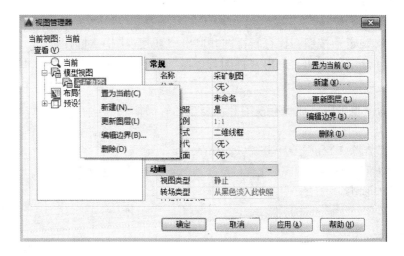

图 10-23 "视图管理器"对话框

后再单击〖置为当前〗项，或者在视图名称上单击鼠标右键，然后选择〖置为当前〗项。

（3）〖新建〗按钮用于显示"新建视图"对话框，如图10-24所示。其中各参数含义为："视图名称"框用于指定视图名称。"当前显示"使用当前显示作为新视图。"定义窗口"用窗口作为新视图，通过在绘图区域指定两个对角点来定义。"定义窗口"右边的"定义视图窗口"按钮，当单击该按钮时，暂时关闭对话框以便使用光标来指定新视图窗口的对角点，仅当选定"定义窗口"后此按钮才有效。"设置"区提供用于保存的坐标系。"活动截面"及"视图样式"指定与新视图一起保存的活动截面及视觉样式。AutoCAD本身定义了一些正交和等轴侧视图，在实际操作中，通过选择这些视图，往往要比定义一个视图节省时间。

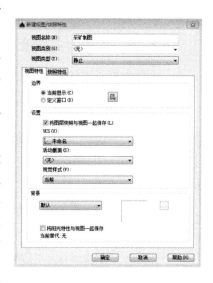

图10-24   "新建视图"对话框

（4）〖删除〗按钮用于删除已命名的视图。选择视图单击鼠标右键，从快捷菜单中选择〖删除〗项，但不能删除当前视图。

C   功能示例

以保存和命名视图为例，介绍使用"视图管理器"对话框执行保存和命名视图的基本步骤。

（1）如果有多个视口，可在包含要保存视图的视口中单击。

（2）在〖视图〗菜单中选择〖视图管理器〗菜单项。

（3）在"视图管理器"对话框的右侧选择〖新建〗按钮。

（4）在"新建视图"对话框中为该视图输入名称。

（5）如果只需要保存当前视图的一部分，需选择"定义窗口"单选钮，然后单击"定义视图窗口"按钮，使用光标指定视图的两个对角；否则，请选择"当前显示"单选钮。

（6）单击〖确定〗按钮，保存新视图并退出"新建视图"对话框。

（7）单击〖确定〗按钮，退出"视图管理器"对话框。

10.2.1.7   视图命令

通过视图命令也可以完成保存视图和恢复视图等操作。

命令：-view↵   //执行视图命令

输入选项[？/删除(D)/正交(O)/恢复(R)/保存(S)/

设置(E)/窗口(W)]：？↵   //选"？"项

输入要列出的视图名＜＊＞：↵

保存的视图：

视图名称	空间	
"视点(0,1,1)"	M	//M指定模型空间
		//P指定布局空间

（1）"删除"。删除一个或多个命名视图。

（2）"正交"。指定命名视图的分类，例如立视图或剖视图。

（3）"恢复"。恢复指定视图到当前视口中。如果 UCS 设置已与视图一起保存，它也被恢复，同时会恢复所保存视图的中心点和比例。如果在图纸空间工作时恢复模型空间视图，将提示选择一个视口来恢复此视图。

（4）"保存"。以给定的名称命名视图。

10.2.1.8 平面视图

平面视图命令提供了一种从平面视图查看图形的便捷方式，选择的平面视图可以是基于当前用户坐标系、以前保存的用户坐标系或世界坐标系。

A 执行方式

菜单栏：〖视图〗→〖三维视图〗→〖平面视图〗菜单项。

命令行：输入"Plan"→按〖Enter〗键。

B 选项说明

（1）"当前 UCS"用于重生成平面视图显示，以使图形规范布满当前 UCS 的当前视口。

（2）"UCS"用于修改以前保存的 UCS 的平面视图并重生成显示。在命令行输入"U"时，出现提示"输入 UCS 名称或［?］"，可以输入名称，也可以在提示下输入"?"，那么在命令行将显示下列提示："输入要列出的 UCS 名称＜＊＞:"，此时输入名称或输入"＊"，将列出图形中的所有 UCS。

（3）"世界"可重生成平面视图显示，以使图形范围布满世界坐标系屏幕。

C 功能示例

命令：Plan↵	//执行平面视图命令
输入选项［当前 UCS(C)/UCS(U)/世界(W)］＜当前 UCS＞:u↵	//选"UCS"项
输入 UCS 名称或［?］:?↵	//选"?"项
输入要列出的 UCS 名称＜＊＞:↵	//列出 UCS 名称

当前 UCS 名称:"z 旋转 45 度"

已保存的坐标系：

"z 旋转 45 度"

原点 = ＜0.0000,0.0000,0.0000＞,X 轴 = ＜1.0000,0.0000,0.0000＞

Y 轴 = ＜0.0000,1.0000,0.0000＞,Z 轴 = ＜0.0000,0.0000,1.0000＞

输入 UCS 名称或［?］:↵	//按〖Enter〗键结束命令

10.2.2 三维动态观察器

通过三维动态观察器快捷地对三维模型进行观察。

A 执行方式

工具栏："受约束的动态观察"工具按钮。

命令行：输入"3Dorbit"→按〖Enter〗键。

按〖Shift〗键并单击鼠标滚轮可临时进入"三维动态观察"模式。

启动任意三维导航命令，在绘图区中单击鼠标右键，然后依次单击"其他导航模式"

"受约束的动态观察"。

B　功能示例

执行"三维动态观察"命令后，在绘图区出现三维动态观察器视图，显示为一个转盘（被四个小圆平分的一个大圆），如图10-25所示。三维动态观察器也可以显示为虚线的指南针形状，此时在绘图区或三维动态观察器上单击鼠标右键，可通过右键快捷菜单设置。

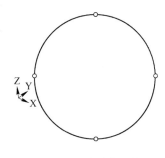

图10-25　三维动态观察器

C　操作说明

（1）"三维动态观察"命令处于活动状态时无法编辑对象。

（2）按〖Enter〗键、〖Esc〗键或从右键快捷菜单中选择〖退出〗项可退出"三维动态观察"命令。

（3）单击并拖动光标可以旋转视图。将光标移动到转盘的不同部分时，光标会有所变化。

　　：光标变为球体时拖动，可以沿水平、竖直和对角方向拖动视图。

　　：此时可以使图围绕穿过转盘（垂直于屏幕）中心延伸的轴进行转动。

　　：此时可绕垂直轴（即 Y 轴）通过转盘中心延伸的 Y 轴旋转视图。

　　：此时可绕水平轴（即 X 轴）通过转盘中心延伸的 X 轴旋转视图。

D　三维导航工具栏

"三维导航"工具栏包括全导航控制盘、平移、范围缩放、动态观察。

（1）全导航控制盘，提供对通用和专用导航工具的访问。

（2）平移，沿屏幕方向平移视图。

（3）范围缩放，缩放以显示所有对象的最大范围。

（4）动态观察，在三维空间旋转视图，但仅限于在水平和垂直方向上进行动态观察。

（5）ShowMotion，为处于设计检查、演示以及书签样式导航目的而创建和回访电影式相机动画提供屏幕上显示。

10.3　三维常用命令及其应用

10.3.1　多段线命令

A　执行方式

菜单栏：〖绘图〗→〖三维多段线〗菜单项。

命令行：输入"3Dpoly"→按〖Enter〗键。

B　选项说明

（1）"直线的端点"指从前一点到新指定的点绘制一条直线，命令提示不断重复，知道按回车键结束命令为止。

（2）"放弃"删除创建的上一线段，可以继续从前一点绘图。

（3）"闭合"从最后一点至第一个点绘制一条闭合线，然后结束命令，要闭合的三维多段线必须至少有两条线段。

C　功能示例

命令：3dpoly ↵　　　　　　　　　　　　　　　//执行三维多段线命令

指定多段线的起点：✓　　　　　　　　　　　　//指定点 1

指定直线端点或［放弃(U)］：✓　　　　　　　//指定点 2

指定直线的端点或［闭合(C)/放弃(U)］：✓　　//指定点 3

依次指定其他点或输入选项，操作结果如图 10-26 所示。图 10-27 是以三维多段线为例通过路径方式拉伸的井底车场三维模型。

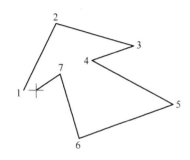
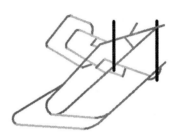

图 10-26　三维多段线的绘制　　　　　　　图 10-27　井底车场模型

说明：与二维多段线相比，三维多段线不能指定宽度和长度，也不能够绘制圆弧，可选项仅限于闭合和放弃两项。

10.3.2　面域命令功能

从闭合图形创建二维区域。

A　执行方式

工具栏："绘图"工具栏→"面域"工具按钮。

菜单栏：〖绘图〗→〖面域〗菜单项。

命令行：输入"Region"→按〖Enter〗键。

B　功能示例

命令：region ↵　　　　　　　　　　　　　　　//执行面域命令

选择对象：指定对角点：招到 1 个　　　　　　//拾取图 10-28(a)中图形

选择对象：↵　　　　　　　　　　　　　　　　//按〖Enter〗键结束选择

已提取 1 个环

已创建 1 个面域

操作结果如图 10-28（b）所示。

在二维线框视图状态下，新生成的面域图形与原始看起来并无区别，但单击绘图区左上角"视觉样式"，选择"概念"项（图 10-29），即可看出两者的差异：原始的线条图无变化，而面域对象显示为一个面，如图 10-28（b）所示。也可以选择其他视觉样式看出两者的差异。

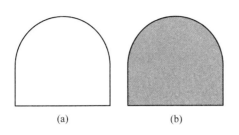

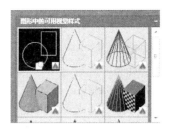

图 10-28 "面域"命令的应用   图 10-29 "视觉样式"窗口

C　操作说明

闭合的多段线、直线和曲线都是有效的选择对象。

AutoCAD 将所选对象中的闭合二维多段线和分解的
平面三维多段线转换为单独的面域，然后转换成多段线、
直线和曲线形成的闭合平面环（面域的外边界和孔）。
面域的边界由端点连成的曲线组成，曲线上的每个端点
仅连接两条边。如果有两个以上的曲线共用一个端点，
得到的面域可能是不确定的。

单击"视觉样式"上的"概念"，可显示面域与普
通线条图形的区别。也可以选择其他视觉样式查看两者
的区别。

面域的创建也可以使用"边界"命令，弹出"面域
创建"对话框，如图 10-30 所示。在该对话框中选择
"对象类型"下的"面域"选项进行面域的创建。

图 10-30 "边界创建"对话框

"面域"命令与图层的关系：位于锁定图层中的对象执行"面域"命令无效，新生成
的面域对象的特性为当前的特性。

10.3.3　三维面与二维填充曲面

"三维面"命令与"二维填充曲面"命令均可在三维空间中创建一个三边或四边曲
面，其中"三维面"命令创建的曲面未填充，"二维填充曲面"命令创建填充的曲面。

A　执行方式

菜单栏：〖绘图〗→〖新建〗→〖网格〗→〖三维面〗菜单项。

命令行：输入"3Dface"→按〖Enter〗键。

B　选项说明

（1）"第一个点"项。该项用于定义三维面的起点。在输入第一点后，可按顺时针或
逆时针方向输入其余的点，以创建普通三维面。如果四个顶点在同一平面上，AutoCAD
将创建一个类似于面域对象的平面。当"渲染"对象时，该平面将被填充。在指定第 1
点后，AutoCAD 将提示依次指定第 2 个点、第 3 个点、第 4 个点，然后 AutoCAD 将从第 1
点到第 4 点封闭 3D 面。如果在第 4 点提示下输入一空值，AutoCAD 将用三条边封闭 3D
面，并且最后两个点作为后一 3D 面的前两个点，提示输入第 3 个点、第 4 个点，直至命

令结束。另外，该命令是不支持"放弃"的，绘制多个 3D 面时就要十分小心，一不小心出现的错误会导致重新绘制。

（2）"不可见"项。该项用于控制三维面各边的可见性。但这个选项必须在边的第 1 点之前输入 1 或 Invisible，才可使该边不可见。此选项可以创建所有边都不可见的三维面，这样的面是虚幻面，它不显示在线框图形中，但在线框图形中会遮挡其他形体，并且 3D 面确实出现在着色的渲染中。如果在绘制 3D 面时，将包括起点在内的 4 个点全部设置为不可见，此时在平面着色模式下可以看到 3D 面，但是在二维线框模式下，该 3D 面是不可见的，而且也无法用拾取框选择的。因此在实际操作中，应该熟悉控制 3D 面各边不可见的操作。

C 功能示例

命令: 3dface ↵   //执行三维面命令
指定第一点或[不可见(I)]:✓   //拾取第 1 点
指定第二点或[不可见(I)]:✓   //拾取第 2 点
指定第三点或[不可见(I)]<退出>:✓   //拾取第 3 点
指定第四点或[不可见(I)]<创建三侧面>:✓ //拾取第 4 点
指定第三点或[不可见(I)]<退出>:✓   //重复提示,至命令结束

操作结果如图 10-31 所示。

另外，也可以通过 Edge 命令实现控制和修改 3D 面的可见性。

D 操作说明

（1）创建 3D 面时指定第 1 点后，其他 3 个点应保持相同转向。

（2）执行"三维面"命令后，第一个循环从第 1 点到第 4 点，然后依次指定第 3 点和第 4 点进行重复。

图 10-31 创建 3D 曲面

10.3.4 边

A 执行方式

命令行：输入"Edge"→按〖Enter〗键。

B 选项说明

（1）"边"项。该项用于控制选中边的可见性。Edge 命令下，首先要求指定要切换可见性的三维面的边或显示，并且 AutoCAD 将重复提示直到按〖Enter〗键。如果一个或多个三维面的边是共线的，AutoCAD 将改变每个共线边的可见性。

（2）"显示"项。该项用于选择三维面的不可见边，以便可以重新显示它们。用户可以逐一选择也可输入不同选项后按〖Enter〗键。

（3）"全部选择"项。该项用于选中图形中所有三维面的隐藏边并显示它们。当输入该选项时，原来隐藏的对象变为虚线，如果此时要使三维面的边再次可见，必须用光标选定每条边才能显示它们。系统将自动显示"自动捕捉"和"捕捉提示"，提示在每条可见边的外观捕捉位置，该提示将继续显示，直到按〖Enter〗键。

（4）"选择"项。该项用于选择部分可见的三维面的隐藏边并显示它们。当输入该选项时，所选择的原来隐藏了的部分边的三维面对象变为虚线，如果此时要使三维面的边再次可见，必须用鼠标选定每条边才能显示它们。系统将自动显示"自动捕捉"和"捕捉提示"，提示在每条可见边的外观捕捉位置，该提示将继续显示，直到按〖Enter〗键。

C   功能示例

a   隐藏边

命令：edge ↵   //执行边命令
指定要切换可见性的三维表面的边或［显示（D）］:↙   //选中边 14、43，如图 10-32（a）所示
指定要切换可见性的三维表面的边或［显示（D）］:↵   //按〖Enter〗键结束命令

操作结果如图 10-32（b）所示。

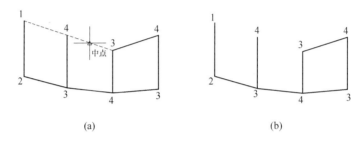

(a)   (b)

图 10-32   隐藏边

b   显示隐藏的边

命令：edge ↵   //执行边命令
指定要切换可见性的三维表面的边或［显示（D）］:d ↵   // 选"显示"项
输入用于隐藏边显示的选择方法［选择（S）/全部选择（A）］ ＜全部选择＞:s ↵

                                                    //选"选择"项
选择对象:↙   //找到 1 个如图 10-33（a）所示
选择对象:↵   //按〖Enter〗键结束选择
＊＊重生成三维面对象   //完成
指定要切换可见性的三维表面的边或［显示（D）］:↙   //选择边 14，如图 10-33（b）所示

操作结果如图 10-33（c）所示。

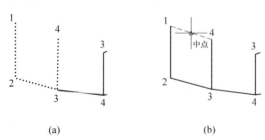

(a)   (b)   (c)

图 10-33   隐藏边的显示

10.3.5   二维填充曲面

创建实体填充的三角形和四边形。

A 执行方式

命令行：输入"Solid"→按〖Enter〗键。

B 功能示例

命令：solid ↵	//执行二维填充曲面命令
指定第一点：↙	//指定点 1
指定第二点：↙	//指定点 2
指定第三点：↙	//指定点 3
指定第四点或 <退出>：↙	//指定点 4 并结束命令

操作结果如图 10-34 所示。

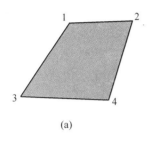

(a)

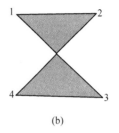

(b)

图 10-34 曲面二维填充

C 操作说明

（1）要创建四边形区域，必须从左向右指定顶部和底部边缘。如果在右侧指定第 1 点而在左侧指定第 2 点，那么第 3 点和第 4 点也必须从右向左指定。继续指定点对时，要持续这种"之"字形顺序以确保得到预期的结果。

（2）在执行"二维填充曲面"命令过程中，前两点定义多边形的一条边，后两点构成下一填充区域的第一遍，然后 AutoCAD 将重复指定第 3 点和第 4 点。连续指定第 3 点和第 4 点将在单个实体对象中创建更多相连的三角形和四边形，按〖Enter〗键结束命令。

（3）创建四边形实体填充区域时，第 3 点和第 4 点的指定顺序将决定它的形状。图 10-34（a）为正常的指定顺序，图 10-34（b）为第 3 点和第 4 点反向的指定顺序。

（4）"二维填充曲面"命令与"三维面"命令均可创建一个封闭的曲面，但"二维填充曲面"命令创建与当前用户坐标系平行的三边或四边曲面，并且不能对每个角点使用不同的 Z 坐标值，而"三维面"命令则可以。另外，"三维面"创建的曲面未填充，而"二维填充曲面"创建填充的曲面。

10.3.6 三维网格面

网格面是由一个或多个 3D 面来表示一个曲面对象，由一系列成行成列的直线构成网格，网格的密度由包含 $M \times N$ 个顶点的矩阵决定，类似于用行和列组成的栅格。M 和 N 分别给定顶点的列和行的位置。在二维和三维中都可以创建网格，但主要在三维空间中使用。网格常常用于创建不规则的几何图形，如山脉的三维地形模型等。

我们可以通过确定曲面或平面的边界来建立网格（称为几何构造表面），网格的形状取决于定义曲面的边界和用于确定在边界之间的顶点的位置的规则。AutoCAD 提供了直纹网格、平移网格、边界网格、旋转网格，用于建立几何构造曲面。另外 AutoCAD 还提供了网格面和三维多面网格用于建立多边形网格。要有效地使用各种网格，就要了解各种网格的使用条件和用处，并结合实际条件选用合适的网格。

10.3.6.1   直纹网格

创建用于表示两条直线或曲线之间的曲面的网格。

A   执行方式

菜单栏：〖绘图〗→〖建模〗→〖网格〗→〖直纹网格〗菜单项。

命令行：输入"Rulesurf"→按〖Enter〗键。

B   选项说明

"第一条定义曲线"和"第二条定义曲线"选择两条用于定义网格的边。边可以是直线、圆弧、样条曲线、圆或多段线。如果有一条边是闭合的，那么另一条边必须也是闭合的。也可以将点用作开放曲线或闭合曲线的一条边。

C   功能示例

命令：rulesurf ↵   //执行直纹曲面命令

当前线框密度：SURFTAB1 = 6

选择第一条定义曲线：✓   //拾取第一条定义曲线

选择第二条定义曲线：✓   //拾取第二条定义曲线

图 10-35 显示了几种边界定义曲线形成的直纹网格，其中图 10-35（a）、（b）为点与线边界，图 10-35（c）、（d）为线与线边界。

(a)   (b)   (c)   (d)

图 10-35   点与线、线与线为边界

D   操作说明

"直纹网格"命令建立的时一个 $M \times N$ 多边形形式的网格构造（M = 常量 2），该命令将网格的半数顶点沿着一条定义好的曲线均匀放置，将另半数顶点沿着另一条曲线均匀放置。等分数目由 SURFTAB1 系统变量指定，默认情况下，SURFTAB1 = 6，此数值对每条曲线都是相同的。因此，如果定义曲线不等长，那么两条曲线上顶点之间的距离不相等，如图 10-36（a）所示；如果定义曲线不等长，那么两条曲线上顶点之间的距离不相等，如图 10-36（a）所示；如果在同一端选择对象，则创建多边形网格，如果在两个对端选择对象，则创建自交的多边形网格，如图 10-36（b）和（c）所示。

(a)　　　　　　　　(b)　　　　　　　　(c)

图 10-36　不对等边界与拾取点对直纹网格的影响

10.3.6.2　平移网格

从沿直线路径扫掠的直线或曲线创建网格。

A　执行方式

菜单栏：〖绘图〗→〖建模〗→〖网格〗→〖平移网格〗菜单项。

命令行：输入"Tabsurf"→按〖Enter〗键。

B　选项说明

（1）"选择用作轮廓曲线的对象"指定沿路径扫掠的对象。路径曲线定义多边形网格的近似曲面。它可以是直线、圆弧、圆、椭圆、二维或三维多段线。从路径曲线上离选定点最近的点开始绘制网格。

（2）"选择用作方向矢量的对象"指定用于定义扫掠方向的直线或开放多段线。

C　功能示例

命令：tabsurf ↵	//执行平移曲面命令
当前线框密度：SURFTAB1 = 16	//当前线框密度
选择用作轮廓曲线的对象：✔	//拾取图 10-37（a）轮廓曲线
选择用作方向矢量的对象：✔	//拾取图 10-37（a）方向矢量

操作结果如图 10-37（b）所示。

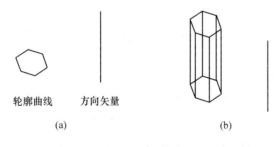

轮廓曲线　　方向矢量

(a)　　　　　　　　　　　　(b)

图 10-37　平移网格的应用

D　操作说明

（1）"平移网格"与"直纹网格"命令都是构造了一个 $M \times N$ 的多边形网格，其中 N 由 SURFTAB1 系统变量决定，方向为沿着轮廓曲线的方向；M 为 2 并且沿着方向矢量的方向。

（2）如果方向矢量是多段线，AutoCAD 只考虑多段线的第一点和最后一点，忽略中间的顶点。此时在方向矢量的不同点处指定方向时，将产生不同的结果。

10.3.6.3　边界网格

在四条相邻的边或曲线之间创建网格。

A　执行方式

菜单栏：〖绘图〗→〖建模〗→〖网格〗→〖边界网格〗菜单项。

命令行：输入"Edgesurf"→按〖Enter〗键。

B　选项说明

"选择用作曲面边界的对象1"指定要用作边界的第一条边。类似的命令不再赘述。

C　功能示例

命令：edgesurf↵ 　　　　　　　　　　　　　//执行边界网格命令

当前线框密度:SURFTAB1 = 当前 SURFTAB2 = 当前

选择用作曲面边界的对象1:↙ 　　　　　　　//拾取边界1

选择用作曲面边界的对象2:↙ 　　　　　　　//拾取边界2

选择用作曲面边界的对象3:↙ 　　　　　　　//拾取边界3

选择用作曲面边界的对象4:↙ 　　　　　　　//拾取边界4

操作结果如图10-38（b）所示。

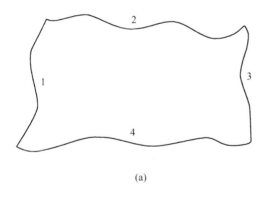
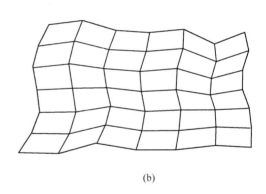

(a)　　　　　　　　　　　　　　　　　　(b)

图 10-38　边界网格的应用

D　操作说明

（1）"边界网格"命令中的邻接边可以是直线、圆弧、样条曲线或开放的二维或三维多段线，但这些边必须在端点处相交以形成一个闭合的路径。

（2）在选择曲面边界时可以用任何次序选择这四条边，第一条边决定了生成网格的 M 方向，该方向是从距选择点最近的端点延伸到另一端。与第一条边相接的两条边形成了网格的 N 方向的边。

10.3.6.4　旋转网格

通过绕轴旋转轮廓创建网格。

A　执行方式

菜单栏：〖绘图〗→〖建模〗→〖网格〗→〖旋转网格〗菜单项。

命令行：输入"Revsurf"→按〖Enter〗键。

B　选项说明

（1）"旋转对象"可以是直线、圆弧、圆或二维、三维多段线或者多段线的组合。

（2）"旋转轴"对象是直线或开放的二维、三维多段线，从多段线第一个顶点到最后一个顶点的矢量确定旋转轴，旋转轴确定网格的 M 方向。

（3）"起点角度"默认情况是从零度开始，也可以输入值。

（4）"包含角"在旋转角度前加"＋"表示逆时针，在旋转角度前加"－"表示顺时针。包含角是路径曲线绕轴旋转所扫过的角度。路径曲线是围绕选定的轴旋转来定义曲面的，它可定义曲面网格的 N 方向。选择圆或闭合的多段线作为路径曲线，可以在 N 方向上闭合网格。输入一个小于整圆的包含角可以避免生成闭合的圆。

C　功能示例

命令：revsurf↵　　　　　　　　　　　　//执行旋转曲面命令

选择要旋转的对象：✓　　　　　　　　　//拾取旋转对象

选择定义旋转轴的对象：✓　　　　　　　//拾取旋转轴

指定起点角度＜0＞：↵　　　　　　　　　//按〖Enter〗键结束命令

指定包含角（＋＝逆时针，－＝顺时针）＜360＞：120↵　　//输入包含角

操作结果如图 10-39（b）所示。

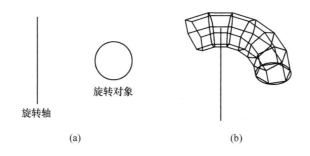

图 10-39　旋转网格的应用

D　操作说明

（1）选择旋转轴的点的位置不同会影响旋转的方向。

（2）生成的网格的密度由 SURFTAB1 和 SURFTAB2 系统变量控制。SURFTAB1 和 SURFTAB2 系统变量的系统默认值是6。

SURFTAB1 指定在旋转方向上绘制的网格线的数目。如果路径曲线是直线、圆弧、圆或样条曲线拟合多段线，SURFTAB2 指定绘制的网格线数目以进行等分；如果路径曲线是没有进行样条曲线拟合的多段线，网格线将绘制在直线段的端点处，并且每个圆弧都被等分为 SURFTAB2 所指定的段数。

10.3.6.5　网格面

创建自由形式的多边形网格。

A　执行方式

命令行：输入"3Dmesh"→按〖Enter〗键。

B 选项说明

（1）"M 方向网格数目"与"N 方向网格数目"均可输入 2~256 之间的值。

（2）"顶点的位置（0，0）"可输入二维或三维坐标数值。

C 功能示例

命令：3dmesh ↵	//执行网格面命令
M 方向网格数目：4 ↵	//输入 M 方向数值
N 方向网格数目：3 ↵	//输入 N 方向数值
顶点（0，0）：10,1,3 ↵	//输入坐标值
顶点（0，1）：10,5,5 ↵	//输入坐标值

然后依次输入其他顶点，如顶点（0，2）、顶点（1，0）、顶点（1，1）、顶点（1，2）、顶点（2，0）、顶点（2，2）、顶点（2，1）、顶点（3，1）、顶点（3，0）、顶点（3，2）的坐标值，操作结果如图 10-40 所示。

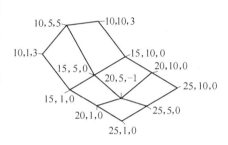

图 10-40 建立 3Dmesh

D 操作说明

（1）在 AutoCAD 中另有一个 Pface 命令用于创建多面（多边形）网格，与创建三维网格类似，要创建多面网格，首先要指定其顶点坐标，然后通过输入每个面的所有顶点的顶点号来定义每个面。创建多面网格时，可以将特定的边设置为不可见，指定边所属的图层或颜色。多面网格类似于三维网格，两种网格都是逐点构造的，因此可以创建不规则表面形状。通过指定各个顶点，然后将这些顶点与网格中的面关联，可将其作为一个单元来编辑。

（2）AutoCAD 中多边形网格大小由 M 和 N 网格数决定。网格中每个顶点的位置由 M 和 N 定义，定义顶点首先从顶点（0，0）开始。顶点之间可以是任意距离。3Dmesh 绘制的多边形网格在 M 向和 N 向上始终为打开状态，可以使用 Pedit 闭合网格。

10.4 三维实体对象及其操作

所谓实体对象，与曲面对象相比就是实心的。在各类三维建模中，实体的信息最完整，同事复杂实体模型比线框和网格更容易构造和编辑。与网格类似，在进行消隐、着色或渲染操作之前，实体显示为线框。

创建三维实体对象的方法有三种：根据基本实体对象（长方体、圆锥体、圆柱体、球体、圆环体和楔体）创建实体，沿路径拉伸二维对象，或者绕轴旋转二维对象以形成三维实体。以这些方式创建实体之后，可以应用布尔运算将这些实体创建成更复杂的实体。比如可以合并这些实体，获得它们的差集或交集。

对于三维实体对象，不能通过拖拽夹点方式改变对象的大小，对实体执行拖拽夹点的操作相当于移动对象。

10.4.1 长方体

A 执行方式

工具栏："建模"工具栏→"长方体"工具按钮。

菜单栏：〖绘图〗→〖建模〗→〖长方体〗菜单项。

命令行：输入"Box"→按〖Enter〗键。

B 功能示例

命令：box↵   //执行长方体命令

指定长方体的角点或[中心点(CE)] <0,0,0>：↙   //在绘图区指定一点

指定角点或[立方体(C)/长度(L)]：l↵   //选"长度"项

指定长度：40↵   //输入长方体长度

指定宽度：30↵   //输入长方体宽度

指定高度：20↵   //输入长方体高度

操作结果如图 10-41 所示。与创建长方体相似，该命令也可创建立方体。

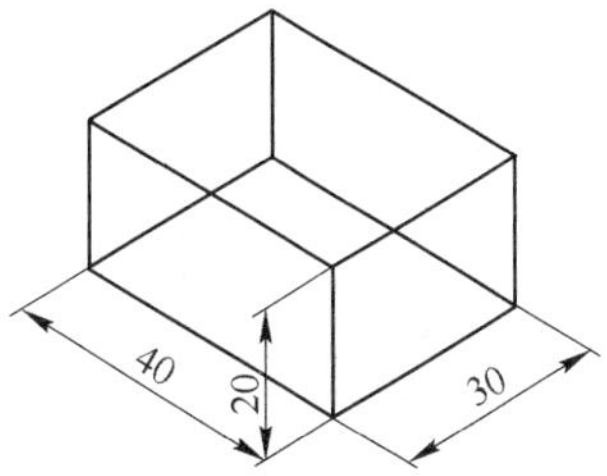

10.4.2 圆锥体

A 执行方式

工具栏："建模"工具栏→"圆锥体"工具按钮。

菜单栏：〖绘图〗→〖建模〗→〖圆锥体〗菜单项。

命令行：输入"Cone"→按〖Enter〗键。

B 选项说明

图 10-41 长方体

圆锥体是可以以圆或椭圆作为底面的实体。

（1）以圆作为底面时，首先定义圆锥体底面圆的中心点，按提示指定圆锥体底面的半径或直径。圆锥体的高度可以指定顶点或指定距离，输入正值将沿当前 UCS 的 Z 轴正方向绘制高度；如果输入的是负值，则沿 Z 轴的负方向绘制高度。

（2）以椭圆作为底面时，可以指定圆锥体底面椭圆的轴端点，第二点定义一个轴的直径，第三点定义另一轴的半径，或先指定中心点，第二点定义一个轴的半径，第三点定义另一轴的半径，其高度和顶点的含义同圆为底面。

图 10-42 圆底面
圆锥体

C 功能示例

命令：cone↵   //执行圆锥体命令

指定底面的中心点或[三点(3P)/两点(2P)/切点、切点、半径(T)

/椭圆(E)]：↙   //在绘图区指定一点

指定底面半径或[直径(D)]：15↵   //输入圆锥体底面半径

指定高度或[两点(2P)/轴端点(A)/顶面半径(T)] <50.0000>：40↵   //输入圆锥高

操作结果如图 10-42 所示。

10.4.3　圆柱体

A　执行方式

工具栏："建模"工具栏→"圆柱体"工具按钮。

菜单栏：〖绘图〗→〖建模〗→〖圆柱体〗菜单项。

命令行：输入"Cylinder"→按〖Enter〗键。

B　功能示例

命令：Cylinder ↵　　　　　　　　　　　　　　//执行圆柱体命令

指定底面的中心点或[三点(3P)/两点(2P)/切点、切点、半径(T)

/椭圆(E)]:↙　　　　　　　　　　　　　　　　//在绘图区指定一点

指定底面半径或[直径(D)]:15 ↵　　　　　　　//输入圆柱体底面半径

指定高度或[两点(2P)/轴端点(A)]:40 ↵　　　　//输入圆柱体高

操作结果如图10-43所示。

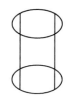

10.4.4　球体

A　执行方式

工具栏："建模"工具栏→"球体"工具按钮。

菜单栏：〖绘图〗→〖建模〗→〖球体〗菜单项。

命令行：输入"Sphere"→按〖Enter〗键。

图10-43　圆底面圆柱体

B　功能示例

命令：sphere ↵　　　　　　　　　　　　　　//执行球体命令

指定中心点或[三点(3P)/两点(2P)/切点、

切点、半径(T)]:↙　　　　　　　　　　　　　//在绘图区指定球心

指定半径或[直径(D)]:20 ↵　　　　　　　　　//输入球体半径

操作结果如图10-44所示。

10.4.5　圆环体

A　执行方式

工具栏："建模"工具栏→"圆环体"工具按钮。

菜单栏：〖绘图〗→〖建模〗→〖圆环体〗菜单项。

命令行：输入"Torus"→按〖Enter〗键。

图10-44　球体

B　选项说明

圆环体与圆环曲面同样是由两个半径值定义，一个是圆管的半径，另一个是从圆环体中心到圆环管中心的距离。

C　功能示例

命令：torus ↵　　　　　　　　　　　　　　　//执行圆环体命令

指定中心点或[三点(3P)/两点(2P)/切点、切点、半径(T)]:↙　　//指定圆环体中心

指定半径或[直径(D)]:25 ↵　　　　　　　　　//输入圆环体半径

指定圆管半径或[两点(2P)/直径(D)]:5 ↵　　　//输入圆管半径

操作结果如图 10-45 所示。

D　操作说明

（1）使用"圆环体"命令可以创建自交圆环体。自交圆环体没有中心孔，圆管半径比圆环体半径大。

如果两个半径都是正值，且圆管半径大于圆环体半径，结果就如一个两极凹陷的球体，如图 10-46（a）所示。

（2）如果圆环体半径为负值，圆管半径为正值且大于圆环体半径的绝对值，则结果为一个两极尖锐突出的球体，如图 10-46（b）所示。

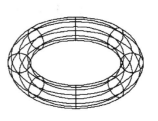

图 10-45　圆环体

(a) 凹陷圆环体

(b) 两极突出圆环体

图 10-46　圆环体特例

10.4.6　楔体

A　执行方式

工具栏："建模"工具栏→"楔体"工具按钮。

菜单栏：〖绘图〗→〖建模〗→〖楔体〗菜单项。

命令行：输入"Wedge"→按〖Enter〗键。

B　选项说明

在指定楔体的第一个角点后，命令行出现提示："指定角点或［立方体（C）/长度（L）］"，要求指定楔体另一个角点。

若两个角点的 Z 值相同，则必须指定楔体的高度，否则 AutoCAD 使用这两个角点 Z 值的差表示楔体高度。

如果输入 C，则在指定长度后，将建立等边长的楔形体；如果输入 L，将依次提示输入长度、宽度、高度。若在指定第一角点之前输入 CE，即按照中心点绘制楔体，接下来会提示："立方体（C）/长度（L）"，其含义同指定角点。

C　功能示例

命令：wedge ↵　　　　　　　　　　　　　　　　　　　//执行楔体命令
指定楔体的第一个角点或［中心点（CE）］< 0,0,0 >:↙　//指定第一角点
指定角点或［立方体（C）/长度（L）］:l ↵　　　　　　//选"长度"项
指定长度:40 ↵　　　　　　　　　　　　　　　　　　　//输入楔体长度
指定宽度:30 ↵　　　　　　　　　　　　　　　　　　　//输入楔体宽度
指定高度或［两点（2P）］:20 ↵　　　　　　　　　　　//输入楔体高度

操作结果如图 10-47 所示。

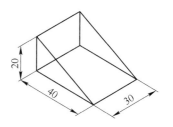

图 10-47　楔体

10.4.7　拉伸

通过拉伸选定的对象来创建实体。

A　执行方式

工具栏:"建模"工具栏→"拉伸"工具按钮。

菜单栏:〖绘图〗→〖建模〗→〖拉伸〗菜单项。

命令行:输入"Extrude 或 Ext"→按〖Enter〗键。

B　功能示例

命令: extrude ↵　　　　　　　　　　　　　　　//执行拉伸命令

选择要拉伸的对象:↙找到一个　　　　　　　　//拾取巷道断面

选择要拉伸的对象:↵　　　　　　　　　　　　//确认对象选择完毕

指定拉伸的高度或[方向(D)/路径(P)/倾斜角(T)] <14.0000 >:p↵　//选"路径"项

选择拉伸路径或[倾斜角(T)]:↙　　　　　　　//拾取拉伸路径

操作结果如图 10-48 所示。

(a) 原图　　　　　　　　(b) 拉伸后

图 10-48　实体拉伸对象

C　操作说明

(1) 可以拉伸闭合的对象由多段线、多边形、矩形、圆、椭圆、闭合的样条曲线、圆环和面域等。不能拉伸的三维对象有包含在块中的对象、有交叉、横断非闭合多段线。

(2) 可以沿路径拉伸对象,也可以指定高度和倾斜角。

10.4.8　旋转

通过绕轴旋转二维对象来创建实体。

A　执行方式

工具栏:"建模"工具栏→"旋转"工具按钮。

命令行:输入"Revolve"→按〖Enter〗键。

B　功能示例

命令: revolve ↵　　　　　　　　　　　　　　　//执行旋转实体命令

选择要旋转的对象:↙　　　　　　　　　　　　//拾取图 10-49(a)中线框

指定轴起点或根据以下选项之一定义轴[对象(O)/X/Y/Z] <对象 >:y↵

　　　　　　　　　　　　　　　　　　　　　　//选"Y"项

指定旋转角度或[起点角度(ST)] <360 >:↵　　//按〖Enter〗键确认选择 360 度

操作结果如图10-49（b）所示。

(a) 选择旋转对象   (b) 旋转结果

图 10-49 旋转对象

C 操作说明

（1）旋转对象时可作为旋转轴的对象有直线、多段线等对象。

（2）可以对闭合对象（例如多段线、多边形、矩形、圆、椭圆和面域）使用"旋转"命令，不能对包含在块中的对象、有交叉或横断部分的多段线或非闭合多段线使用该命令。

10.4.9 复制边

复制三维实体对象的边。

A 执行方式

命令行：输入"Solidedit"→ 按〖Enter〗键选择选项"E"再选择选项"C"→ 按〖Enter〗键。

B 选项说明

（1）在命令行输入命令 Solidedit 并按〖Enter〗键，在提示下输入选项 E，在选择边或输入选项后，AutoCAD 将显示提示："选择边或［放弃(U)/删除(R)］"。如果已选择一条或多条边并按〖Enter〗键，此时若输入 U，则放弃选择最近添加到选择集中的边；若输入 R，则提示选择要删除的边。这对我们有时因为误操作等原因多选或错选边非常有效，此时输入 R，就可以从选择集中删除先前选择的边。如果选择集中的所有边都被删除，AutoCAD 将显示提示："未完成边选择"。在 AutoCAD 显示提示："删除边或［放弃(U)/添加(A)］"下，还可以输入 A，可向选择集中添加边。

（2）指定位移的基点、指定位移的点的操作与"复制"命令相同。

C 功能示例

命令：solidedit ↵	//执行实体编辑命令
输入实体编辑选项［面(F)/边(E)/体(B)/	
放弃(U)/退出(X)］<退出>:e ↵	//选"边"项
输入边编辑选项复制［复制(C)/	
着色(L)/放弃(U)/退出(X)］<退出>:c ↵	//选"复制"项
选择边或［放弃(U)/删除(R)］↙	//选择面1与2的交线
指定基点或位移：↙	//拾取基点
指定位移的第二点：↙	//拾取第二点
输入边编辑选项［复制(C)/着色(L)/放弃(U)/	
退出(X)］<退出>:x ↵	//选"退出"项退出复制边

输入实体编辑选项[面(F)/边(E)/ 体(B)/

放弃(U)/退出(X)]<退出>:x ↵　　　　　　　　　　　//选"退出"项结束命令

操作结果如图 10-50 所示。

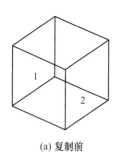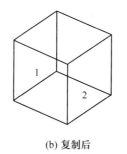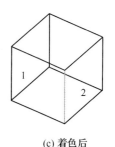

（a）复制前　　　　　　　　　（b）复制后　　　　　　　　　（c）着色后

图 10-50　复制、着色边

10.4.10　着色边

通过更改边的颜色来编辑三维实体对象。

A　执行方式

菜单栏：〖修改〗→〖实体编辑〗→〖着色边〗菜单项。

命令行：输入"Solidedit"→ 按〖Enter〗键选择选项"E"再选择选项"L"→ 按〖Enter〗键。

B　功能示例

命令：solidedit ↵　　　　　　　　　　　　　　　　//执行实体编辑命令

输入实体编辑选项:e ↵　　　　　　　　　　　　　　//选"边"项

输入边编辑选项[复制(C)/着色(L)/放弃(U)/退出(X)]<退出>:l　//选择着色选项

选择边或[放弃(U)/删除(R)]:↙　　　　　　　　　　//选择面1与2的交线

输入边编辑选项[复制(C)/着色(L)/放弃(U)/退出(X)]<退出>:x ↵　//完成着色边并退出

输入边编辑选项[复制(C)/着色(L)/放弃(U)/退出(X)]<退出>:x ↵　//结束命令

10.4.11　拉伸面

通过拉伸现有创建的实体实现。

A　执行方式

命令行：输入"Solidedit"→ 按〖Enter〗键选择选项"F"再选择选项"E"→ 按〖Enter〗键。

B　功能示例

命令：solidedit ↵　　　　　　　　　　　　　　　　//执行实体编辑命令

输入实体编辑选项[面(F)/边(E)/体(B)/放弃(U)/退出(X)]<退出> ↵　//选"面"项

输入面编辑选项[拉伸(E)/移动(M)/旋转(R)/偏移(O)/倾斜(T)/删除(D)/

复制(C)/颜色(L)/材质(A)/放弃(U)/退出(X)]<退出>:e ↵　　//选"拉伸"项

选择面或[放弃(U)/删除(R)]:↙找到一个面　　　　　　//拾取面

选择面或[放弃(U)/删除(R)/全部(ALL)]:↵　　　　　　//确认当前选择

指定拉伸高度或［路径(P)］:10 ↵   //指定拉伸高度
指定拉伸的倾斜角度 <0> :10 ↵   //输入拉伸的倾斜角度
输入面编辑选项［拉伸(E)/移动(M)/旋转(R)/偏移(O)/倾斜(T)/
删除(D)/复制(C)/颜色(L)/材质(A)/放弃(U)/退出(X)］<退出> :x ↵   //退出拉伸面命令
输入实体编辑选项［复制(C)/着色(L)/放弃(U)/退出(X)］<退出> :x ↵   //结束命令

操作结果如图 10-51 所示，其前端面为正角度拉伸，上端面为负角度拉伸。

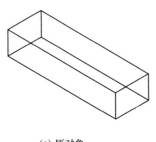
(a) 原对象

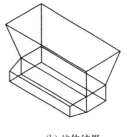
(b) 拉伸结果

图 10-51　拉伸面

C　操作说明

(1)"拉伸面"命令只能用于实体的拉伸，而不能将封闭平面图形或面域拉伸为实
体，这是与前面讲的"拉伸"命令不同之处，在实际操作中应该注意两个命令的不同
应用。

(2) 如果指定的角度为负，则将向当前坐标系的负方向拉伸对象。

10.4.12　移动面

沿指定的高度或距离移动选定的三维实体对象的面。

A　执行方式

命令行：输入"Solidedit" → 按〖Enter〗键选择选项"F"再选择选项"M" → 按
〖Enter〗键。

B　功能示例

命令: solidedit ↵   //执行实体编辑命令
输入实体编辑选项［面(F)/边(E)/体(B)/放弃(U)/退出(X)］<退出> :f ↵   //选"面"项
输入面编辑选项［拉伸(E)/移动(M)/旋转(R)/偏移(O)/倾斜(T)/删除(D)/
复制(C)/颜色(L)/材质(A)/放弃(U)/退出(X)］<退出> :m ↵   //选"移动"项
选择面或［放弃(U)/删除(R)］: ↵   //选择面
指定基点或位移: ↙   //拾取基点
指定位移的第二点: ↙   //拾取第二点
已开始实体校验。已完成实体校验。
输入面编辑选项［拉伸(E)/移动(M)/旋转(R)/偏移(O)/倾斜(T)/删除(D)/
复制(C)/颜色(L)/材质(A)/放弃(U)/退出(X)］<退出> :x ↵   //退出移动面命令
输入实体编辑选项［复制(C)/着色(L)/放弃(U)/退出(X)］<退出> :x ↵   //结束命令

操作结果如图 10-52 所示。

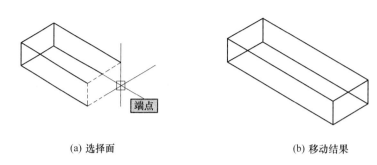

(a) 选择面　　　　　　　　　　　(b) 移动结果

图 10-52　移动面

C　操作说明

（1）对实体执行移动面编辑时，可一次选择多个面。

（2）移动实体上的面后，实体模型随着改变。

10.4.13　偏移面

按指定的距离或通过指定的点将面均匀地偏移。

A　执行方式

命令行：输入"Solidedit"→按〖Enter〗键选择选项"F"再选择选项"O"→按〖Enter〗键。

B　功能示例

命令：solidedit ↵	//执行实体编辑命令
输入实体编辑选项[面(F)/边(E)/体(B)/放弃(U)/退出(X)]＜退出＞:f↵	//选"面"项
输入面编辑选项[拉伸(E)/移动(M)/旋转(R)/偏移(O)/倾斜(T)/删除(D)/	
复制(C)/颜色(L)/材质(A)/放弃(U)/退出(X)]＜退出＞:o↵	//选"偏移"项
选择面或[放弃(U)/删除(R)]：↵	//拾取需要偏移的面
删除面或[放弃(U)/添加(A)/全部(ALL)]：↵	//删除多余的面
指定偏移距离:10↵	//输入偏移距离
输入面编辑选项[拉伸(E)/移动(M)/旋转(R)/偏移(O)/倾斜(T)/	
删除(D)/复制(C)/颜色(L)/材质(A)/放弃(U)/退出(X)]＜退出＞:x↵	//退出偏移面命令
输入实体编辑选项[复制(C)/着色(L)/放弃(U)/退出(X)]＜退出＞:x↵	//结束命令

操作结果如图 10-53(b) 所示。如果偏移距离为负，则偏移结果如图 10-53(c) 所示。

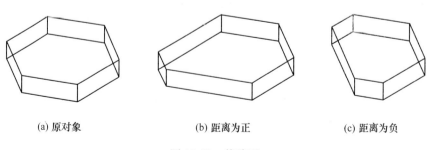

(a) 原对象　　　　　　　　　(b) 距离为正　　　　　　　　　(c) 距离为负

图 10-53　偏移面

10.4.14　删除面

利用删除面可以将实体对象中的面删除，包括圆角和倒角。

A　执行方式

命令行：输入"Solidedit"→按〖Enter〗键选择选项"F"再选择选项"D"→按〖Enter〗键。

B　功能示例

命令：solidedit ↵　　　　　　　　　　　　　　　　　　//执行实体编辑命令
输入实体编辑选项[面(F)/边(E)/体(B)/放弃(U)/退出(X)]<退出>:f↵　//选"面"项
输入面编辑选项[拉伸(E)/移动(M)/旋转(R)/偏移(O)/倾斜(T)/删除(D)/
复制(C)/颜色(L)/材质(A)/放弃(U)/退出(X)]<退出>:d↵　　//选"删除"项
选择面或[放弃(U)/删除(R)]:✔　　　　　　　　　　　　//拾取需要删除的面
选择面或[放弃(U)/删除(R)/全部(ALL)]:r↵　　　　　　　// 选"删除"项
删除面或[放弃(U)/添加(A)/全部(ALL)]:✔　　　　　　　//删除多余的面
删除面或[放弃(U)/添加(A)/全部(ALL)]:↵　　　　　　　//重复选择或结束选择
已开始实体校验。已完成实体校验。
输入面编辑选项[拉伸(E)/移动(M)/旋转(R)/偏移(O)/倾斜(T)/
删除(D)/复制(C)/颜色(L)/材质(A)/放弃(U)/退出(X)]<退出>:x↵　//退出删除面命令
输入实体编辑选项[复制(C)/着色(L)/放弃(U)/退出(X)]<退出>:x↵　//结束命令

操作结果如图 10-54 所示。

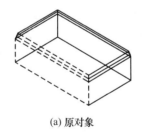 

(a) 原对象　　　　　　　　　　(b) 删除结果

图 10-54　删除面

10.4.15　旋转面

绕指定的轴旋转一个面、多个面或实体的某些部分。

A　执行方式

命令行：输入"Solidedit"→按〖Enter〗键选择选项"F"再选择选项"R"→按〖Enter〗键。

B　功能示例

命令：solidedit ↵　　　　　　　　　　　　　　　　　　//执行实体编辑命令
输入实体编辑选项[面(F)/边(E)/体(B)/放弃(U)/退出(X)]
<退出>:f↵　　　　　　　　　　　　　　　　　　　　　//选"面"项

输入面编辑选项[拉伸(E)/移动(M)/旋转(R)/偏移(O)/倾斜(T)/

删除(D)/复制(C)/颜色(L)/材质(A)/放弃(U)/退出(X)]<退出>:r↵　　//选"旋转"项

选择面或[放弃(U)/删除(R)/全部(ALL)]:↙　　　　　　　//选择需要旋转的面

选择面或[放弃(U)/添加(A)/全部(ALL)]:↵　　　　　　　//重复选择或结束选择

指定轴点或[经过对象的轴(A)/视图(V)/X轴(X)/Y轴(Y)/Z轴(Z)]

<两点>:z↵　　　　　　　　　　　　　　　　　　　　　//选"Z轴"项

指定旋转原点<0,0,0>:↙　　　　　　　　　　　　　　　//拾取旋转原点

指定旋转角度或[参照(R)]:90↵　　　　　　　　　　　　//输入旋转角

已开始实体校验。已完成实体校验。

输入面编辑选项[拉伸(E)/移动(M)/旋转(R)/偏移(O)/倾斜(T)/

删除(D)/复制(C)/颜色(L)/材质(A)/放弃(U)/输入(X)]<退出>:x↵　　//退出旋转面命令

输入实体编辑选项[复制(C)/着色(L)/放弃(U)/退出(X)]<退出>:x↵　　//结束命令

10.5　三维空间中编辑实体对象

10.5.1　三维阵列

在三维空间中创建对象的矩形阵列或环形阵列。

A　执行方式

命令行：输入"3Darray"→按〖Enter〗键。

B　选项说明

关于选择对象、阵列类型，三维阵列与二维绘图矩形阵列命令相同，三维阵列与矩形阵列不同的是不仅要指定行、列间距，还要指定层间距，即指定 Z 方向的距离。输入正值将沿 X、Y、Z 轴的正向生成阵列，输入负值将沿 X、Y、Z 轴的负向生成阵列。

C　功能示例

命令：3darray↵　　　　　　　　　　　　　　　//指定行间距(---):15↵

选择对象:↙找到1个　　　　　　　　　　　　　//指定列间距(|||):15↵

输入阵列类型[矩形(R)/环形(P)]<矩形>:r↵　　//指定层间距(…):10↵

输入行数(---)<1>:2↵　　　　　　　　　　　　//执行三维阵列命令

输入列数(|||)<1>:2↵　　　　　　　　　　　　//拾取对象

输入层数(…)<1>:2↵　　　　　　　　　　　　//选"矩形"项

输入行数数值　　　　　　　　　　　　　　　　//输入行间距

输入列数数值　　　　　　　　　　　　　　　　//输入列间距

输入层数数值　　　　　　　　　　　　　　　　//输入层间距

操作结果如图 10-55 所示。

10.5.2　三维镜像

创建相对于某一平面的镜像。

A　执行方式

命令行：输入"Mirror3d"→按〖Enter〗键。

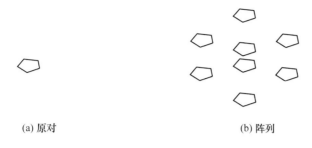

(a) 原对   (b) 阵列

图 10-55   三维阵列

B   选项说明

（1）"对象"指使用选定平面对象的平面作为镜像平面，这些对象可以是圆、圆弧或二维多段线线段。

（2）"上一个"指相对于最后定义的镜像平面对选定的对象进行镜像处理。

（3）"Z 轴"用于根据平面上的一个点和平面法线即镜像平面的 Z 轴上的一个点定义镜像平面。

（4）"视图"可将镜像平面与当前视口中通过指定点的视图平面对齐。

（5）"XY 平面/YZ 平面/ZX 平面"将镜像平面与一个通过指定点的标准平面（XY、YZ 或 ZX）对齐，指定 XY（或 YZ、ZX）平面上的点。

（6）"三点"可通过三个点定义镜像平面，AutoCAD 将分别提示在镜像平面上指定第一点、第二点、第三点直至完成。

C   功能示例

命令：mirror3d ↵   //执行三维镜像命令
选择对象：↙找到 1 个   //选择需要镜像的对象
选择对象：↵   //重复选择或结束选择
指定镜像平面（三点）的第一个点或［对象（O）/最近的（L）/Z 轴（Z）/
视图（V）/XY 平面（XY）/YZ 平面（YZ）/ZX 平面（ZX）/三点（3）］
<三点>:yz   //选"YZ 平面"项
指定 YZ 平面上的点 <0,0,0>:↙   //在平行 yz 平面指定一点
是否删除原对象［是（Y）/否（N）］<否>:n   //选"否"项
操作结果如图 10-56 所示。

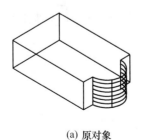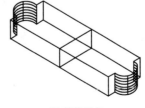

(a) 原对象   (b) 镜像对象

图 10-56   镜像对象

10.5.3   三维旋转

按指定轴在三维空间旋转对象。

A   执行方式

命令行：输入"3Drotate"→按〖Enter〗键。

B   选项说明

关于"对象"、"上一个"、"视图"等于"三维镜像"命令一样，不过在"三维镜像"命令中指的是镜像轴，而在"三维旋转"命令中指的是旋转轴；"X轴"等选项与"旋转"命令是一样的。

C   功能示例

命令：3drotate ↵   //执行三维旋转命令
选择对象：↙找到 1 个   //拾取需要旋转的对象
指定基点：↙   //拾取基点
拾取旋转轴：↙   //指定旋转轴
指定角的起点或键入角度：↙   //指定起点
指定角的端点：↙   //指定端点

操作结果如图 10-57 所示。

(a) 原对象   (b) 旋转结果

图 10-57   旋转对象

10.5.4   三维对齐

在二维和三维空间中将对象与其他对象对齐。

A   执行方式

命令行：输入"Align"→按〖Enter〗键。

B   选项说明

（1）"基点"指定一个点以用作源对象上的基点，希望移动该源对象以使其与目标基点对齐。

（2）"第二点"指定源对象上的第二点。

（3）"第三点"指定源对象上的第三点。

（4）"第一个目标点"定义源对象基点的目标。

（5）"第二个目标点"、"第三个目标点"分别对应源对象上的"第一点"、"第二点"。

C   功能示例

命令：align ↵   //执行三维对齐命令

选择对象:↙	//选择需要对齐的目标对象
选择对象 ↓	//重复选择或结束选择
指定第一个源点:↙	//指定边 1 中源点 1
指定第一个目标点:↙	//指定边 2 中目标点 1
指定第二个源点:↙	//指定边 1 中源点 2
指定第二个目标点:↙	//指定边 2 中目标点 2
指定第三个源点或＜继续＞:↓	//按〖Enter〗键不选择第三个点
是否基于对齐点缩放对象? ［是(Y)/否(N)］＜否＞:n ↓	//选"否"项

操作结果如图 10-58 所示。

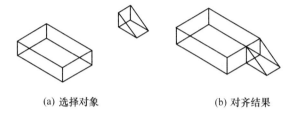

(a) 选择对象　　　　　　(b) 对齐结果

图 10-58　对齐对象

10.5.5　剪切与延伸

在 3D 空间中,可以使用"延伸"命令讲一个对象向另一个对象延伸,以及使用"剪切"命令对对象进行修剪,而不用考虑剪切对象是否位于同一平面。

在延伸或修剪之前,投影选项中的参数"无"可不进行投影,只对与边界相交的对象进行延伸或剪切;"UCS"选项可将对象投影到当前 UCS 的 *XY* 平面上,就可以对空间上不相交的对象进行延伸或修剪;"视图"选项将对象按视图方向进行投影。图 10-59 (a) 中的对象在剪切后如图 10-59 (b) 所示,对图 10-59 (c) 中的对象进行延伸后结果如图 10-59 (d) 所示。

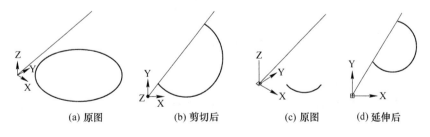

(a) 原图　　　　　(b) 剪切后　　　　　(c) 原图　　　　　(d) 延伸后

图 10-59　剪切与延伸

10.6　三维布尔运算

在 AutoCAD 中,可以使用布尔运算将两个面域、实体组合成其他面域或实体。布尔运算包括:并集、差集和交集。

10.6.1　并集

通过加操作来合并选定的三维实体、曲面或二维面域。

A　执行方式

命令行：输入"Union"→按〖Enter〗键。

B　选项说明

选择集可包含位于任意多个不同平面中的面域或实体。AutoCAD 把这些选择集分成单独链接的子集，实体组合在第一个子集中；第一个选定的面域和所有后续共面面域组合在第二个子集中；下一个不与第一个面域共面的面域以及所有后续共面面域组合在第三个子集中，以此类推，直到所有面域都属于某个子集。得到的组合实体包括所有选定实体所封闭的空间，得到的组合面域包括子集中所有面域所封闭的面积。

面域并集操作结果如图 10-60（b）所示，实体并集操作结果如图 10-61（b）所示。

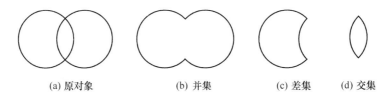

(a) 原对象　　　　　(b) 并集　　　　　(c) 差集　　　　(d) 交集

图 10-60　面域布尔运算

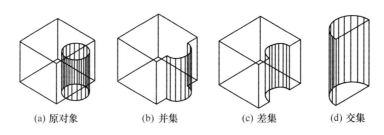

(a) 原对象　　　　(b) 并集　　　　(c) 差集　　　　(d) 交集

图 10-61　实体对象布尔运算

10.6.2　差集

通过减操作来减去选定的三维实体、曲面或二维面域。

A　执行方式

命令行：输入"Subtract"→按〖Enter〗键。

B　选项说明

执行差集操作的两个面域必须位于同一平面上，但是，通过在不同的平面上选择面域集，可同时执行多个 Subtract 操作，AutoCAD 会在每个平面上分别生成减去的面域。如果面域所在的平面上没有其他选定的共面面域，则 AutoCAD 不接受该面域。

实体差集操作结果如图 10-61（c）所示。

10.6.3 交集

通过重叠实体、曲面或面域创建三维实体、曲面或二维面域。

A 执行方式

命令行：输入"Intersect"→按〖Enter〗键。

B 选项说明

选择集中可以包含位于任意多个不同平面中的面域或实体，AutoCAD 将选择集分成多个子集，并在每个子集中测试相交部分，直到所有的面域、实体分属各个子集为止。有时在选择对象后会出现这样的提示："至少必须选择 2 个实体或共面的面域"，那么就要检查选中的对象是否包含不是面域或实体的对象，或者会出现提示："创建了空实体或空面域（提示）已删除"，那么在选择要进行差集运算的面域或实体之前要保证面域之间或实体之间有相交的区域。

面域交集操作结果如图 10-60（d）所示，实体交集操作结果如图 10-61（d）所示。

10.7 三维对象的整体编辑

在实体对象的修改中，将介绍 "剖切""分割""干涉""压印""清除""抽壳""倒角"与"倒圆角"等命令。

10.7.1 剖切

通过剖切或分割现有现象，创建新的三维实体和曲面。

A 执行方式

命令行：输入"Slice"→按〖Enter〗键。

B 选项说明

AutoCAD 默认的剖切平面是指定三个点定义剖切平面，其中第一点定义剪切平面的原点(0,0,0)，第二点定义正 X 轴，第三点定义正 Y 轴。还可以通过以下方式定义剖切面：

（1）"对象"可将剖切面与圆、椭圆、圆弧、椭圆弧、二维样条曲线或二维多段线对齐。

（2）"视图"可将剪切平面与当前视口的视图平面对齐，指定一点可定义剪切平面的位置。

（3）"XY"可将剪切平面与当前用户坐标系（UCS）的 XY 平面对齐，指定一点可定义剪切平面的位置；同样 "YZ""ZX" 选项表示剪切平面与当前 UCS 的 YZ 平面、ZX 平面对齐。

C 功能示例

命令：slice ↵   //执行剖切命令

选择对象：↙找到 1 个   //选择实体

指定切面的起点或[平面对象(O)/曲面(S)/Z 轴(Z)/视图(V)/

XY(XY)/YZ(YZ)/ZX(ZX)/三点(3)] <三点>:yz ↵   //选"YZ"平面项

指定 YZ 平面上的点 <0,0,0>:↙   //拾取与 *YZ* 面平行的一点

在所需的侧面上指定点或〔保留两个侧面(B)〕<保留两个侧面>:↵ //选"保留两个侧面"项

操作结果如图 10-62 （b） 所示。

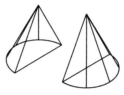

（a）原对象   （b）剖切实体

图 10-62　剖切实体

10.7.2　分割

用平面和实体的交集创建面域。

A　执行方式

命令行：输入"Section"→按〖Enter〗键。

B　选项说明

默认方法是指定三个点定义一个面，亦可通过其他对象、当前视图、*Z* 轴或者 *XY*、*YZ* 或 *ZX* 平面来定义相交截面平面，含义与 "剖切" 相同。AutoCAD 在当前图层上防止相交截面平面。

C　功能示例

命令：section ↵   //执行分割命令

选择对象:↙找到 1 个   //选择图 10-63(a)中的实体

指定截面上的第一个点,依照〔对象(O)/Z 轴(Z)/视图(V)/

XY 平面(XY)/YZ 平面(YZ)/ZX 平面(ZX)/三点(3)〕<三点>:xy ↵ //选"XY 平面"项

指定 XY 平面上的点 <0,0,0>:↙   //拾取与 *XY* 面平行的一点

操作结果如图 10-63 （b） 所示。

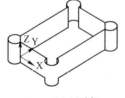

（a）原对象   （b）分割结果

图 10-63　分割实体

10.7.3　干涉

用两个或多个实体的公共部分创建三维组合实体。

A　执行方式

命令行：输入"Interfere"→按〖Enter〗键。

B　选项说明

执行"干涉"命令后，将亮显重叠的三维实体，按〖Enter〗键开始进行各对三维实体之间的干涉测试。

（1）"第一组对象"指定要检查的一组对象。如果不选择第二组对象，则会在此选择集中的所有对象之间进行检查。

（2）"第二组对象"指定要与第一组对象进行比较的其他对象集。如果同一个对象选择两次，则该对象将作为第一个选择集的一部分进行处理。

（3）"检查"为两组对象启动干涉检查。

（4）"检查第一组"仅为第一个选择集启动干涉检查。

C　功能示例

命令：Interfere ↵　　　　　　　　　　　　　　　　　　　　//选定长方体
选择第一组对象或［嵌套选择(N)/设置(S)］:↙找到 1 个　　　　//选定长方体
选择第二组对象或［嵌套选择(N)/检查第一组(K)］<检查>:↙找到 1 个　//选定圆柱体
选择第二组对象或［嵌套选择(N)/检查第一组(K)］<检查>:正在重生成模型。

操作结果如图 10-64（b）所示。

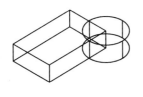 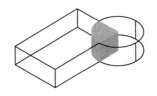

(a) 原对象　　　　　　　　　　　　(b) 干涉结果

图 10-64　干涉

"干涉"命令执行的操作与"差集"命令相同，但"干涉"保留两个原始对象，而执行"差集"后会将原实体删除。

10.7.4　压印

在选定的对象上压印一个对象。

A　执行方式

命令行：输入"Solidedit"→按〖Enter〗键选择选项"B"后再选择选项"I"→按〖Enter〗键。

B　功能示例

命令：solidedit ↵　　　　　　　　　　　　　　　　　　　//执行实体编辑命令
输入实体编辑选项［面(F)/边(E)/体(B)/放弃(U)/退出(X)］<退出>:b ↵
　　　　　　　　　　　　　　　　　　　　　　　　　　　　//选"体"项
输入体编辑选项［压印(I)/分割实体(P)/抽壳(S)/清除(L)/检查(C)/
放弃(U)/退出(X)］<退出>:i ↵　　　　　　　　　　　　　//选"压印"项

选择三维实体：↙   //选图 10-65(a)中的实体

选择要压印的对象：↙   //选图 10-65(a)中的圆

是否删除源对象[是(Y)/否(N)]＜N＞:y↵   //选"是"项

选择要压印的对象：↵   //连续按〖Enter〗键结束命令

操作结果如图 10-65 （b） 所示。

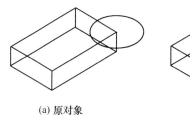 

(a) 原对象   (b) 压印结果

图 10-65   压印对象

10.7.5　清除

删除共用同一个曲面或顶点定义的冗余边或顶点。

A　执行方式

命令行：输入"Solidedit"→按〖Enter〗键选择选项"B"后再选择选项"L"→按〖Enter〗键。

B　功能示例

命令：solidedit↵   //执行实体编辑命令

输入实体编辑选项：b↵   //选"体"项

输入体编辑选项：l↵   //选"清除"项

选择三维实体：↙   //选择图 10-66(a)中实体

选择三维实体：↙   //连续按〖Enter〗键结束命令

操作结果如图 10-66 （b） 所示。

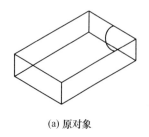 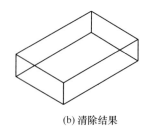

(a) 原对象   (b) 清除结果

图 10-66   清除对象

10.7.6　抽壳

从三维实体对象中以指定的厚度创建壳体或中空的薄壁。

A　执行方式

命令行：输入"Solidedit"→按〖Enter〗键选择选项"B"后再选择选项"S"→按

〖Enter〗键。

B 功能示例

命令：solidedit ↵	//执行实体编辑命令
输入实体编辑选项：b ↵	//选"体"项
输入体编辑选项：s ↵	//选"抽壳"项
选择三维实体：✔	//选择图 10-67(a)中实体
删除面或[放弃(U)/添加(A)/全部(ALL)]：✔	//选定前后两个半圆拱断面
输入抽壳偏移距离：0.5 ↵	//输入偏移距离
已开始实体校验。已完成实体校验。	
输入体编辑选项[压印(I)/分割实体(P)/抽壳(S)/清除(L)/检查(C)/	
放弃(U)/退出(X)]<退出>：↵	//按〖Enter〗键退出抽壳命令
输入实体编辑选项[面(F)/边(E)/体(B)/放弃(U)/退出(X)]<退出>：↵	
	//结束命令

操作结果如图 10-67（b）所示。

 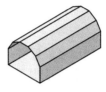

(a) 原对象　　　　　(b) 抽壳结果

图 10-67　实体抽壳

10.7.7 实体倒角

给实体对象加倒角。

A 执行方式

命令行：输入"Chamfer 或 Cha"→按〖Enter〗键。

B 选项说明

"第一条直线"用来指定要倒角的三维实体边中的第一条边，从相邻的两个面中选定其中一个作为基准面。

C 功能示例

命令：chamfer ↵	//执行倒角命令
选择第一条直线或[放弃(U)/多段线(P)/距离(D)/角度(A)	
/修剪(T)/方式(E)/多个(M)]：✔	//拾取对象
基面选择：✔	//选择实体的上表面
输入曲面选择选项[下一个(N)/当前(OK)]<当前>：n ↵	//选"下一个"项
输入曲面选择选项[下一个(N)/当前(OK)]<当前>：ok ↵	//确定当前的选择
指定基面的倒角距离：5 ↵	//指定第一个倒角距离
指定其他曲面的倒角距离<5.0000>：↵	//指定第二个倒角距离
选择边或[环(L)]：l ↵	//选"环"项

选择边环或[边(E)]：↵　　　　　　　　　　　　　//重复选择或结束命令

操作结果如图 10-68 所示。

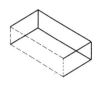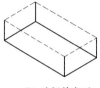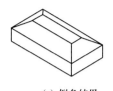

(a) 选择上表面　　　　　　(b) 选择前表面　　　　　(c) 倒角结果

图 10-68　实体倒角

10.7.8　实体倒圆角

给实体对象加圆角。

A　执行方式

命令行：输入"Fillet"→按�【Enter】键。

B　选项说明

(1) "边"在选择一条边后可以连续地选择所需的单个边直到按〖Enter〗键为止。

(2) "链"指选中一条边也就选中了一系列相切的边。

C　功能示例

命令：fillet ↵　　　　　　　　　　　　　　//执行倒圆角命令

当前设置：模式 = 修剪，半径 = 0.0000

选择第一个对象或[多段线(P)/半径(R)/修剪(T)/多个(M)]：↙　//拾取对象

输入圆角半径或[表达式(E)]：3 ↵　　　　　　//输入圆角半径

选择边或[链(C)/环(L)/半径(R)]：↙　　　　//连续选择多条边

操作结果如图 10-69 所示。

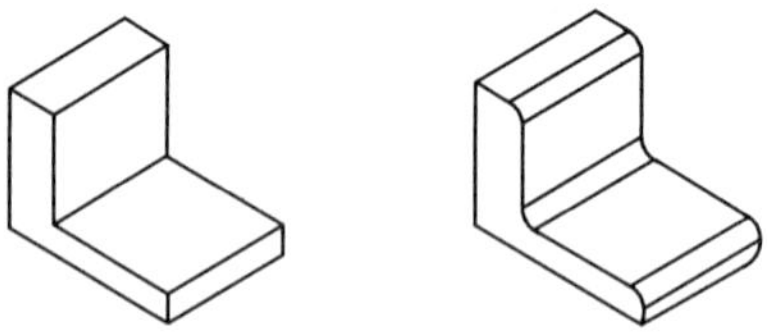

(a) 对象　　　　　　(b) 圆角结果

图 10-69　实体圆角

综 合 练 习

(1) 世界坐标系和用户坐标系有什么区别，两者如何转换？

(2) 执行"三维动态观察"命令后，这些 ✥、◉、✛、✦ 状态下的光标有什么区别？

(3) "二维填充曲面"命令与"三维面"命令均可创建一个封闭的曲面，两者之间有什么区别？

（4）创建三维实体对象的方法有哪几种，分别是什么？

（5）三维镜像（Mirror3d）命令中各参数含义分别是什么？

（6）三维布尔运算分别有哪些，分别具有什么含义？

（7）三维对象的整体编辑：

1）按照图10-70（a）所示三视图的尺寸画出零件模型。

2）按照图10-70（b）所示三视图的尺寸画出房子模型。

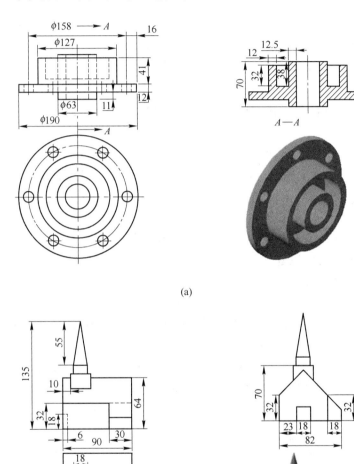

(a)

(b)

图 10-70　三维对象模型

11 图形打印和输出

绘制完成的图纸最终需要打印出来才能实现其功用。本章主要介绍 AutoCAD 2016 的图形打印与输出功能，主要包括：输出比例选择、打印样式、页面设置、模型空间与图纸空间以及布局中图形输出方法。

11.1 AutoCAD 绘图打印相关概念

采用 AutoCAD 绘制工程图纸，首先要明确两个问题：确定合理的图形单位、正确理解输出比例间的关系。充分理解这两个基本问题，是正确快速出图的关键。

11.1.1 图形单位

图形单位是 AutoCAD 在模型空间绘图的基本概念。AutoCAD 的模型空间是一个无限的三维绘图区域，既可以建立二维图形，也可以建立三维图形。在模型空间中，用户可以按照 1∶1 的比例建立模型。建立模型时该空间没有普通意义上的单位，只有图形单位。

在用户进行绘图前，首先要确定图形单位所表示的现实物体的尺寸单位，即 1 个图形单位代表实际 1m、1cm 还是 1mm 等。

默认情况下 AutoCAD 以 mm 为单位，即 1 个图形单位代表实际 1mm。

注意：以下论述中都将图形单位理解为"mm"单位，不再做重复解释。

11.1.2 输出比例

11.1.2.1 绘图比例

A 绘图比例定义

绘图比例是指现实物体绘制在 AutoCAD 软件中对应的比例。绘图比例 = AutoCAD 中图形的尺寸/实际物体的真实尺寸。

例如，实际尺寸为 1000mm 的一条直线，如果在 AutoCAD 中绘制成 1000 个图形单位的直线，则绘图比例为 1∶1；如果绘制成 1 个图形单位的直线，则绘图比例为 1∶1000。

AutoCAD 的绘图区域为 2^{32}，高为 2^{32}，近似于无限大的一张图纸，可以以不同的比例来描述现实世界中的事物。

B 按照指定比例绘图

按照指定比例绘图是指依照确定好的绘图比例，将实际物体的尺寸换算成 AutoCAD 尺寸后，绘制在 AutoCAD 的绘图环境中。

例如，按 1∶100 的绘图比例，绘制 2000mm × 3000mm 矩形断面，换算后 AutoCAD 中巷道断面尺寸为 20×30 个图形单位。

按照指定比例绘图的方法不是一个值得推荐的方法。尤其是对于图 1∶30、1∶55、1∶120 等这些比例，比例换算复杂，每绘制一根线条均需人工计算尺寸，不能体现 Auto-CAD 绘图优势。特别是需要不同比例输出同一个图形时，按照指定比例绘图，就需要分别重新绘制。

说明：为绘图方便，通常情况下选择 1∶1 或 1∶1000 的绘图比例进行绘图。

11.1.2.2 打印比例

A 打印比例的定义

打印比例是指将 AutoCAD 中的对象打印输出到图纸中的比例。实质是图纸上 1mm 代表 AutoCAD 图形单位的数目。

例如，打印出图纸上 1mm 代表 AutoCAD 中 100 个图形单位，则打印比例为 1∶100。

通过打印比例，可以调节输出对象的大小。

例如，AutoCAD 中 42000×29700 个图形单位的一个图框打印比例采用 1∶100，则打印出来的图框为 420mm×297mm，可以选择在 A2 图纸上进行打印。

B 打印比例设置

设置打印比例的方法取决于用户是从〖模型〗选项卡打印，还是〖布局〗选项卡打印，如图 11-1 所示。

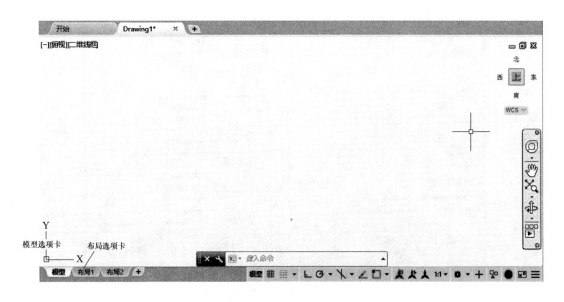

图 11-1 〖模型〗选项卡与〖布局〗选项卡

模型选项卡打印比例设置可以由"页面设置－模型"对话框直接设置完成；

布局选项卡打印比例设置可以由"页面设置－布局"打印比例选项组与视口特性"视口比例"共同控制。

注意：绘图单位的选取对打印比例有影响。

在打印时，如果 1 个图形单位代表 1mm，即选择 mm 为绘图单位，则 1∶100 的打印比例设置为 1mm = 100 个图形单位；

如果 1 个图形单位代表 1m，即选择 m 为绘图单位，则 1∶100 的打印比例设置为 10mm = 1 个图形单位；

通常情况下，AutoCAD 绘图都是选择 mm 为绘图单位。

C 打印比例应用示例

【例 11-1】 从模型选项卡打印，设置打印比例为 1∶1000。

(1) 在模型空间（即选择模型选项卡）绘图环境下，选择"输出"选项卡，单击"打印"面板中的〖打印〗按钮，打开"打印 – 模型"对话框，如图 11-2 和图 11-3 所示。

图 11-2 "模型空间输出"选项卡

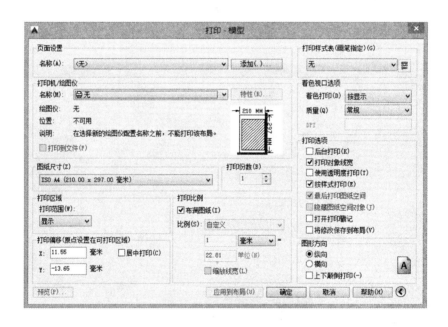

图 11-3 "打印 – 模型"对话框

(2) 在"打印 – 模型"对话框中"打印比例"选项组中，单击取消"布满图纸"复选框，激活自定义比例设置，如图 11-4 所示。

(3) 设置打印比例 1∶1000 即 1mm = 1000 单位 (N)，单击〖确定〗完成设置，如图 11-5 所示。

说明：从布局选项卡打印，设置打印比例时，将绘图空间切换至布局选项卡，即可打开"打印 – 布局"对话框。

图 11-4 激活打印比例自定义

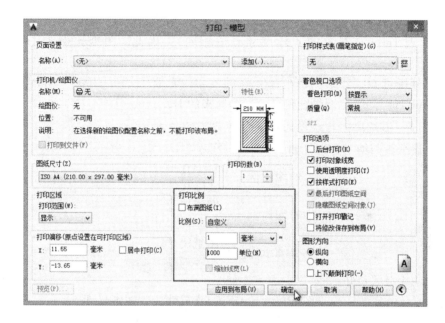

图 11-5 设置打印比例

11.1.2.3 图纸比例

A 图纸比例的定义

图纸比例是指工程图纸中一个单位的图上长度代表实际物体的长度（图纸单位为 mm）。

这里我们把工程图纸上物体的尺寸称为图纸尺寸，则图纸比例＝物体图纸尺寸／物体实际尺寸。利用图纸比例，通过量测图纸上尺寸，即可计算出实际物体的尺寸。

说明：图纸比例实际就是工程图纸上标注的比例尺（例如采矿工程制图图纸上的比例尺 1:100、1:5000 等）。

B 图纸比例与绘图单位的关系

AutoCAD 打印图形的时候，会遇到如下问题：

AutoCAD 设定绘图单位是 mm 时，绘制一个 1000mm 长，800mm 宽的 A 对象（对象的实际尺寸为长 1000mm、宽 800mm），屏幕上绘制出的图形是 1000 个图形单位长，800 个图形单位宽（绘图比例为 1:1）。

当绘图单位是 m 时，绘制一个 1000m 长，800m 宽的 B 对象（对象的实际尺寸为长 1000m、宽 800m），屏幕上绘制出的图形同样是 1000 个图形单位长，800 个图形单位宽（绘图比例为 1：1）。那么这两个图形打印时，存在以下关系：

A、B 对象在屏幕中大小一样，即长、宽图形单位数量相等，所以采用相同的打印比例（假设为 1：1）打印时，它们在打印出的图纸上尺寸（即图上大小）也是一样的；

图纸比例区别：上述 A、B 对象按照相同打印比例（假设为 1：1）打印，则 A 图形的图纸比例为 1：1，B 图形图纸比例为 1：1000。

原因是：A 图形输出图纸后，图纸上 1mm 的单位长度对应 1 个图形单位，A 对象绘图单位为 mm，即 1 个图形单位代表 1mm，因此，图纸比例为 1：1；B 图形输出到图纸后，图纸上 1mm 的单位长度也是对应 1 个图形单位（m），B 对象绘图单位为 m，即 1 个图形单位代表 1m（与对象的实际尺寸单位相同），因此，图纸比例为 1mm：1m = 1：1000。

从上述分析可知，若绘图单位是 mm 的 k 倍（k 取 1、10、100、1000 等，对应于 mm、cm、dm、m 等），则图纸比例计算后是原来的 $1/k$。

11.1.2.4　图纸比例与绘图比例和打印比例的关系

根据上述分析归纳三者定义如下：

$$绘图比例 = \frac{AutoCAD\ 尺寸}{实际尺寸}$$

$$打印比例 = \frac{图纸尺寸}{AutoCAD\ 尺寸}$$

$$图纸比例 = \frac{图纸尺寸}{实际尺寸}$$

从上边三个公式可知：

$$图纸比例 = \frac{图纸尺寸}{实际尺寸} = \frac{AutoCAD\ 尺寸}{实际尺寸} \times \frac{图纸尺寸}{AutoCAD\ 尺寸}$$

即　　　　　　　　　图纸比例 = 绘图比例 × 打印比例

AutoCAD 绘图时一般采用 1：1 绘图，此时，图纸比例与打印比例相同，通过调整打印比例，即可实现希望的图纸比例，方便快速出图。

11.2　模型空间和图纸空间

AutoCAD 中有两种不同的环境，可以从中创建图形对象，分别是模型空间和图纸空间（布局）。模型空间是针对图形的实体空间，可以创建和编辑模型。图纸空间是针对图纸的布局空间，可以构造图纸和定义视图。

两种空间和 AutoCAD 图纸打印息息相关。理解两种工作空间与出图之间的关系，可以很好地帮助读者掌握 AutoCAD 图纸打印。单击绘图区域左下角〖模型〗和〖布局〗选项卡可以实现两种空间的互相切换。

11.2.1　模型空间

在说明图形单位时，已经初步介绍了模型空间。在模型空间内，可以查看、绘制和编辑模型空间对象。十字光标在整个绘图区域都处于激活状态。如果在模型空间输出图纸，一般应只涉及一个视图，否则应使用图纸空间。每个图形的模型空间只有一个。

11.2.2 图纸空间

图纸空间是由布局选项卡提供的一个二维空间，它用于模拟一张图纸，用来完成图形打印输出。

把模型空间绘制的图，在图纸空间进行调整、排版，这个过程称为"布局"。因此，图纸空间也称布局。

在图纸空间中，可以放置标题栏、创建用于显示视图的布局视口、标注图形以及添加注释，也可以绘制图形，但在图纸空间绘制的图形在模型空间不显示。因此，一般不在该空间内创建图形（也就是模型），只在该空间输出图形。每个图形文件的图纸空间与布局数相同，可以有多个。

11.2.3 模型窗口

在 AutoCAD 2016 中，模型窗口与布局窗口按钮位于绘图区左下角，用户单击〖模型〗或〖布局〗选项卡，即可实现在模型窗口和布局窗口之间切换。模型窗口是默认显示方式，用于建模，在模型空间窗口中绘制好所有的图形后，建模过程就完成了，如图 11-6 所示。

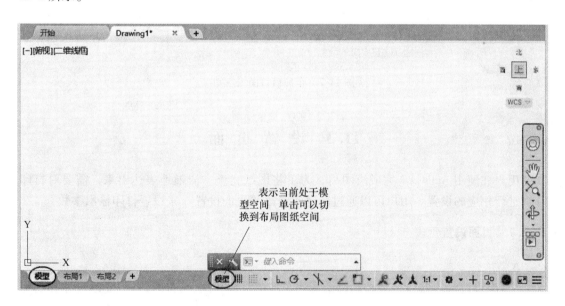

图 11-6　模型窗口模型空间

11.2.4 布局窗口

布局窗口是打印图纸的预览效果。在布局窗口中存在两种空间：

（1）图纸空间。布局窗口默认空间为图纸空间，视口边界是细线则表示当前空间为图纸空间。在布局窗口图纸空间状态下进行图形的绘制与编辑不会改动模型本身，所以不会在模型空间显示，但是可以打印出来。

（2）模型空间。布局窗口视口边界为粗线则表示窗口当前空间为模型空间。在布局窗口模型空间状态下对图形进行编辑，效果与在模型窗口模型空间相同，是对模型本身的修改，改动后的效果会自动反映在模型窗口和其他布局窗口。

要实现布局窗口两种空间的相互切换，双击视口边界或边界内任意空白位置即可。也可以单击状态栏〖图纸〗或〖模型〗按钮来实现，如图 11-7 所示。

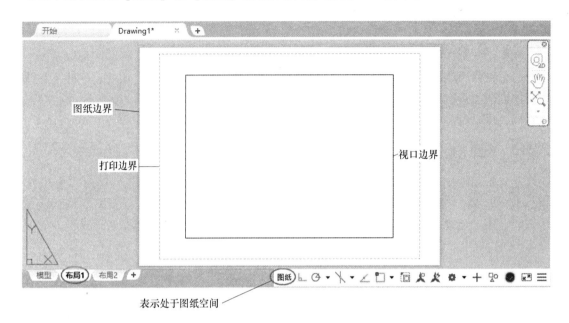

图 11-7　布局窗口图纸空间

11.3　设 置 页 面

用户在使用 AutoCAD 完成绘图后，为了将图纸完整、清晰地表达出来，需要对打印环境进行相应的设置。用户可以通过新建或修改"页面设置"来设置打印输出参数。

11.3.1　页面设置管理

A　执行方式

"页面设置管理器"主要控制每个新建布局的页面布局、打印设备、图纸尺寸和其他设置，打开页面管理器的方法如下：

功能区：〖输出〗选项卡→〖打印〗面板→〖页面设置管理器〗选项→打开"页面设置管理器"对话框。

命令行：输入"Pagesetup"→按〖Enter〗或〖Space〗键。

执行菜单浏览器▲：〖打印〗→〖页面设置〗命令。

在〖模型〗或〖布局〗选项卡上单击鼠标右键后选择〖页面设置管理器〗，如图 11-8 所示。

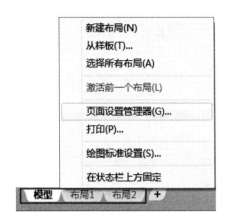

图 11-8　〖模型〗或〖布局〗选项卡

B　操作格式

命令：PAGESETUP　　　　　　　　　　　　　　//调用页面设置管理器命令,系统打开"页面设
　　　　　　　　　　　　　　　　　　　　　　　置管理器"对话框,如图 11-9 所示

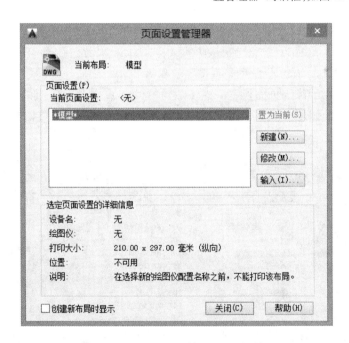

图 11-9　"页面设置管理器"对话框

C　选项说明

"页面设置管理器"对话框内各项含义如下：

（1）当前布局。用于列出页面设置的应用对象。

（2）页面设置选项组。可以创建命名页面设置、修改现有页面设置，或从其他图纸中输入页面设置。

1）当前页面设置。用于显示应用于当前布局的页面设置。

2）页面设置列表框。用于列出可应用于当前布局的页面设置。

（3）〖置为当前〗按钮用于将所选页面设置设置为当前布局的当前页面设置。

（4）〖新建〗按钮用于创建新的页面设置。点击后打开"新建页面设置"对话框，如图11-10所示。

图11-10 "新建页面设置"对话框

在"新建页面设置"对话框中，"基础样式"是用于指定新创建的页面设置是基于那种样式创建的，默认选项为"无""默认输出设备""上一次打印"和"模型（或布局，取决于从模型空间还是图纸空间打开页面设置管理器）"

（5）〖修改〗用于修改页面设置。点击后可打开"页面设置"对话框。

（6）〖输入〗按钮用于从其他图纸文件输入页面设置，单击该按钮打开"从文件选择页面设置"对话框，如图11-11所示。

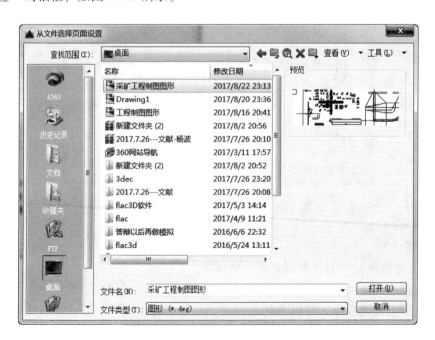

图11-11 "从文件选择页面设置"对话框

用户可通过"页面设置管理器"中创建新的页面设置或修改页面设置，打开"页面设置"对话框，如图 11-12 所示。

在新建页面设置对话框中输入页面设置的名称，默认为"设置1"，然后单击〖确认〗按钮，打开"页面设置-当前布局名称"对话框，这里名称为"设置1"。

如果需要修改页面设置，在页面设置管理器对话框中单击〖修改〗按钮，在弹出的对话框中进行页面设置的修改即可。

图 11-12 "页面设置"对话框

在"页面设置"对话框中可以设置打印设备、打印区域、打印比例、图纸尺寸、打印偏移等参数，下面介绍各参数的含义：

（7）页面设置。用于显示当前页面设置的名称，如图 11-13 所示。

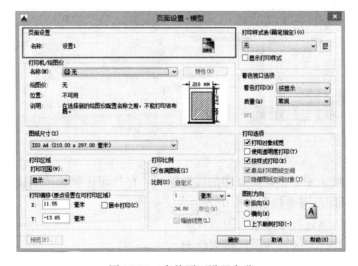

图 11-13 当前页面设置名称

（8）打印机/绘图仪。指定打印或发布布局或图纸时使用的已配置的打印设备，〖特性〗按钮用于修改绘图仪配置，如图 11-14 所示。

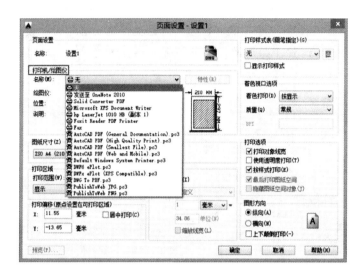

图 11-14　选择打印机

（9）图纸尺寸。在图纸尺寸下拉列表框中可以选择图纸尺寸。该下拉列表框中列出了打印设备支持的和用户自定义的图纸尺寸，如图 11-15 所示。

图 11-15　设置图纸尺寸

（10）打印区域。用于指定要打印的图形区域。在打印区域选项组中，可以设置打印的范围，其中的打印范围下拉列表框中各项含义如下：

1）图形界限。设置打印区域为图形界限。

2）范围。设置打印区域为图形最大范围。

3）显示。设置打印区域为〖模型〗选项卡上当前屏幕窗口中的视图或〖布局〗选项卡上当前图纸空间视图中的视图，如图 11-16 所示。

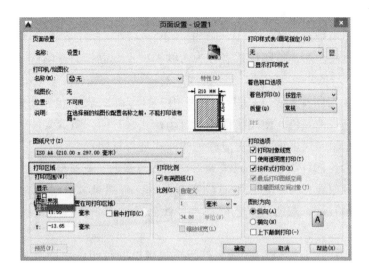

图 11-16　设置打印区域

4）窗口单选框。输出一窗口范围，选择窗口选项时，页面设置对话框会暂时关闭切换到绘图区域，此时可用光标在绘图区域框选需要打印的图形部分。

（11）打印偏移。设置打印区域为相对于可打印区域左下角或图纸边界的偏移。

1）〖居中打印〗。可在图纸上居中打印。

2）〖X〗与〖Y〗分别制定 X、Y 方向上的打印原点。

（12）打印比例。选择〖布满图纸〗缩放打印图形以布满所选图纸尺寸；取消选中布满图纸复选框，可以在比例下拉列表框中选择默认或自定义打印比例。

（13）打印样式表（画笔指定）。用于设置、编辑应用于当前打印图形的打印样式表，或者创建新的打印样式表。

（14）着色视口选项。设置当前打印图形的着色和视口渲染的方式。

（15）打印选项。用于指定线宽、打印样式、着色打印和对象的打印顺序等选项。

1）〖打印对象线宽〗。用来设置是否打印为对象或图层指定的线宽。

2）〖按样式打印〗。用来选择是否按照对象和图层已经指定的打印样式打印。

3）〖最后打印图纸空间〗。设置首先打印模型空间几何图形。

4）〖隐藏图纸空间对象〗。设置消隐操作是否应用于图纸空间视口中的对象。

（16）图形方向。为支持纵向和横向的绘图仪指定图形在图纸上的打印方向。

〖纵向〗与〖横向〗：用于指定图层在图纸中的相对朝向。

（17）预览。单击该按钮可以对打印前的图形文件进行打印效果的预览。

11.3.2　打印样式

打印对象的尺寸由输出比例控制，打印对象的外观（颜色、线宽、线型等）则受打印样式的影响。与线型和颜色一样，打印样式也是图形对象的特性，包括：颜色、抖动、灰度、笔号、虚拟笔、淡显、线型、线宽、线条端点样式、线条连接样式和填充样式。

11.3.2.1　打印样式表类型

AutoCAD 中打印样式被收集在打印样式表中，打印样式表是多组打印样式的集合。打印样式表主要作用是指定 AutoCAD 图纸里线条、文字、标注等各个图形对象在打印时的颜色、线宽等属性。通常打印样式表分为两种类型：颜色相关打印样式表和命名打印样式表。

（1）颜色相关打印样式表（CTB）。颜色相关打印样式表里包含了 255 个打印样式，每个打印样式对应一种颜色。使用颜色相关打印样式表打印，图纸文件里的各种颜色的图形对象就会按照打印样式表里面的对应颜色的样式进行打印。

例如，如果"黄色打印样式"设置为打印颜色为黑色、打印线宽为 0.1mm，"红色打印样式"设置为打印颜色为黑色、打印线宽 1.4mm，则图纸文件里的黄色图形对象就会被打印成线宽为 0.1mm，颜色为黑色的图形，红色图形就会被打印成线宽为 0.4mm，颜色为黑色的图形。

（2）命名打印样式表（STB）。命名打印样式表里的打印可以增添和删减，并且可以将打印表中的某个样式指定给某个图层或者对象。

（3）命名打印样式和颜色相关打印样式的主要区别。命名打印样式表可以直接指定给图层中某个图形对象。因此，使用这种打印样式表可以是图形中的每个对象以不同颜色打印，这与对象本身颜色无关。

颜色相关打印样式表不能直接指定给图层中的图形对象，即颜色相关打印样式不能控制含有两种以上颜色的打印对象打印为同一颜色。相反，要控制对象的打印颜色必须更改对象颜色。

11.3.2.2　设置打印样式表

A　执行方式

设置打印样式的常用方法包括以下 2 种：

功能区：〖输出〗选项卡→"打印"面板右下角"打印选项"按钮（如图 11-17 所示）→"选项"对话框→〖打印与发布〗选项卡（如图 11-18 所示）→〖打印样式表设置〗选项。

菜单栏：〖工具〗菜单→〖选项〗选项→"选项"对话框→〖打印与发布〗选项卡→〖打印样式表设置〗选项。

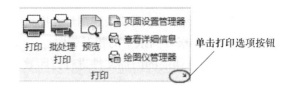

图 11-17　"打印选项"按钮

B　操作格式

调用打印样式设置命令后，系统打开"打印样式表设置"对话框，如图 11-19 所示。

图 11-18 〖打印与发布〗选项卡

AutoCAD 默认使用颜色相关打印样式

AutoCAD 默认状态不指定打印样式表，需要用户选择已有默认打印样式表指定，用户也可新建打印样式

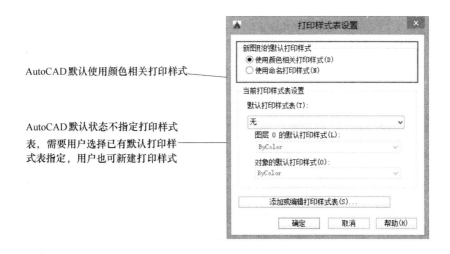

图 11-19 "打印样式表设置"对话框

C 选项说明

（1）颜色相关打印样式：根据图形对象的颜色来控制图形对象在图纸上的线型和线宽等参数的，文件扩展名为".ctb"。

因此，在使用颜色相关打印样式表的图纸文件设置图层时应该将各图层设置成不同的颜色，图层里的图形对象的颜色和线宽设置为"随层（ByLayer）"，这样图纸文件就会简单、直白，便于阅读。

（2）命名打印样式表：不仅以图形对象的颜色区分打印样式，而且命名打印样式表里的打印样式既可以指定给图层，也可以指定给某个图形对象，因此，有很大的灵活性。

使用命名打印样式表的图纸文件里不仅不同图层允许有相同的颜色，而且同一图层里的图形对象也可以通过指定不同的命名打印样式，选用不同的颜色和线宽。但这样容易引起混乱，阅读图纸文件时不能够一目了然。

11.3.2.3　添加打印样式表

当默认打印样式表中没有用户所需的颜色相关打印样式或命名打印样式时，用户可以通过"打印样式管理器"来修改已有打印样式表或添加新的打印样式。

打印样式管理器是包含所有打印样式表以及"添加打印样式表向导"的文件夹，即Plot Styles 文件夹。

A　执行方式

打开"打印样式管理器"的方法常用方法如下：

功能区：〖输出〗选项卡→"打印"面板右下角"打印选项"按钮。

菜单栏：〖文件〗菜单→〖打印样式管理器〗选项。

命令行：输入"STYLESMANAGER"→按〖Enter〗或〖Space〗键。

B　操作格式

命令：STYLESMANAGER　　　　　//调用添加打印样式表命令，系统打开"打印样式管理器"对话框，
　　　　　　　　　　　　　　　　如图 11-20 所示

图 11-20　"打印样式管理器"对话框

C　功能示例

新建一个文件名为通用样式的命名打印样式表。

（1）选择〖文件〗→〖打印样式管理器〗命令，打开"打印样式管理器"，如图 11-21 所示。

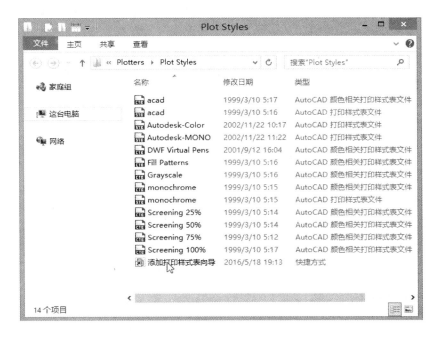

图 11-21　打印样式管理器

（2）在"打印样式管理器"对话框中，单击〖添加打印样式向导〗快捷方式，打开"添加打印样式表"对话框，如图 11-22 所示。

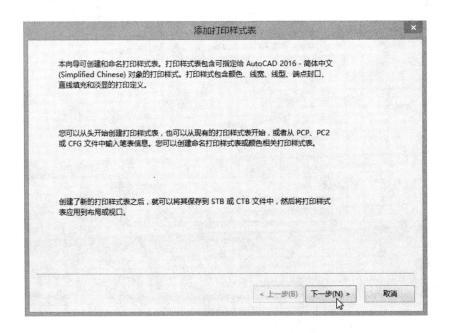

图 11-22　"添加打印样式表"对话框

（3）在"添加打印样式表"对话框中，单击〖下一步〗按钮，打开"添加打印样式

表 – 开始"对话框，如图 11-23 所示。选择"创建新打印样式表"单选项，单击〖下一步〗按钮，打开"添加打印样式表 – 选择打印样式表"对话框，如图 11-24 所示。

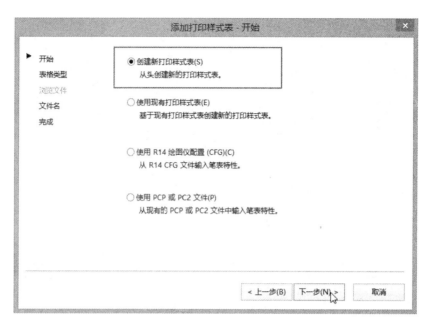

图 11-23 "添加打印样式表 – 开始"对话框

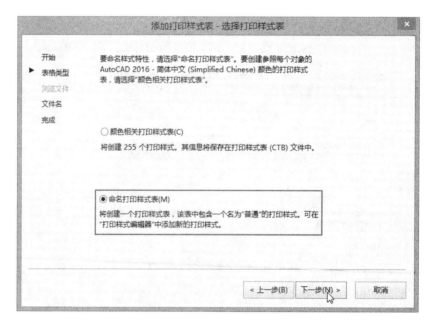

图 11-24 "添加打印样式表 – 选择打印样式表"对话框

（4）在"添加打印样式表 – 选择打印样式表"对话框中，选择"命名打印样式表"单选项，单击〖下一步〗，打开"添加打印样式 – 文件名"对话框，如图 11-25 所示。

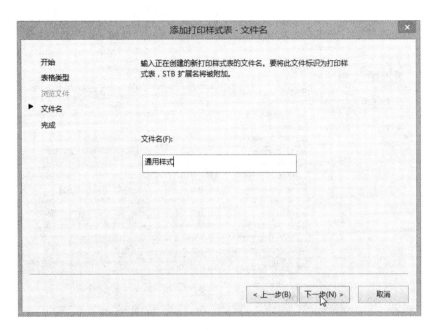

图 11-25　"添加打印样式表 – 文件名"对话框

（5）设置文件名为"通用样式"，单击〖下一步〗按钮，打开"添加打印样式表 – 完成"对话框，如图 11-26 所示。

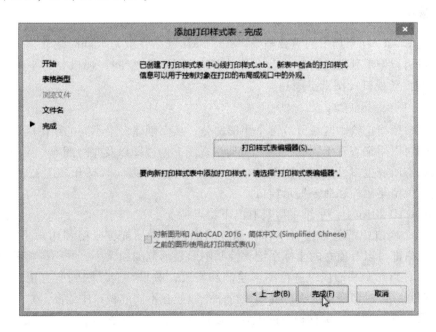

图 11-26　"添加打印样式表 – 完成"对话框

（6）单击〖完成〗按钮，创建出名为"通用样式"的打印样式表。在"打印样式管理器"对话框中将出现"通用样式.stb"文件，如图 11-27 所示。

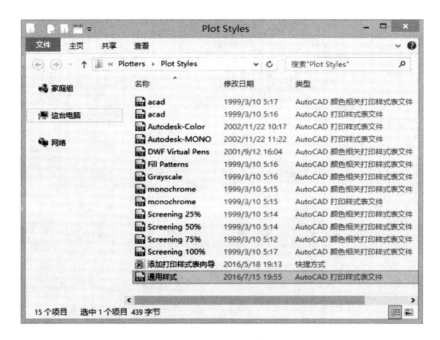

图 11-27　打印样式管理器

11.4　视口与布局

11.4.1　视口

视口是 AutoCAD 布局中的重要概念。AutoCAD 可以在屏幕上同时建立多个窗口，即视口。视口可以被单独地进行缩放、平移。对应于不同的空间，视口分为平铺视口（模型空间）和浮动视口（图纸空间）。

11.4.1.1　平铺视口

平铺视口是指把绘图区域分成多个矩形部分，从而创建多个不同的绘图区域，其中每一个区域都可以用来查看不同的视图（包括主视图、俯视图以及左视图等）。

默认状态所有视口显示同一视图。在 AutoCAD 中，可以同时打开多达 32000 个视口，屏幕上还可保留菜单栏和命令提示窗口。

在 AutoCAD 2016 中，平铺视口具有以下特点：

（1）每个视口中都可以进行平移、缩放图形，设置捕捉、栅格和用户坐标等操作，并且每个视口都可以有独立的坐标系统，控制图形显示范围和大小，并不影响其他视口。

（2）在任意一个平铺视口进行图形绘制和修改，效果都会反映到所有视口，并且在命令执行期间，可以切换当前视口继续执行命令以便在不同的视口中绘图。

（3）可以命名视口，保存视口的配置，以便在模型空间中恢复视口或者应用到布局。

（4）只能在当前视口中操作。要将某个视口设置为当前视口，只需要单击视口的任意位置即可，此时当前视口边框变为淡蓝色。

（5）当在平铺视口中工作时，可全局控制所有视口中图层的可见性。如果在某一个视口中关闭了某一图层，系统将关闭所有视口中的相应图层。

（6）对每个视口而言，可以最多分成4个子视口，每个子视口又可以继续分为4个视口。

11.4.1.2　创建平铺视口

A　执行方式

用户可以通过"视口"对话框新建视口，打开视口对话框的方式如下：

菜单栏：〖视图〗菜单→〖视口〗选项→〖新建视口〗命令。

命令行：输入"VPORTS"命令→按〖Enter〗或〖Space〗键。

B　操作格式

命令：VPORTS　　　　　　　//调用新建视口命令，系统打开"视口"对话框，如图11-28所示

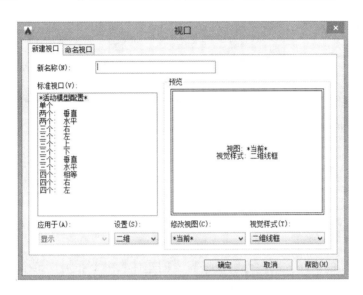

图11-28　"视口"对话框

C　选项说明

视口对话框新建视口选项板中各参数含义介绍如下：

（1）新名称。在"新名称"文本框中，可以为新建的模型视口配置指定名称。

（2）标准视口。在标准视口列表中，显示了当前的模型视口配置和各种标准视口配置，可以选择其中的标准视口配置并应用到当前图形窗口中。

（3）设置。在设置下拉列表中，如果选择"二维"列表项，则新的视口配置群使用当前的视图，如果选择"三维"列表项，则根据选中的标准视口配置，使用一组相应的标准正交三维视图。

（4）预览。在"预览"框中，显示了当前视口配置的图像，并在每个视口中给出了该视口所显示的视图名称。或者直接在图像控件中单击某个视口，将其设为当前视口。

（5）修改视图。在"修改视图"下拉列表中，可以指定当前视口所使用的视图。

例如，在具有四个视口的视口配置中，使用三维视图设置，可以分别在各个视口中使用指定的三维视图。

"设置"为二维时，下拉选项只有当前，为三维时，下拉列表中包含前视、俯视、右视、东南等轴侧等视图选项，如图11-29所示。

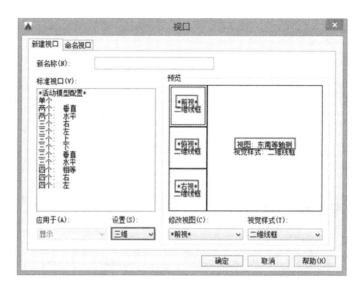

图 11-29　指定不同视口视图

11.4.2　布局

在 AutoCAD 2016 中,可以创建多种布局,每个布局都代表一张单独的打印输出图样。在正式出图之前,要在布局窗口中创建好布局图,可以选择打印设备、打印设置、插入标题栏,以及指定视口设置。布局图显示的效果,就是打印图纸的效果。

布局代表打印的页面。用户可以根据需要创建任意多个布局。每个布局都保存在自己的布局选项卡中,可以与不同图纸尺寸和不同打印机相关联。

11.4.2.1　创建布局图

A　执行方式

布局图创建可以使用"创建布局"向导对话框来实现,方法如下:

菜单栏:〖工具〗菜单→〖向导〗选项→〖创建布局〗命令;

　　　　　〖插入〗菜单→〖布局〗选项→〖新建布局〗或〖创建布局向导〗。

命令行:输入"LAYOUTWIZARD"命令→按〖Enter〗或〖Space〗键。

B　操作格式

命令:LAYOUTWIZARD　　　　　　　　　　//调用创建布局命令,系统打开"创建布局"对话框,如图
　　　　　　　　　　　　　　　　　　　　11-30 所示

C　选项说明

开始:输入新布局的名称。

打印机:为新布局选择配置的打印机或绘图仪。

图纸尺寸:选择布局使用的图纸尺寸,选择新建布局的图形单位。

方向:选择图形在图纸上的方向为纵向或横向。

标题栏:选择用于新建布局的标题栏。用户可以选择插入标题栏或外部参照标题栏,标题栏将放在图纸的左下角。

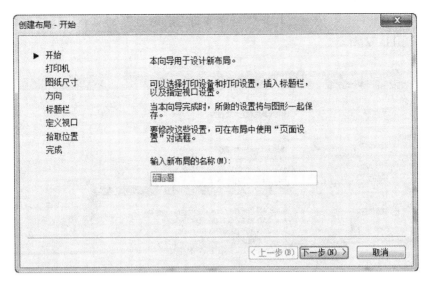

图 11-30 "创建布局 – 开始"对话框

定义视口：向布局中添加视口，指定视口设置类型、比例、行列数及间距。

拾取位置：在图形中指定视口配置的位置，提示选择要创建的视口配置的角点。

完成：完成新建布局的创建。用户如果要修改布局向导中的应用设置，可选择新布局选项卡，然后使用"页面设置"对话框修改现有的设置。

D   功能示例

【例 11-2】   使用"创建布局"向导，建立一个名称为"巷道断面"的布局。

（1）选择菜单命令：工具→向导→创建布局。

（2）在名称文本框中输入"巷道断面"，如图 11-31 所示。

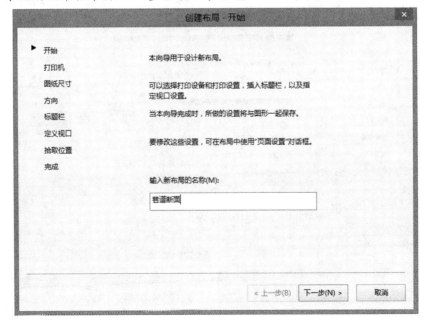

图 11-31   创建布局并命名

（3）单击〖下一步〗按钮，打开"创建布局 – 打印机"对话框，选择当前所配置的打印机，如图 11-32 所示。

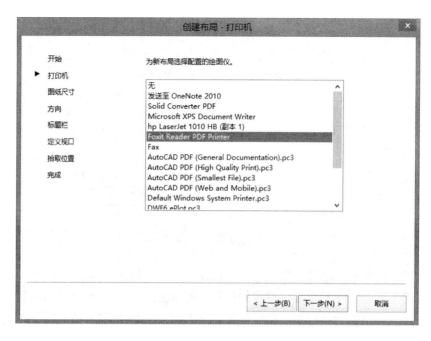

图 11-32　"创建布局 – 打印机"对话框

（4）单击〖下一步〗按钮，打开"创建布局 – 图纸尺寸"对话框，选择要打印图纸的尺寸，确定图形的单位，一般选择毫米（mm），如图 11-33 所示。

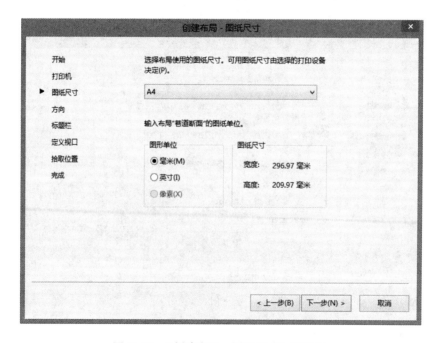

图 11-33　"创建布局 – 图纸尺寸"对话框

（5）单击〖下一步〗按钮，打开"创建布局 – 方向"对话框，确定横向打印还是纵向打印，如图 11-34 所示。

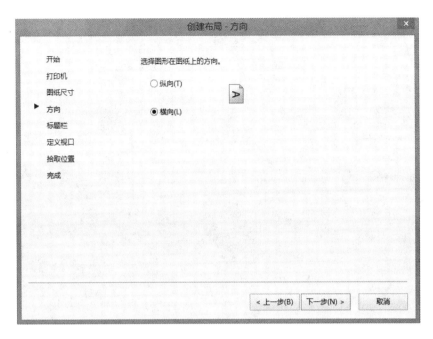

图 11-34 "创建布局 – 方向"对话框

（6）单击〖下一步〗按钮，打开"创建布局 – 标题栏"对话框，选择图纸的边框和标题栏的样式，右边的预览框中显示了所选定的样式预览图形，如图 11-35 所示。

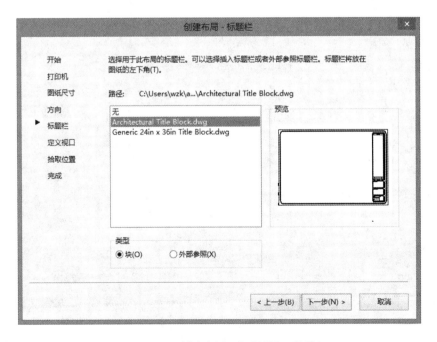

图 11-35 "创建布局 – 标题栏"对话框

（7）单击〖下一步〗按钮，打开"创建布局－定义视口"对话框，确定视口设置和视口比例设置，如图 11-36 所示。

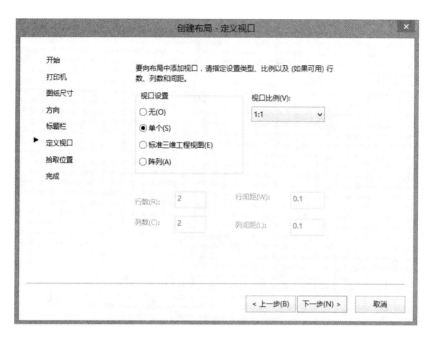

图 11-36　"创建布局－定义视口"对话框

（8）单击〖下一步〗按钮，打开"创建布局－拾取位置"对话框，点击〖选择位置〗按钮，在绘图区域确定视口的位置，如图 11-37 所示。

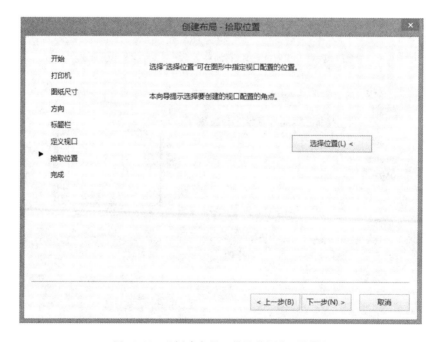

图 11-37　"创建布局－拾取位置"对话框

（9）单击〖下一步〗按钮，打开"创建布局－完成"对话框，点击〖完成〗按钮，结束"巷道断面"布局创建，如图11-38所示。

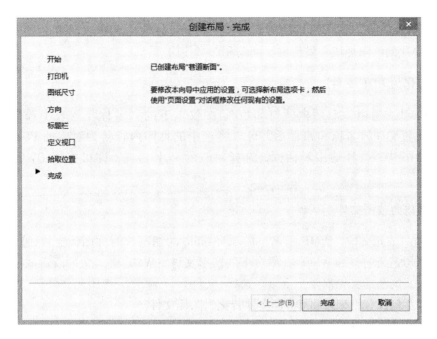

图 11-38 "创建布局－完成"对话框

11.4.2.2 布局打印

布局打印步骤如下：

（1）设置好布局的页面。进入"页面管理器"，选择〖新建〗或者〖输入〗选项，进入"页面设置－布局"对话框，设置好图纸尺寸，在"打印样式表"中选择好打印样式，为布局空间设置好图纸尺寸。

（2）创建视口。使用〖视图〗→〖视口〗命令，创建一个或多个视口。可以在布局中添加多个视口，视口边界既可以是矩形，也可以是多边形。双击视口编辑，激活当前视口，可以调用对应的视图操作命令。

（3）设置视口比例。创建视口后，通过"视口比例"的设置，来控制打印的比例。选择视口边界，右键菜单选择〖特性〗命令，显示视口特性窗口，列出视口的图形。在视口特性窗口，可以修改绘图的比例。视口特性窗口常用命令介绍如下：

1）标准比例。下拉列表框中选择视口中图纸的标准打印比例。

例如，选择 $1:50$ 含义为 1mm 代表 50 个图形单位。

2）自定义比例。用户自由指定打印比例。显示的值为小数，其值可以对应换算成 $1:M$ 的样式。

3）视觉样式。二维线框。

4）显示锁定。是否固定视口的比例。

（4）打印输出。视口比例设置好以后，即可打印输出。

11.5　图 形 转 换

绘制完毕的图纸，除了可以输出到图纸外，也可以输出 PDF 文件和位图文件，从而脱离 AutoCAD 的绘图环境，供传输、阅读和保存使用。

11.5.1　转化为 PDF 文件

在"打印－模型"对话框"打印机/绘图仪"下的"名称"列表中选择 DWGtoP-DF. pc3，设置文件的名称和路径后，可以将选中的打印内容转为对应的 PDF 文件。在 AutoCAD 2016 中，选择输出对话框，选择对应的 PDF 格式，即可完成 DWG 文件转为 PDF 文件。

11.5.2　转化为位图文件

（1）输出图元文件。WMF 是 Windows Metafile 的缩写，简称图元文件，这种格式文件是微软公司定义的一种 Windows 平台下的图形文件。WMF 格式文件所占的磁盘空间比其他任何格式的图形文件都要小得多。选择〖文件〗→〖输出〗→〖图元文件〗，选择对应的文件名称和存储位置，即可将 DWG 文件转化为图元文件。

（2）输出 JPG 和 PNG 文件。"打印－模型"对话框→"打印机/绘图仪"→"名称"列表→选择"PublishToWeb JPG. pc3"或"PublishToWeb PNG. pc3"，类似图所示虚拟打印机，将 DWG 文件转化为相应类型文件。

11.5.3　转化为 Office 文件

AutoCAD 图形或表格复制到 Word、Excel 的步骤：

（1）更改 AutoCAD 系统变量 WMFBKGND 值为 OFF，使 AutoCAD 背景为透明。如果想让复制的图形是黑白的，可以在图层管理器里把图层颜色改为白色或者在选项中将背景改为白色。在 AutoCAD 中选择要复制的图形，用〖复制〗工具进行复制。

（2）切换到 Word 或者 Excel，激活需要粘贴的区域，然后选择〖编辑〗→〖粘贴〗。

（3）利用〖图片裁剪〗插入图形中图形空白区域裁剪掉，然后用拖对角的方法把图形缩放到合适的大小。

此外，需要注意的是，在 Word 或科技论文中插入绘制好的图纸时，如果 Word 中 A4 页面整页设置，则输出图幅宽度 $B = 16cm$，如果分两栏，则图幅宽度 $B = 7cm$。设 AutoCAD 中绘图比例为 $1:1$，对象最大宽度 L，则打印比例 $M = B/L$。因此，为了保持输出图纸文字和标注的美观与合理，则图纸文字高度控制为 $1/M \times 3.5$，如此，输出图纸后，插入到 Word 中的字体高度才能合适。

> 综 合 练 习

（1）如果要合并两个视口，必须（　　）。

　A. 是模型空间视口并且共享长度相同的公共边　B. 在模型选项卡

    C. 在布局选项卡　　　　　　　　　　　　D. 一样大小

（2）在模型空间如果有多个图形，只需打印其中一张，最简单的方法是（　　）。

    A. 在打印范围下选择：显示　　　　　　　B. 在打印范围下选择：图形界限

    C. 在打印范围下选择：窗口　　　　　　　D. 在打印选线下选择：后台打印

（3）模型空间视口说法错误的是（　　）。

    A. 使用"模型"选项卡，可以讲绘图区域拆分成一个或多个相邻的矩形视图

    B. 在"模型"选项卡上创建的视口充满整个绘图区域并且相互之间不重叠

    C. 可以创建多边形视口

    D. 在一个视口中作出修改后，其他视口也会立即更新

（4）如果想把一个光栅图像彻底地从当前文档中删除应当（　　）。

    A. 卸载　　　　　B. 拆离　　　　　　　C. 删除　　　　　　　D. 剪切

（5）模型空间与图纸空间的区别是什么，两者之间怎么切换？

（6）图纸比例与绘图比例和打印比例之间是什么关系？

（7）AutoCAD 图形如何输出为 PDF 文件或位图文件？

参 考 文 献

[1] 钟日铭. AutoCAD 2016 辅助设计从入门到精通 [M]. 北京：机械工业出版社，2015.

[2] 钟日铭. AutoCAD 2016 中文版入门·进阶·精通 [M]. 北京：机械工业出版社，2015.

[3] 桑莉君. AutoCAD 2016 中文版从入门到精通 [M]. 北京：中国青年出版社，2016.

[4] 郑西贵，李学华. 精通采矿 AutoCAD 2014 教程 [M]. 徐州：中国矿业大学出版社，2014.

[5] 胡景姝，张春福，石加联，等. AutoCAD 实用教程（2010 中文版）[M]. 哈尔滨：哈尔滨工业大学出版社，2011.

[6] 李伟. 采矿 CAD 绘图实用教程 [M]. 2 版. 徐州：中国矿业大学出版社，2013.

[7] 胡仁喜，闫聪聪. AutoCAD 2013 中文版标准培训教程 [M]. 北京：电子工业出版社，2013.

[8] 胡仁喜，闫聪聪. AutoCAD 2012 中文版标准培训教程 [M]. 北京：电子工业出版社，2013.

[9] 时代印象. 中文版 AutoCAD 2013 技术大全 [M]. 北京：人民邮电出版社，2012.

[10] 赵光. 中文版 AutoCAD 2007 完全实例手册 [M]. 北京：电子工业出版社，2007.

[11] ELLEN Einkelstein. AutoCAD 2008 宝典 [M]. 黄湘情译. 北京：人民邮电出版社，2008.

[12] 邹光华，张凤岩. 矿山工程 CAD [M]. 徐州：中国矿业大学出版社，2016.

[13] 张海波，刘广超. 采矿 CAD [M]. 北京：煤炭工业出版社，2010.

[14] 林友，夏建波. 矿业工程 CAD [M]. 武汉：武汉大学出版社，2015.

[15] 李伟，李宝富，王开. 采矿 CAD 绘图实用教程 [M]. 徐州：中国矿业大学出版社，2013.

[16] 郑西贵，李学华. 采矿 AutoCAD 2006 入门与提高 [M]. 徐州：中国矿业大学出版社，2005.

[17] 邹光华，吴健斌. 矿山设计 CAD [M]. 北京：煤炭工业出版社，2007.

[18] 王子君，王凯富. 煤矿 CAD 软件开发 [M]. 北京：煤炭工业出版社，2009.

[19] 郭朝勇. AutoCAD 2010（中文版）机械应用实用教程 [M]. 北京：清华大学出版社，2009.

[20] 林在康，李希海. 开拓方案主要经济数据及毕业设计制图标准 [M]. 徐州：中国矿业大学出版社，2008.

[21] 胡仁喜，刘昌丽. AutoCAD 2016 中文版快捷命令 [M]. 北京：电子工业出版社，2016.

[22] 徐帅. 采矿工程 CAD 绘图基础教程 [M]. 北京：冶金工业出版社，2013.

[23] 郑西贵，李学华. 实用采矿 AutoCAD 2010 教程（含三维）[M]. 2 版. 徐州：中国矿业大学出版社，2012.

[24] 赵兵朝. 采矿 CAD [M]. 北京：煤炭工业出版社，2015.

[25] 张荣立，何国纬，李铎. 采矿工程设计手册 [M]. 北京：煤炭工业出版社，2003.